高职高专"十一五"规划教材

电气控制与PLC

DIANQI KONGZHI YU PLC

罗振成　张桂枝　主　编
孙宏昌　贾玉芬　副主编

化学工业出版社

·北京·

本书从工作过程系统化课程的教学要求出发，以模块形式组织教材，全书分为三个模块：模块一介绍了电气控制中的基本知识，常用低压电器的原理、结构、电气参数、选用原则，三相笼型异步电动机的继电器控制；模块二介绍了可编程序控制器的基本知识和西门子S7-200PLC的使用、基本指令、编程软件的用法；模块三介绍了顺序功能图编程方法和PLC在电机控制、普通机床、数控机床、液压系统、通信等方面的应用。在每个项目后都配备了习题，便于自学和提高。为方便教学，配套电子教案。

本书可作为高职高专院校相关专业的教材，本书项目的组织与评价参考了维修电工考核标准，因此可作为维修电工的培训教材，也可作为工程技术人员学习电气控制与PLC的参考书。

图书在版编目（CIP）数据

电气控制与 PLC／罗振成，张桂枝主编 . —北京：化学
工业出版社，2010.2
高职高专"十一五"规划教材
ISBN 978-7-122-07299-3

Ⅰ. 电⋯ Ⅱ. ①罗⋯②张⋯ Ⅲ. ①电气控制-高等学校：
技术学院-教材②可编程序控制器-高等学校：技术学院-
教材 Ⅳ. ①TM571.2②TM571.6

中国版本图书馆 CIP 数据核字（2010）第 004417 号

责任编辑：韩庆利　鲍晓娟　　　　　　　　　装帧设计：史利平
责任校对：王素芹

出版发行：化学工业出版社（北京市东城区青年湖南街 13 号　邮政编码 100011）
印　　装：化学工业出版社印刷厂
787mm×1092mm　1/16　印张 18　字数 457 千字　　2011 年 9 月北京第 1 版第 2 次印刷

购书咨询：010-64518888（传真：010-64519686）　　售后服务：010-64518899
网　　址：http://www.cip.com.cn
凡购买本书，如有缺损质量问题，本社销售中心负责调换。

定　　价：32.00 元　　　　　　　　　　　　　　　　版权所有　违者必究

前　言

随着计算机等技术在电气控制技术中的应用，以可编程序控制器（PLC）为核心的新型控制器在电气控制系统中已逐步取代了传统的继电器控制系统，PLC 在各个行业得到了广泛应用。《电气控制与 PLC》课程是机电类、电气类专业中核心课程之一，它包含了低压电器、继电器逻辑控制、可编程序控制器原理与应用等内容。本书集理论和实际操作于一体，结合高等职业学院学生的特点，使学生的理论知识和操作技能在有限时间内得到最大化的提高、强化。

本书的特点：

（1）理论知识与技能相融合。充分考虑到目前学生的知识结构、生源素质、技能水平等实际状况。理论知识的阐述采取适度、必需、够用的原则，整合需要的专业知识，理论联系实际、理论指导实际操作，并结合维修电工考核标准中所规定的应掌握的基本技能，使知识与技能很好地融合在一起，重点放在技能的掌握和提高上。

（2）体现行业规范。本书内容完全按照学生未来就业岗位操作规程的要求编写。

（3）体现"工作过程"的特色。结合电气控制技术的实际应用，以典型应用为项目，引导教学过程来巩固基本知识，突出现场教学，使学生熟悉工作过程，提高知识应用能力。

（4）教材内容循序渐进。以模块形式组织内容、任务驱动为引导、项目实践为应用，使学生理论、技能的掌握循序渐进。全书的内容组织和每个模块的内容组织，都是从简到难的顺序，每个模块可独立使用。

本书包含三个模块：模块一从实际应用和教学的角度，介绍了常用低压电器的原理、结构、电气参数、选用原则、电气控制的基本知识和三相笼型异步电动机的控制原理与操作；模块二介绍了可编程序控制器的基本知识和西门子 S7-200 的使用、基本指令、编程软件的用法；模块三介绍了 PLC 在电机控制、机床控制、液压系统、数控机床、通信等方面的应用。模块中配备了精选的习题，便于教学和自学。

本书的模块一的预备知识一至七、模块二的预备知识一至六由贾玉芬编写；模块一的预备知识八至十、模块二的预备知识七至十三由张桂枝编写；模块一中的项目一至八由杨兴编写；模块二中的项目、模块三的预备知识和项目一至九由罗振成编写；模块三中的项目十由孙宏昌编写。全书由罗振成、张桂枝任主编。全书的程序由罗振成、张桂枝调试。编写过程中得到了周芝田、王小平、王永琴的大力帮助，在此表示感谢。

本书有配套电子教案，可赠送给用本书作为授课教材的院校和老师，如果有需要，可邮件至 hqlbook@126.com 索取。

由于编者水平有限，书中难免有不妥之处，恳请读者批评指正。

编者

目　　录

模块一 三相笼型电动机的基本控制线路

预备知识

知识一 低压电力开关电器的认识

1. 低压电器的概述

（1）电器的定义

电器是根据外界特定的信号和要求，自动或手动接通和断开电路，断续或连续地改变电路参数，实现对电路或非电对象的切换、控制、保护、检测、变换和调节的电气设备。工作在交流额定电压 1200V 以下，直流额定电压 1500V 以下的电器称为低压电器。

（2）低压电器的电磁机构及执行机构

① 电磁机构。电磁机构的作用是将电磁能转换成为机械能并带动触点的闭合或断开，完成电路的通断控制作用。电磁机构由吸引线圈、铁芯和衔铁组成，如图1-1所示，其结构形式按衔铁的运动方式可分为直动式和拍合式。线圈通电产生磁通，衔铁在电磁吸力作用下产生机械位移与铁芯吸合。通入直流电的线圈称直流线圈，通入交流电的线圈称交流线圈。对于直流线圈，铁芯不发热，只是线圈发热，因此线圈

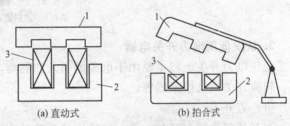

(a) 直动式　　　　(b) 拍合式

图 1-1　电磁机构

1—衔铁；2—铁芯；3—吸引线圈

与铁芯接触以利散热，线圈做成无骨架、高而薄的瘦高型，以改善线圈自身散热。对于交流线圈，除线圈发热外，由于铁芯中有涡流和磁滞损耗，铁芯也会发热。为了改善线圈和铁芯的散热情况，在铁芯与线圈之间留有散热间隙，而且把线圈做成有骨架的短粗型。铁芯用硅钢片叠成，以减小涡流。在交流电流产生的交变磁场中，为避免因磁通过零点造成衔铁的抖动，需在交流电器铁芯的端部开槽，嵌入一铜短路环，使环内感应电流产生的磁通与环外磁通不同时过零，使电磁吸力总是大于弹簧的反作用力，因而可以消除铁芯的抖动。

② 触头系统。触头的作用是接通或分断电路，因此，要求触点具有良好的接触性能和导电性能，电流容量较小的电器，其触点通常采用银质材料。这是因为银质触点具有较低和较稳定的接触电阻，其氧化膜电阻率与纯银相似，可以避免触点表面氧化膜电阻率增加而造成接触不良。

触点的结构有桥式和指形两种，如图1-2所示。

③ 灭弧系统。触点分断电路时，由于热电子发射和强电场的作用，使气体游离，从而

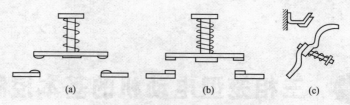

图 1-2 触头系统

在分断瞬间产生电弧。电弧的高温能将触点烧损，缩短电器的使用寿命，又延长了电路的分断时间。因此，应采用适当措施迅速熄灭电弧。低压控制电器常用的灭弧方法有：电动力灭弧、磁吹灭弧、栅片灭弧等，如图 1-3～图 1-5 所示。

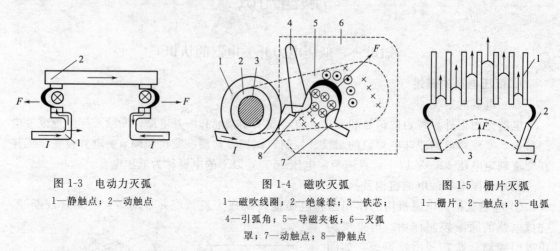

图 1-3 电动力灭弧
1—静触点；2—动触点

图 1-4 磁吹灭弧
1—磁吹线圈；2—绝缘套；3—铁芯；4—引弧角；5—导磁夹板；6—灭弧罩；7—动触点；8—静触点

图 1-5 栅片灭弧
1—栅片；2—触点；3—电弧

2. 认识低压电力开关电器

低压电力开关电器主要用于电源的引入和隔离，这类电器有刀开关、空气开关、隔离开关、转换开关以及熔断器等。

（1）刀开关

刀开关俗称闸刀开关，是一种结构最简单且应用最广泛的一种手动配电电器。主要用于手动接通或断开交、直流电路，通常只作为隔离开关使用，也可用于手控不频繁地接通或断开带负载的电路，有时也用来控制容量小于 7.5kW 的电动机作不频繁地直接启动和停机。在低压电路中常用的刀开关有 HK1、HK2 系列。图 1-6 为 HK 系列刀开关的外形图、结构图及图形符号。

刀开关的种类很多，按刀的极数可分为单极、双极、三极。安装和使用时应注意下列事项：安装时，刀开关在合闸状态下手柄应该向上，不能倒装和平装，以防止触刀松动落下时误合闸；电源进线应接在静触片一边的进线端（进线座应在上方）。用电设备应接在动触片一边的出线端。这样，当开关断开时，触刀和熔丝均不带电，以保证更换熔丝时的安全。

（2）组合开关

组合开关又称转换开关，它是一种转换式的刀开关。其特点是用动触片代替闸刀，以手柄左右旋转操作代替闸刀开关的上下分合操作。组合开关常用来作为电源的引入开关，也用来控制小型笼式异步电动机启动、停止、正反转及局部照明。

组合开关由动触点（动触片）、静触点（静触片）、转轴、手柄、定位机构及外壳等部分组成。其动、静触点分别叠装于数层由绝缘材料隔开的胶木盒内。静触点固定在绝缘垫板

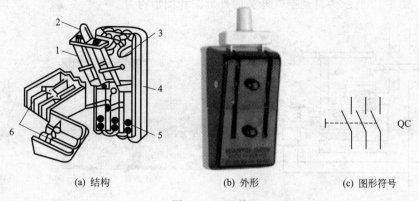

(a) 结构　　　　　　　　(b) 外形　　　　　　　　(c) 图形符号

图 1-6　刀开关

1—触刀；2—手柄；3—静触头；4—瓷底；5—保险丝；6—胶盖

上，动触点装在有手柄的转轴上，当转动手柄时，每层的动触点随方形转轴一起转动，从而实现对电路的通、断控制。图 1-7 所示分别为组合开关的外形图和图形符号。组合开关的主要技术参数有额定电压、额定电流、允许操作频率、极数、可控制电动机的最大功率等。

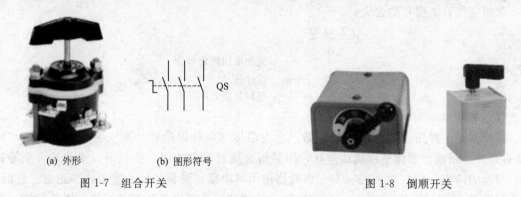

(a) 外形　　　　　　(b) 图形符号

图 1-7　组合开关　　　　　　　　　　　　　图 1-8　倒顺开关

（3）倒顺开关

倒顺开关也叫转换开关。它起接通或断开电源和负载的作用，也可以控制电动机的正转或反转。图 1-8 为倒顺开关外形图。

（4）空气开关

空气开关又称为空气断路器，是在低压电路中广泛应用的一种控制保护电器。它利用脱扣器实现短路、过载和欠压等多种保护功能。其特点是：保护功能强，体积小，动作后不需要更换元件，工作安全可靠，断流能力大，电流值可随时整定，安装使用方便。

自动空气开关主要由触点系统、灭弧装置、操作机构和保护装置（各种脱扣器）等几部分组成，如图 1-9 所示。

主触点利用操作机构（手动或电动）来闭合。当主触点闭合后就被锁钩锁住。过流脱扣器在正常运行时其衔铁是释放的，一旦发生严重过载或短路故障时，与主电路串联的线圈流过大电流而产生较强的电磁吸力把衔铁往下吸而顶开锁钩，使主触点断开，起到过流保护作用。欠压脱扣器的工作情况则相反，当电源电压正常时，对应电磁铁产生吸力将衔铁吸住，当电压低于一定值时，电磁吸力减小，衔铁释放而使主触点断开。当电源电压恢复正常时，必须重新合闸才能工作，实现了欠压保护。当线路发生过载时，过载电流使双金属片受热弯曲，撞击杠杆，使锁扣脱扣，主触点在弹簧的拉力作用下分断，从而断开主电路，起到过载保护作用。图 1-10 所示为自动空气开关的外形图和图形符号。

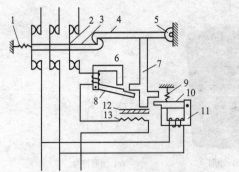

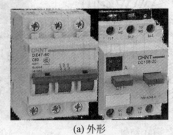

(a) 外形 　　　　　　　(b) 圆形符号

图 1-9　自动空气开关的原理图　　　　图 1-10　自动空气开关的外形和图形符号

1,9—弹簧；2—触点；3—锁键；4—搭钩；
5—转轴；6—过电流脱扣器；7—杠杆；
8,10—衔铁；11—欠电压脱扣器；
12—双金属片；13—热元件

常用空气开关型号的含义：

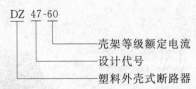

DZ 47-60

壳架等级额定电流
设计代号
塑料外壳式断路器

(5) 熔断器

熔断器是一种用于短路保护的电器，它由熔体（俗称保险丝）和安装熔体的绝缘底座（或称熔管）组成。熔体呈片状或丝状，用易熔金属材料，如锡、铅、铜、银及其合金等制成。熔丝的熔点一般在 200～300℃。熔断器使用时串接在要保护的电路上，当正常工作时，熔体相当于一段导体，允许通过一定的电流，熔体的发热温度低于熔化温度，因此长期不熔断。当电路发生短路或严重过载故障时，流过熔体的电流大于允许的正常发热的电流，使得熔体的温度不断上升，最终超过熔体的熔化温度而熔断，从而切断电路，保护电路及设备。常用的熔断器有瓷插式熔断器、螺旋式熔断器、快速熔断器及有填料封闭管式熔断器等类型。

瓷插式熔断器是一种常见的机构简单的熔断器，如图 1-11(a) 所示，它由瓷底座、瓷插件、动触头、静触头和熔体组成。此种熔断器具有价廉、尺寸小、更换方便等优点，但其分断能力较小，电弧声光效应较大，一般用于低压分支电路的短路保护。

螺旋式熔断器由瓷底座、瓷帽、瓷套、熔管等组成，如图 1-11(b) 所示。熔管内装有熔体、石英砂填料，将熔管安装在底座内，旋紧瓷帽，就接通了电路。当熔体熔断时，熔管端部的红色指示器跳出。旋开瓷帽，更换整个熔管。熔管内的石英砂的作用是在熔断时电弧

(a)　　　(b)　　　(c)　　　(d)　　　(e)　(f)　(g)

图 1-11　熔断器外形及图形符号

在石英砂中迅速冷却熄灭，提高分断能力。

封闭管式熔断器是一种具有大分断能力的熔断器，广泛用于供电线路和要求分断能力高的场合，例如变电所主回路、成套配电装置。如图1-11(c)是无填料式，图1-11(d)是有填料式。图1-11(e)是快速熔断器用于电力电子线路的保护。

上述几种熔断器的熔体一旦熔断，更换后才能重新接通电路，而自复式熔断器如图1-11(f)所示，当发生短路时，切断电路但不必更换熔断器，可重复使用。原理是在常温下具有高电导率；电阻很小；当电路发生短路时，短路电流产生高温，使电阻很大，从而限制了短路电流。当短路电流消失后，温度下降，恢复原有的导电性。图1-11(g)是熔断器的图形符号。

熔断器的主要性能参数有额定电压、额定电流、极限分断电流等。

知识二　认识低压控制电器

低压控制电器主要用于电力拖动控制系统。这类低压电器有接触器、继电器、控制器等。对这类电器的主要技术要求是有一定的通断能力，操作频率高，寿命要长。

1. 接触器

接触器是一种自动的电磁式电器，适用于远距离频繁接通或断开交直流主电路及大容量控制电路。其主要控制对象是电动机，也可用于控制其他负载，如电焊机、电容器、电阻炉等。它能实现远距离自动操作、欠电压保护和零电压保护功能，其控制容量大，工作可靠，操作频率高，使用寿命长。常用的接触器分为交流接触器和直流接触器两类，交流接触器使用较多。

目前我国常用的交流接触器主要有CJ20、CJX1、CJX2和CJT1系列等。图1-12是CJ20交流接触器结构示意图，主要由触点系统、电磁机构和灭弧装置等组成。触点系统是接触器的执行元件，用来接通和断开电

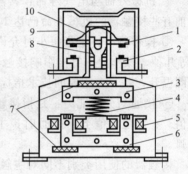

图1-12　CJ20交流接触器结构示意图

1—动触点；2—静触点；3—衔铁；4—缓冲弹簧；5—电磁线圈；6—静铁芯；7—垫毡；8—触点弹簧；9—灭弧罩；10—触点簧片

路。接触器的触点有主触点和辅助触点之分，主触点用以通断主电路，辅助触点用以通断控制回路。电磁机构的作用是将电磁能转换成机械能，操纵触点的闭合或断开。由于交流接触器的线圈通交流电，在铁芯中存在磁滞和涡流损耗，会引起铁芯发热。为了减少涡流损耗、磁滞损耗，以免铁芯发热过甚，铁芯由硅钢片叠铆而成。为了减小机械振动和噪声，在静铁芯端面上要装有短路环。

当交流接触器电磁系统中的线圈通入交流电流以后，铁芯被磁化，产生大于反力弹簧弹力的电磁力，将衔铁吸合，带动了主触点的闭合，接通主电路，同时动断辅助触点首先断开，接着，动合辅助触点闭合。当线圈断电或外加电压太低时，在反力弹簧的作用下衔铁释放，动合主触点断开，切断主电路；动合辅助触点首先断开，接着，动断触点恢复闭合。交流接触器的外形如图1-13所示，图形符号如图1-14所示。

图1-13　交流接触器外形

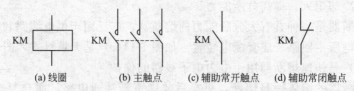

图 1-14　接触器图形符号

接触器的主要技术数据：

① 额定电压：指主触点的额定工作电压，此外还应规定辅助触点及吸引线圈的额定电压。直流线圈常用的电压等级为 24V、48V、110V、220V、440V 等，交流线圈常用的电压等级为 36V、127V、220V 及 380V 等。

② 额定电流：指主触点的额定工作电流。它是在规定条件下（额定工作电压、使用类别、额定工作制和操作频率等），保证电器正常工作的电流值。若改变使用条件，额定电流也要随之改变。

③ 机械寿命与电气寿命：接触器是频繁操作电器，应有较长的机械寿命和电气寿命，目前有些接触器的机械寿命已达 1000 万次以上，电寿命达 100 万次以上。

④ 操作频率：是指每小时允许的操作次数，目前一般为 300 次/h、600 次/h、1200 次/h 等几种。操作频率直接影响接触器的电寿命及灭弧室的工作条件，对于交流接触器还影响线圈温升，是一个重要的技术指标。

⑤ 接通与分断能力：是指接触器的主触点在规定的条件下，能可靠地接通和分断的电流值。在此电流值下，接通时，主触点不应发生熔焊；分断时，主触点不应发生长时间燃弧。

接触器的使用类别不同对主触点的接通和分断能力的要求也不一样，接触器的不同使用类别是根据其不同的控制对象（负载）和所需的控制方式所规定的。常见的接触器使用类别及其典型用途如表 1-1 所示。

表 1-1　常见接触器使用类别及其典型用途

电流类型	使用类别代号	典型用途	电流类型	使用类别代号	典型用途
AC交流	AC1	无感或微感负载、电阻炉	DC直流	DC1	无感或微感负载、电阻炉
	AC2	线绕式电动机的启动和中断		DC3	并励电动机的启动、反接制动、反向和点动
	AC3	笼型电动机的启动和中断		DC5	串励电动机的启动、反接制动、反向和点动
	AC4	笼型电动机的启动、反接制动、反向和点动			

接触器的使用类别代号通常标注在产品的铭牌上或工作手册中。表中要求接触器主触点达到的接通和分断能力为：AC1 和 DC1 类，允许接通和分断额定电流；AC2、DC3 和 DC5 类，允许接通和分断 4 倍额定电流；AC3 类，允许接通 6 倍额定电流和分断额定电流；AC4 类，允许接通和分断 6 倍额定电流。

交流接触器型号含义：

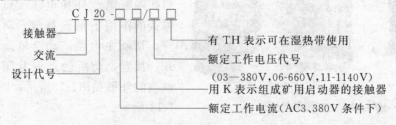

2. 时间继电器

从线圈的通电或断电起，需经过一定的延时后才输出信号（触点的闭合或分断）的继电器称为时间继电器。按动作原理与构造不同，可分为电磁式、电动式、空气阻尼式和电子式等时间继电器。

空气阻尼式时间继电器是利用空气阻尼作用获得延时的，线圈电压为交流，因交流继电器不能像直流继电器那样依靠断电后磁阻尼延时，因而采用空气阻尼式延时。它是电力拖动线路中应用较多的一种时间继电器，分为通电延时和断电延时两种类型。如图 1-15（b）所示。空气阻尼式时间继电器的优点是结构简单、寿命长、价格低，还附有不延时的触点，所以应用较为广泛。缺点是准确度低、延时误差大（±10％～±20％），在延时精度高的场合不宜采用。

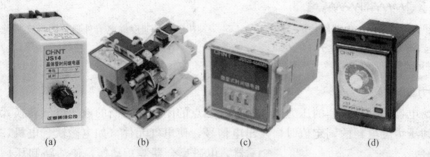

图 1-15　时间继电器外形

电子式时间继电器多用于电力传动、自动顺序控制及各种过程控制系统中，并以其延时范围宽、精度高、体积小、工作可靠的优势逐步取代传统的电磁式、空气阻尼式等时间继电器，如图 1-15(a)、(c)、(d) 所示。时间继电器的图形符号如图 1-16 所示。

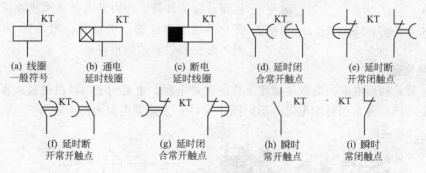

图 1-16　时间继电器的图形符号

3. 速度继电器

速度继电器是根据电磁感应原理制成的，套有永久磁铁的轴与被控电动机的轴相连，用以接受转速信号，当转速达到规定值时触头动作。主要用于与接触器配合实现异步电动机反接制动。它的结构如图 1-17 所示，由转子、定子和触点三部分组成。转子是一块固定在轴上的永久磁铁。定子由硅钢片叠成，并装有笼型绕组与转子同心，能独自偏摆。速度继电器的轴与电动机轴相连，电动机旋转时，转子随之一起转动，形成旋转磁场。笼型绕组切割磁力线而产生感应电流，该电流与旋转磁场作用产生电磁转矩，使定子随转子向转子的转动方向偏摆，定子柄推动相应触头动作。定子柄推动触头的同时，也压缩反力弹簧，其反作用阻止定子继续转动。当转子的转速下降到一定数值时，电磁转矩小于反力弹簧的反作用力矩，定子返回原来位置，对应的触头恢复原始状态。调整反力弹簧的拉力即可改变触头动作的转速。一般速度继电器转轴在 120r/min 左右即能动作，在 100r/min 以下触点复位。图 1-18 为速度继电器外形图及图形文字符号。

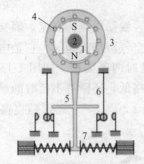

图 1-17　速度继电器结构图
1—转子；2—电机转轴；3—定子；4—绕组；
5—定子柄；6—动触点；7—弹簧

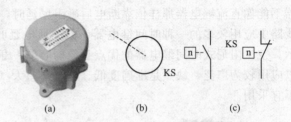

图 1-18　速度继电器外形及图形文字符号

4. 压力继电器

压力继电器是利用液体的压力来控制电气触点的闭合和关断的液压电气转换元件。当系统压力达到压力继电器的调定值时，发出电信号，使电气元件（如电磁铁、电机、时间继电器、电磁离合器等）动作，使油路卸压、换向，执行元件实现顺序动作，或关闭电动机使系统停止工作，起安全保护作用等。压力继电器有柱塞式、膜片式、弹簧管式和波纹管式四种结构形式。主要用于安全保护、控制执行元件的顺序动作、用于泵的启闭及泵的卸荷。压力继电器必须放在压力有明显变化的地方才能输出电信号。图 1-19 为压力继电器外形图和触点的图形符号。

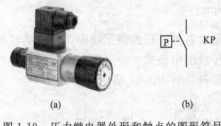

图 1-19　压力继电器外形和触点的图形符号

5. 热继电器

热继电器是利用电流的热效应原理工作的保护电器。主要用于电动机的过载保护、断相保护。图 1-20(a) 为常用热继电器外形，图 1-20(b) 为热继电器的图形符号。

图 1-20　热继电器的外形和图形符号

热继电器主要由热元件、双金属片、动作机构、触点、调整装置及手动复位装置等组成，热继电器的热元件串接在电动机定子绕组中，一对常闭触点串接在电动机的控制电路中，当电动机正常运行时，热元件中流过电流小，热元件产生的热量虽能使金属片弯曲，但不能使触点动作。当电动机过载时，流过热元件的电流加大，产生的热量增加，使双金属片产生弯曲，位移增大，经过一定时间后，通过导板推动热继电器的触点动作，使常闭触点断开，切断电动机控制电路，使电动机主电路失电，电动机得到保护。当故障排除后，按下手动复位按钮，使常闭触点重新闭合（复位），可以重新启动电动机。

热继电器主要参数：

① 热继电器额定电流：热继电器中可以安装的热元件的最大整定电流值。

② 热元件额定电流：热元件整定电流调节范围的最大值。

③ 整定电流：热元件能够长期通过而不致引起热继电器动作的最大电流值。通常热继电器的整定电流与电动机的额定电流相当，一般取（95％～105％）额定电流。

6. 电流继电器

电流继电器是根据线圈中电流的大小而控制电路通、断的控制电器。它的线圈是与负载串联的，线圈的匝数少、导线粗、线圈阻抗小。电流继电器又有过电流继电器和欠电流继电器之分，其外形图如图 1-21 所示。图（a）是过电流继电器，图（b）是欠电流继电器。当线圈电流超过整定值时，衔铁吸合、触点动作的继电器，称为过电流继电器。此种继电器在正常工作电流时不动作。当线圈电流降到某一整定值时衔铁释放的继电器，称为欠电流继电器。通常它的吸引电流为额定电流的 30％～50％，而释放电流为额定电流的 10％～20％，正常工作时衔铁是吸合的。过电流继电器、欠电流继电器的图形符号如图 1-22 所示，图（a）为过电流继电器线圈，图（b）为欠电流继电器线圈。

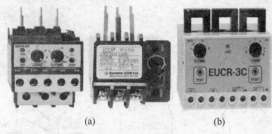

图 1-21 电流继电器

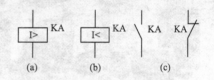

图 1-22 电流继电器图形符号

7. 电压继电器

电压继电器是根据线圈两端电压大小而控制电路通断的控制电器。它的线圈是与负载并联的，线圈的匝数多，导线细，线圈的阻抗大。电压继电器又分为过电压继电器和欠电压继电器。过电压继电器如图 1-23（a）所示，是在电压为 110％～115％额定电压以上动作，而欠电压继电器如图 1-23（b）所示，是在电压为 40％～70％额定电压释放，其图形符号如图 1-24 所示。

图 1-23 电压继电器

8. 中间继电器

中间继电器实际上也是一种电压继电器，但它的触点数量较多，容量较大，它在电路中常用来扩展触点数量和增大触点容量。中间继电器的外形图和图形符号如图 1-25 所示。

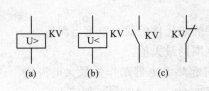

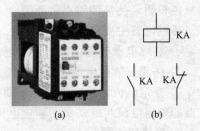

图 1-24   电压继电器的图形符号   图 1-25   中间继电器的外形和图形符号

知识三   认识低压主令电器

低压主令电器主要用于发送控制命令的电器。这类电器有按钮、主令开关、行程开关和万能开关等。

1. 按钮

按钮是发出控制指令和信号的电气开关，是一种手动且一般可以自动复位的主令电器。用于对电磁启动器、接触器、继电器及其他电气线路发出指令信号控制。图 1-26 为按钮的外形，图 1-27 为按钮的图形符号。

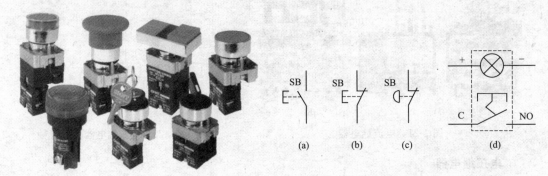

图 1-26   按钮外形   图 1-27   按钮的图形符号

按钮由按钮帽、复位弹簧、桥式触点和外壳等组成。指示灯式按钮内可装入信号灯显示信号。按钮未被按下时就断开的触点称为常开触点，按钮未被按下时就闭合的触点叫常闭触点。当按下按钮帽时，常闭触点先打开，常开触点后闭合。松开按钮帽，触点在复位弹簧作用下恢复到原来位置，常开触点先断开，常闭触点后闭合。按钮在切换过程中的"先断后合"的特点，可用来实现控制电路中的连锁要求。

按钮的结构形式有多种，适用于不同的场合：紧急式装有突出的蘑菇形钮帽，以便于紧急操作；旋钮式用于旋转操作；指示灯式在透明的按钮内装入信号灯，用作信号显示；钥匙式为了安装起见，须用钥匙插入方可旋转操作等等。

为了标明各个按钮的作用，避免误操作，通常将钮帽做成不同的颜色以示区别，其颜色有红、绿、黑、黄、蓝、白等。按钮的颜色应符合表 1-2。

通常急停和应急断开操作件应使用红色；启动/接通操作件颜色应为白、灰或黑色，优先用白色，也允许用绿色，但不允许用红色；停止/断开操作件应使用黑、灰或白色，优先用黑色，不允许用绿色，也允许选用红色，但靠近紧急操作的位置，建议不使用红色；作为启动/接通与停止/断开交替操作的按钮操作件的优选颜色为白、灰或黑色，不允许使用红、黄或绿色；对于按动它们即引起运转而松开它们则停止运转（即保持—运转）的按钮操作件，其优选颜色为白、灰后黑色，不允许用红、黄或绿色；复位按钮应为蓝、白、灰或黑色，如果它们还用做停止/断开按钮，最好使用白、灰或黑色，但不允许用绿色。

表1-2 按钮的颜色代码及其含义

颜 色	含 义	说 明	应 用 示 例
红	紧急	危险或紧急情况时的操作	急停
黄	异常	异常情况时操作	干预制止异常情况 干预重新启动中断了的自动循环
绿	正常	正常情况时启动操作	
蓝	强制性的	要求强制动作的情况下操作	复位功能
白			启动/接通（优先）停止/断开
灰	未赋予特定含义	除急停以外的一般功能的启动	启动/接通停止/断开
黑			启动/接通停止/断开（优先）

2. 指示灯

指示灯又称信号灯，指示灯用来发出下列形式的信息：

指示——引起操作者注意或指示操作者应该完成某种任务。红、黄、绿和蓝色通常用于这种方式。

确认——用于确认一种指令、一种状态或情况，或者用于确认一种变化或转换阶段的结束。蓝色和白色通常用于这种方式，某些情况下也可用绿色。

图1-28 指示灯的外形和图形符号

指示灯的外形和图形符号如图1-28所示，指示灯的颜色应符合表1-3的要求。

表1-3 指示灯的颜色及其对应状态的含义

颜 色	含 义	说 明	操作者的动作
红	紧急	危险情况	立即动作处理危险情况（如操作急停）
黄	异常	异常情况、紧急临界情况	监视和（或）干预（如重建需要的功能）
绿	正常	正常情况	任选
蓝	强制性	指示操作者需要动作	强制性动作
白	无确定含义	其他情况	监视

3. 脚踏开关

脚踏开关是一种通过脚踩或踏来进行操作电路通断的开关，使用在双手不能及时的控制电路中以代替或者解放双手达到操作的目的。在医疗器械、冲压设备、焊接设备、纺织设备、印刷机械中应用广泛。图1-29是脚踏开关的外形和图形符号。

4. 万能转换开关

万能转换开关是一种多挡位、多段式、控制多回路的主令电器，当操作手柄转动时，带动开关内部的凸轮转动，从而使触点按规定顺序闭合或断开。

万能转换开关主要用于各种控制线路的转换、电压表、电流表的换相测量控制、配电装置线路的转换和遥控等。万能转换开关还可以用于直接控制小容量电动机的启动、调速和换向。万能转换开关外形和单层的结构示意图如图1-30所示。

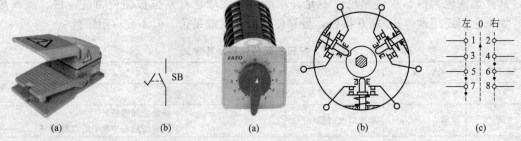

| (a) | (b) | | (a) | (b) | (c) |

图 1-29　脚踏开关的外形和图形符号　　图 1-30　LW5 系列万能转换开关的外形和图形符号

　　常用产品有 LW5 和 LW6 系列。LW5 系列可控制 5.5kW 及以下的小容量电动机；LW6 系列只能控制 2.2kW 及以下的小容量电动机。用于可逆运行控制时，只有在电动机停车后才允许反向启动。LW5 系列万能转换开关按手柄的操作方式可分为自复式和自定位式两种。所谓自复式是指用手拨动手柄于某一挡位时，手松开后，手柄自动返回原位；定位式则是指手柄被置于某挡位时，不能自动返回原位而停在该挡位。

　　不同型号的万能转换开关的手柄有不同操作位置，万能转换开关的触点的图形符号如图图 1-30(c) 所示。由于其触点的分合状态与操作手柄的位置有关，图中当万能转换开关打向左位时，触点 5-6、7-8 闭合，触点 1-2、3-4 打开；打向 0 位时，只有触点 1-2 闭合，右位时，触点 3-4、5-6 闭合，其余打开。

5. 行程开关

　　行程开关又称限位开关，是一种利用生产机械某些运动部件的碰撞来发出控制指令的电器，用于生产机械运动方向、行程的控制和位置保护。行程开关的种类很多，有直动式［如图 1-31(a) 所示］、双轮滚动式［如图 1-31(b) 所示］、单轮滚动式［如图 1-31(c) 所示］、微动式［如图 1-31(d) 所示］等。图形符号如图 1-32 所示。

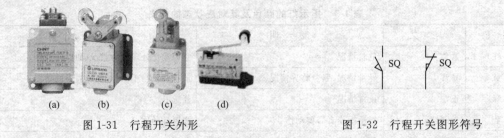

| (a) | (b) | (c) | (d) |

图 1-31　行程开关外形　　　　　　　图 1-32　行程开关图形符号

　　行程开关的动作原理与按钮类似，不同之处是行程开关用运动部件上的撞块来碰撞其推杆，使行程开关的触点动作。它的缺点是触点分合速度取决于生产机械的移动速度，当移动速度低于 0.4m/min 时，触点分断太慢，易被电弧烧损。

6. 接近开关

　　接近开关又称无触点行程开关，是当运动的物体与开关接近到一定距离时发出接近信号，以不直接接触方式进行控制。接近开关不仅用于行程控制、限位保护等，还可用于高速计数、测速、检测零件尺寸、液面控制、检测金属体或非金属体的存在等。

　　从原理上看，接近开关有电感式［如图 1-33(a) 所示］、电容式［如图 1-33(b) 所示］、霍尔式［如图 1-33(c) 所示］、光电式［如图 1-33(d) 所示］等多种形式，其中以电感式最常用，占全部接近开关产量的 80% 以上。接近开关的特点是工作稳定可靠，寿命长，重复定位精度高。图形符号如图 1-33(e) 所示。

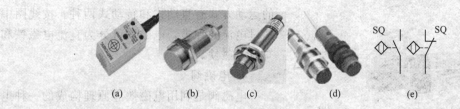

图 1-33　接近开关外形和图形符号

知识四　认识低压执行电器

低压执行电器是主要用于执行某种动作和传动功能的电器，实现能量变换，即把一种形式的能量转化为另一种形式的能量。这类低压电器有电动机、电磁铁、电磁阀等。

1. 三相笼型电动机

三相笼型异步电动机，由定子和转子两个基本部分组成。定子主要由定子铁芯、定子绕组和机座组成，转子主要由转子绕组和转子铁芯组成。当三相定子绕组通入三相对称电源后，在气隙中产生一个旋转磁场，此旋转磁场切割转子导体，产生感应电流。流有感应电流的转子导体在旋转磁场的作用下产生转矩，使转子旋转。根据左手定则可判断出转子的旋转方向与旋转磁场的旋转方向相同。三相笼型异步电动机的外形和图形符号如图 1-34 所示。

图 1-34　三相笼型异步电动机外形和图形符号　　　图 1-35　电主轴外形及应用

2. 电主轴

电主轴是最近几年在数控机床领域出现的将机床主轴与主轴电动机融为一体的新技术。随着电气传动技术（变频调速技术、电动机矢量控制技术等）的迅速发展和日趋完善，高速数控机床主传动系统的机械结构已得到极大简化，基本上取消了带轮传动和齿轮传动。机床主轴由内装式电动机直接驱动，从而把机床主传动链的长度缩短为零，实现了机床的"零传动"。这种主轴电动机与机床主轴"合二为一"的传动结构形式，使主轴部件从机床的传动系统和整体结构中相对独立出来，因此可做成"主轴单元"，俗称"电主轴"，由于当前电主轴主要采用的是交流高频电动机，故也称为"高频主轴"。由于没有中间传动环节，有时又称它为"直接传动主轴"，如图 1-35 所示。

电主轴具有结构紧凑、重量轻、惯性小、振动小、噪声低、响应快等优点，而且转速高、功率大，简化机床设计，易于实现主轴定位，是高速主轴单元中的一种理想结构。

3. 电磁铁

电磁铁是利用通电的铁芯线圈吸引衔铁或保持钢、铁零件于固定位置的一种电器，外形和图形符号如图 1-36 所示。电磁铁由线圈、铁芯和衔铁三部分组成，当线圈中通以电流时，铁芯被磁化而产生吸力，吸引衔铁动作，衔铁

图 1-36　电磁铁的外形和图形符号

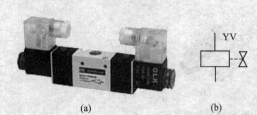

(a)　　　　　　(b)

图 1-37　电磁阀的外形和图形符号

的运动方式有直动式和转动式两种。按线圈中通过电流的种类，电磁铁可分为直流电磁铁和交流电磁铁。

4. 电磁阀

电磁阀是利用电磁效应原理构成的一种电磁执行元件，电磁阀由电磁线圈、阀芯和包含一个或多个孔的阀体组成，当线圈通电或断电时，阀芯运动使流体通过阀体或被阻断，其状态发生转换，从而改变流体方向，实现自动调节及远程控制。常用的电磁阀有二位二通、二位三通、二位四通、二位五通、三位电磁阀、四位电磁阀等，广泛应用于化工、冶金、电力、水处理、自来水、燃气、医药等行业部门中的控制系统。图 1-37 所示为电磁阀的外形和图形符号。

知识五　变压器及直流稳压电源

1. 变压器

变压器是一种将某一数值的交流电压变换成频率相同但数值不同的交流电压的电器。这里说的变压器是指控制变压器，适用于频率 50～60Hz，输入电压不超过交流 660V。常作为各类机床、机械设备中一般电器的控制电源和步进电动机驱动器、局部照明及指示灯的电源。图 1-38(a) 为机床控制变压器外形图，图 1-38(b)、(c) 为单相和三相变压器电气图形符号。表 1-4 为 JBK 系列控制变压器的电压形式，表 1-5 为 BK 系列控制变压器的规格参数。

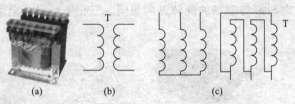

(a)　　　　　(b)　　　　　(c)

图 1-38　变压器外形和图形符号

表 1-4　JBK 系列控制变压器的电压形式

额定容量	初级电压/V	控制电压/V	照明电压/V	指示信号电压/V
40V·A、63V·A				
160V·A				
400V·A	220 或 380	110、127、220	24、36、48	6、12
1000V·A				

表 1-5　BK 系列控制变压器的规格参数

型　　号	初级电压/V	次级电压/V
BK-25		
BK-150		
BK-700	220、380 或根据用户需求而定	6、3、12、24、36、110、127、220、380V 或根据用户需求而定
BK-1500		
BK-5000		

2. 直流稳压电源

直流稳压电源的功能是将非稳定交流电源变成稳定直流电源。电气控制系统中，有的需要稳压电源给驱动器、控制单元、直流继电器、信号指示灯等提供直流电源。主要使用开关电源。

开关电源被称为高效节能电源，因为其内部电路工作在高频开关状态，所以自身消耗的能量很低，电源效率可达80％左右，比普通线性稳压电源提高近一倍。目前生产的无工频变压器的中、小功率开关电源，仍普遍采用脉冲宽度调制器（简称脉宽调制器 PWM）或脉冲频率调制器（简称脉频调制器 PFM）专用集成电路。它们是利用体积很小的高频变压器来实现电压变化及电网的隔离，因此能省掉体积笨重且损耗较大的工频变压器。图1-39 为直流稳压电源的外形和图形符号。

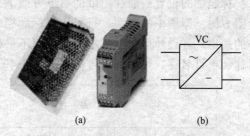

(a)   (b)

图 1-39 直流稳压电源外形和图形文字符号

选择直流稳压电源时需要考虑的问题主要有：电源的输出功率，输出路数，电源的尺寸，电源的安装方式和安装孔位，电源的冷却方式，电源在系统中的位置及走线，环境温度，绝缘强度，电磁兼容性，环境条件。

为了提高系统的可靠性，建议电源工作在 50％～80％ 的额定负载时为佳，即假设所用功率为 20W，应选用输出功率为 25～40W 的电源。

尽量选用生产厂家的标准电源，包括标准的尺寸和输出电压。所需电源的输出电压路数越多，挑选标准电源的机会就越小。同时增加输出电压路数会带来成本的增加。目前多电路输出的电源以三路、四路输出较为常见。所以，在选择电源时应该尽量减少输出路数，选用多路数共输出的电源。

明确输入电压范围，以交流输入为例，常见的电网电压规格有 110V、220V，所以相应直流稳压电源就有了 110V、220V 交流切换，以及通用输入电压（AC：85V～264V）三种规格。

电源在工作时会消耗一部分功率，并以热量的形式释放出来。所以用户在进行系统设计时（尤其是封闭的系统）应考虑电源的散热问题。如果系统能形成良好的自然对流道，且电源位于风道上，可考虑选择自然冷却的电源；如果系统的通风较差，或系统内部温度比较高，可考虑选择风冷的电源。

如果环境不是很恶劣或电源放在电柜中（符合防护等级 IP54），可选用普通电源；如在恶劣的环境中使用，比如在油污、潮湿、腐蚀等环境下使用，可选用全密封的一体化电源。

知识六 电气制图的基本知识

电气控制线路是用导线将电动机、电器、仪表等电气元件按一定的要求和方式联系起来，并能实现某种功能的电气线路。为表达电气控制线路的组成、工作原理及安装、调试、维修等技术要求，需要用统一的工程语言即用图的形式来表示。在图上用不同的图形符号来表示各种电气元件，用不同的文字符号来进一步说明图形符号所代表的电气元件的基本名称、用途、主要特征及编号等。因此，电气控制线路应根据简单易懂的原则，采用统一规定的图形符号、文字符号和标准画法来进行绘制。

1. 电气图的图幅

图纸的幅面按照国家标准规定可以分为 A0，A1，A2，A3，A4。A0～A2 号图纸一般不得加长；A3、A4 号图纸可根据需要，沿短边加长。

2. 标题栏

标题栏又名图标，是用以确定图纸的名称、图号、张次、更改和有关人员签名等内容的栏目，相当于图样的"铭牌"。

标题栏的位置一般在图纸的右下方或下方，也可放在其他位置。标题栏中的文字方向为看图方向。即图中的说明、符号均以标题栏的文字方向为准。标题栏的格式，我国还没有统一的规定，各设计单位的标题栏格式都不一样。常见的格式应有以下内容：设计单位、工程名称、项目名称、图名、图号等，如图 1-40 所示。

设 计 单 位		工程名称		设计号	
				图号	
审定		设计		项目名称	
审核		制图			
总负责人		校对		图名	
专业负责人		复核			

图 1-40   标题栏

3. 图幅的分区

当电气图中元件较多，图纸幅面较大且较复杂的情况下，可以把图纸分成若干个区域，以便于检索电气线路、查找某个元件在图上的位置、方便阅读分析。

分区的方法是将图纸相互垂直的两边各自等分。分区的数目视图的复杂程度而定，但分区数一般为偶数，每一分区的长度为 25～75mm。竖向（左、右两侧）分别用大写英文字母从上到下标注；横向（上、下两边）用阿拉伯数字从左往右编号，如图 1-41 所示。分区代号用字母和数字表示，字母在前，数字在后。如线圈 KM1 的位置代号为 B5，按钮 SB3 的位置代号为 C3。

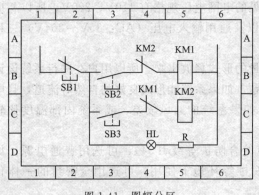

图 1-41   图幅分区

4. 电气图的分类及制图规则

电气控制图一般有三种：电气原路图、电气元件布置图和电气安装接线图。

（1）电气原理图

电气原理图是根据控制线路原理绘制的，具有结构简单、层次分明、便于研究和分析线路工作原理的特性。在电气原理图中只包括所有电气元件的导电部件和接线端点之间的相互关系，不按各电气元件的实际位置和实际接线情况来绘制，也不反映元件的大小。

绘制电气原理图的基本规则：

① 原理图一般分主电路和辅助电路两部分画出。主电路指从电源到电动机绕组的大电流通过的路径。辅助电路包括控制电路、照明电路、信号电路及保护电路等，由继电器的线圈和触点，接触器的线圈和触点、按钮、照明灯、控制变压器等元件组成。通常主电路用粗实线表示，画在左边（或上部）；辅助电路用细实线表示，画在右边（或下部）。

② 各电气元件不画实际的外形图，采用国家规定的统一标准来画，文字符号也采用国家标准。属于同一电器的线圈和触点，都要采用同一文字符号表示。对同类型的电器，在同

一电路中的表示可在文字符号后加注阿拉伯数字符号来区分。

③ 各电气元件和部件在控制线路中的位置，应根据便于阅读的原则安排。同一电气元件的各部件根据需要可不画在一起，但文字符号要相同。

④ 所有电器的触点状态，都应按没有通电和没有外力作用时的初始开、关状态画出。例如继电器、接触器的触点，按吸引线圈不通电时状态画，控制器手柄按处于零位时状态画，按钮、行程开关触点按不受外力作用时状态画出。

⑤ 无论是主电路还是控制电路，各电气元件一般按动作顺序从上到下、从左到右依次排列，可水平布置或垂直布置。

⑥ 有直接电联系的交叉导线的连接点，要用黑圆点表示，无直接电联系的交叉导线，交叉处不能画黑圆点。

⑦ 图面区域的划分。电气原理图下方的1、2、3、…数字是图区编号，图区编号上方的文字表明对应区域下方元件或电路的功能，使读者能清楚地知道某个元件或某部分电路的功能，以利于理解整个电路的工作原理。

⑧ 符号位置的索引。符号位置的索引用图号、页次和图区编号的组合索引法。当某图仅有一页图样时，只写图号和图区的行、列号；在只有一个图号多页图样时，则图号可省略，而元件的相关触点只出现在一张图样上时，只标出图区号（无行号时，只写列号）。如图号32的单张图A3区内，标记为：图32/A3；图号为52的第8张图B8区内，标记为图52/8/B8。

⑨ 电气原理图中，接触器和继电器线圈与触点的从属关系应用附图表示。即在原理图中相应线圈的下方，给出触点的图形符号，并在其下面注明相应触点的索引代号，对未使用的触点用"×"表明，有时也可采用省去触点图形符号的表示法。

接触器附图中各栏的含义如表1-6所示。

表1-6 接触器附图含义

左 栏	中 栏	右 栏
主触点所在区号	辅助常开触点区号	辅助常闭触点区号

继电器附图中各栏的含义如表1-7所示。

表1-7 继电器附图含义

左 栏	右 栏
辅助常开触点区号	辅助常闭触点区号

⑩ 电气原理图中技术数据的标注。电气元件的技术数据，除在电气元件明细表中标明外，也可用小号字体注在其图形符号的旁边，如熔断器的额定电流，导线截面积，电机参数等。

⑪ 电气原理图中的标记：三相交流电源引入线采用L1、L2、L3、N、PE自上而下标记依次画出。直流电源"＋"端在上，"－"端在下；电源开关之后的三相交流电源主电路分别按U11、V11、W11顺序标记；电动机绕组首端分别用U1、V1、W1标记，尾端分别用U2、V2、W2标记，双绕组的中点则用U3、V3、W3标记；对于多台电动机其三相绕组接线端标记以1U、1V、1W；2U、2V、2W…来区分，各电动机分支电路各接点标记采用三相文字代号后面加数字来表示，从上到下按数值大小顺序标记；控制电路采用阿拉伯数字编号，一般由三位或三位以下的数字组成，标注方法按"等电位"原则进行；在垂直绘制的

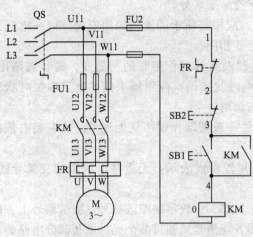

图1-42　原理图中的标记

电路中，标号顺序一般由上而下编号，凡是被线圈、绕组、触点或电阻、电容等元件所间隔的线段，都应标以不同的电路标号。如图1-42所示。

（2）电气元件布置图

电气元件布置图主要用来表明各种电气设备在机械设备和电气控制柜中的实际安装位置，为机械电气控制设备的制造、安装、维修提供必要的资料。各电气元件的安装位置是由机床的结构和工作要求决定的，如电动机要和被拖动的机械部件在一起，行程开关应放在要取得信号的地方，操作元件要放在操纵箱等操作方便的地方，一般元件应放在控制柜内。

（3）电气安装接线图

为了进行装置设备或成套装置的布线或布缆，必须提供其中各个项目（包括元件、器件、组件、设备等）之间的电气连接的详细信息，包括连接关系、线缆种类和敷设路线等。用电气图的方式表达的图称为接线图。

安装接线图是检查电路和维修电路不可缺少的技术文件，根据表达对象和用途不同，接线图有单元接线图、互连接线图和端子接线图等。国家标准GB 6988.5—1986《电气制图、接线图和接线表》详细规定了安装接线图的编制规则。

① 在接线图中，各电气元件的相对位置应与实际安装的相对位置一致。各电气元件按其实际外形尺寸以统一比例绘制。

② 一个元件的所有部件画在一起，并用点画线框起来。

③ 各电气元件上凡需接线的端子均应予以编号，且与电气原理图中的导线编号必须一致。

④ 在接线图中，所有电气元件的图形符号、各接线端子的编号和文字符号必须与原理图中的一致，且符合国家的有关规定。

⑤ 电气安装接线图一律采用细实线。成束的接线可用一条实线表示。接线很少时，可直接画出电气元件间的接线方式；接线很多时，接线方式用符号标注在电气元件的接线端，标明接线的线号和走向，可以不画出两个元件间的接线。

⑥ 在接线图中应当标明配线用的电线型号、规格、标称截面。穿管或成束的接线还应标明穿管的种类、内径、长度等及接线根数、接线编号。

⑦ 安装底板内外的电气元件之间的连线需通过接线端子板进行。

⑧ 注明有关接线安装的技术条件。

知识七　配线技术

1. 连线与布线

电气元件之间接线时应按照电气安装接线图的要求，并结合电气原理图中的导线编号及配线要求进行。

2. 接线方法

所有导线的连接必须牢固，不得松劲。在任何情况下，连接器件必须与连接的导线截面和材料性质相适应，导线与端子的接线，一般一个端子只连接一根导线。有些端子不适合连接软导线时，可在导线端头上采用针形、叉形等冷压接线头。如果采用专门设计的端子，可以连接两根或多根导线，但导线的连接方式必须是工艺上成熟的方式，如夹紧、压接、焊接、绕接等。导线的接头除必须采用焊接方法外，所有的导线应当采用冷压接线头。若电气设备在运行时承受的震动很大，则不许采用焊接的方式。导线和电缆的敷设应使两端子之间无触头或拼接点。

3. 控制柜的内部配线方法

控制柜的内部配线方法有板前配线、板后配线和线槽配线等。

（1）板前配线

板前配线又称明配线。板前配线时应遵循以接触器为中心，由里向外，由低至高，先安装控制电路，再安装主电路的原则，工艺要求如下：

① 连接导线一般选用 BV 型的单股塑料硬线。

② 必须按图施工，根据接线图布线。

③ 布线的通道要尽可能少，同路并行导线按主、控电路分类集中，单层密排，紧贴安装板。

④ 布线要横平竖直，分布均匀，改变走向时应垂直改变。

⑤ 同一平面的导线应高低一致和前后一致，不能交叉。对于非交叉不可的导线，应在接线端子引出时就水平架空跨越，但必须合理走线。

⑥ 布线时严禁损伤线芯和导线绝缘。

⑦ 导线与接线端子连接时，不压绝缘层、不反圈及不露铜过长。

⑧ 要在每根剥去绝缘层的导线上套号码管，且同一个接线端子只套一个号码管。编号应顺着号码管的方向自下而上编写，其文字方向由左向右。

（2）板后配线

又称暗配线。这种配线方式的板面整齐美观，且配线速度快。采用这种配线方式应注意以下几个方面：

① 电气元件的安装孔、导线的穿线孔其位置应准确，孔的大小应合适。

② 板前与电气元件的连接线应接触可靠，穿板的导线应与板面垂直。

③ 配电盘固定时，应使安装电气元件的一面朝向控制柜的门，便于检查和维修。板与安装面要留有一定的余地。

（3）线槽配线

这种配线方式综合了板前配线和板后配线的优点。适用于电气线路较复杂、电气元件较多的设备。不仅安装、检查维修方便，且整个板面整齐美观，是目前使用较广的一种接线方式。

线槽一般由槽底和盖板组成，其两侧留有导线的进出口，槽中容纳导线（多采用多股软导线做连接导线），视线槽的长短用螺钉固定在底板上。

采用线槽配线时，线槽装线不要超过线槽容积的 70%，以便安装和维修。线槽外部的配线，对装在可拆卸门上的电器接线必须采用互连端子板或连接器，它们必须牢固固定在框架、控制箱或门上。从外部控制电路、信号电路进入控制箱内的导线超过 10 根时，必须接到端子板或连接器件过渡，但动力电路和测量电路的导线可以直接接到电器的端子上。

4. 控制箱外部配线方法

由于控制箱一般处于工业环境中，为防止铁屑、灰尘和液体的进入，除必要的保护电缆外,控制箱所有的外部配线一律装入导线通道内。且导线通道应留有余地,供备用导线和今后增加导线之用。导线采用钢管,壁厚应不小于1mm,如用其他材料,壁厚必须有等效于壁厚为1mm钢管的强度。如用金属软管时,必须有适当的保护。当用设备底座做导线通道时,无须再加预防措施,但必须能防止液体、铁屑和灰尘的侵入。移动部件或可调整部件上的导线必须用软线;运动的导线必须支撑牢固,使得在接线上不致产生机械拉力,又不出现急剧的弯曲。不同电路的导线可以穿在同一管内,或处于同一电缆之中,如果它们的工作电压不同,则所用导线的绝缘等级必须满足其中最高一级电压的要求。

柜外配线属于线管配线方式。耐潮、耐腐蚀、不宜遭受机械损伤。

(1)铁管配线

① 根据使用的场合、导线截面积和导线根数选择铁管类型和管径,且管内应留有40%的余地。

② 尽量取最短距离敷设线管,管路尽量少弯曲,不得不弯曲时,弯曲半径不应太小,弯曲半径一般不小于管径的4~6倍。弯曲后不应有裂缝;如管路引出地面,离地面应有一定的高度,一般不小于0.2m。

③ 对同一电压等级或同一回路的导线允许穿在同一线管内。管内的导线不准有接头,也不准有绝缘破损之后修补的导线。

④ 线管在穿线时可以采用直径1.2mm的钢丝作引线。敷设时,首先要清除管内的杂物和水分;明面敷设的线管应做到横平竖直,必要时可采用管卡支持。

⑤ 铁管应可靠地保护接地和接零。

(2)金属软管配线

对生产机械本身所属的各种电器或各种设备之间的连接常采用这种连接方式。根据穿管导线的总截面选择软管的规格,软管的两头应有接头以保证连接;在敷设时,中间的部分应用适当数量的管卡加以固定;有所损坏或有缺陷的软管不能使用。

5. 导线布设的步骤

① 了解电气元件之间导线连接的走向和路径。

② 根据导线连接的走向和路径及连接点之间的长度,选择合适的导线长度,并将导线的转弯处弯成90°角。

③ 用电工工具剥除导线端子处的绝缘层,套上导线的标志套管,将剥除绝缘层的导线弯成羊角圈,按电气安装接线图套入接线端子上的压紧螺钉并拧紧。

④ 所有导线连接完毕之后进行整理。做到横平竖直,导线之间没有交叉、重叠且相互平行。

6. 导线的标识

导线的标识一般有两种:颜色标识、线号标识。

① 导线的颜色标识:保护导线采用黄绿双色;动力电路的中性线和中间线采用浅蓝色;交、直流动力线路采用黑色;交流控制电路采用红色;直流控制电路采用蓝色等等。

② 导线的线号标识:导线的线号标识必须与电气原理图和电气安装接线图相符合,且在每一根连接导线的接近端子处需套有标明该导线线号的套管。

③ 线号标识的导线颜色不应采用与颜色标识的导线颜色容易混淆的颜色。

7. 配线的基本要求

① 配线之前首先要认真阅读电气原理图、电器布置图和电气安装接线图,做到心中有数。

② 根据负荷的大小及配线方式，回路的不同选择导线的规格、型号，并考虑导线的走向。

③ 首先对控制电路配线，然后主电路进行配线。

④ 具体配线时应满足以上三种配线方式的具体要求及注意事项。如横平竖直、减少交叉、转角成直角、成束导线用线束固定、导线端部加有套管、与接线端子相连的导线头弯成羊角圈、整齐美观等。

⑤ 导线的敷设不应妨碍电气元件的拆卸。

⑥ 配线完成之后应根据各种图纸再次检查是否正确无误，没有错误，将各种紧压件压紧。

知识八 配线材料

1. 电线与电缆

电线电缆通常是由几根或几组导线（每组至少两根）绞合而成的类似绳索的电缆，每组导线之间相互绝缘，并常围绕着一根中心扭成，整个外面包有高度绝缘的覆盖层。

电线电缆是指用于电力、通信及相关传输用途的材料。"电线"和"电缆"并没有严格的界限。通常将芯数少、产品直径小、结构简单的产品称为电线，没有绝缘的称为裸电线，其他的称为电缆。

（1）导线的分类

常用的电线、电缆按绝缘材料分为聚氯乙烯绝缘电线、聚氯乙烯绝缘软线、丁腈聚氯乙烯混合物绝缘软线、橡皮绝缘电线、农用地下直埋铝芯塑料绝缘电线、橡皮绝缘棉纱纺织软线、聚氯乙烯绝缘尼龙护套电线、电力和照明用聚氯乙烯绝缘软线等。

按导体材料分为铜芯线、铝芯线、银芯线等。

按用途可分为裸导线、绝缘电线、耐热电线、屏蔽电线、电力电缆、控制电缆、通信电缆、射频电缆等。

（2）正常工作的载流容量

一般情况，导线为铜质的。任何其他材质的导线都应具有承载相同电流的标称截面积，导线最高温度不应超过表 1-8 中规定的值。如果用铝导线，截面积应至少为 $16mm^2$。

表 1-8 正常和短路条件下导线允许的重要温度

绝缘种类	正常条件下导线最高温度/℃	短路条件下导线短时极限温度/℃
聚氯乙烯（PVC）	70	160
橡胶	60	200
交联聚乙烯（XLPE）	90	250
丙烯混合物（ERR）	90	250
硅橡胶（SiR）	100	350

导线和电缆的载流容量由下面两个因素来确定：正常条件下，通过最大的稳态电流或间歇负载的热等效均方根值电流时导线的最高允许温度；短路条件下，允许的短时极限温度。

（3）导线和电缆的电压降

在正常工作状态下，从电源端到负载端的导线电压降不应超过额定电压的 5%。稳态条件下环境温度 40℃时，采用不同敷设方法的 PVC 绝缘铜导线或电缆的载流容量 I_Z 如表 1-9 所示。

表 1-9　电缆的载流容量 I_Z

截面积 /mm²	用导线管、电缆管道装置和保护导线(单芯电缆)载流容量 I_Z/A	用导线管、电缆管道装置和保护导线(多芯电缆)载流容量 I_Z/A	没有导线管、电缆管道,电缆悬挂壁侧载流容量 I_Z/A	电缆水平或垂直装在开式电缆托架上载流容量 I_Z/A
0.75	7.6	—	—	—
1.0	10.4	9.6	11.7	11.5
1.5	13.5	12.2	15.2	16.1
2.5	18.5	16.5	21	22
4	25	23	28	30
6	35	29	36	37
10	44	40	50	52
16	60	53	66	70
25	77	67	84	88
35	97	83	104	114
50	—	—	123	123
70	—	—	155	155
95	—	—	192	192
120	—	—	221	221

（4）最小截面积

为确保适当的机械强度，导线面积应不小于表 1-10 中示出值。电柜内部具有较大电流为 2A 的电路配线不必遵守表中的要求。

表 1-10　铜导线的最小截面积

位置	用途	电缆种类				
		单芯绞线	单芯硬线	双芯屏蔽线	双芯无屏蔽线	三芯及以上
		铜导线的最小截面积/mm²				
外壳外部	非软电源配线	1	1.5	0.75	0.75	0.75
	运动机械部件的连线	1	—	1	1	1
	控制电路中的连线	1	1.5	0.3	0.5	0.3
	数据通信配线	—	—	—	—	—
外壳内部	非软电源配线	0.75	0.75	0.75	0.75	0.75
	控制电路、数据通信配线	0.2	0.2	0.2	0.2	0.2

2. 安装配线附件

电气安装配线附件是保证电气安装质量及电气安全而必需的一种工艺材料，在电路中起接续、连接、固定和防护等作用，是正确实现设计功能的必备材料。正确地选用电气安装配线附件，对提高产品质量和性能是十分重要的，众多的电气事故往往都是忽视或不重视安装质量甚至是违反电气安装规程造成的，因此应引起足够的重视。

安装与配线附件主要用于配电箱柜及电气成套设备内元器件、导线的固定和安装。采用配线材料后可使导线走向美观、元器件装卸容易、维修方便和加强电气安全，是电气工程中不可缺少的工艺材料。配线材料种类很多，新产品不断涌现，以下仅简单介绍几种常用的品种。

（1）编码管

编码管是一种用 PVC 软质塑料制造而成的字符代号或号码的成品，可单独套在导线上作线号标记管用。线号用作导线的线端标记，线号标记可采用专用印号机打印或用记号笔标记，如图 1-43（e）所示。

（2）热缩管

热缩套管是一种热收缩套管，受热（70～90℃）会收缩，热缩管的材料主要是塑料，包括 PVC、ABS、EVA 等。广泛应用于各种线束、焊点、电感的绝缘保护，金属管、棒的防锈、防蚀。如图 1-43（j）所示。

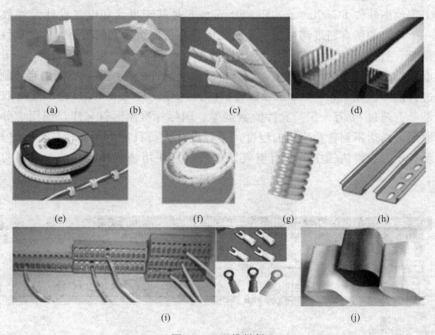

图 1-43　配线材料

（3）黄蜡管

黄蜡管（聚氯乙烯玻纤管）是以无碱玻璃纤维编织而成，并涂以聚氯乙烯树脂经塑化的电气绝缘漆管。本管具有良好的柔软性、弹性、绝缘性和耐化学性，适用于电机、电器、仪表、无线电等装置的布线绝缘和机械保护，如图 1-43（c）所示。

（4）线槽

线槽采用聚氯乙烯塑料制造而成，用于配电箱柜及电气成套设备内做布线工艺槽用，对置于其内的导线起防护作用，如图 1-43（d）所示。

（5）线扎与固定座

线扎可以把一束导线扎紧在一起，固定座下有粘胶，它可以粘在平面物体上，与线扎配合使用，来固定线束，如图 1-43（a）、（b）所示。

（6）波纹管与缠绕带

主要用于移动裸露导线的缠绕和保护外套，保护导线，如图 1-43（f）、（g）所示。

（7）接线端子

主要用于导线的连接，如图 1-43（i）所示。

（8）安装导轨

用来安装各种标准卡槽的器件，如图 1-43（h）所示。

知识九　电气制图软件介绍

电气制图软件是近几年发展起来的计算机辅助设计、计算机辅助绘图的通用软件，是功能很强的工具。与传统的手工绘图相比，其速度更快、精度更高，而且便于修改、复制。它被广泛地应用到了各个领域。很多软件结合了电气行业的专业特点，按国标建立了"电气制图及图形符号"库及样图库等等，使用了绘图技巧，大大提高了绘图的效率。常见且比较知名的电气制图软件介绍如下。

1. PCschematic 软件

电气工程绘图软件 PCschematic ELautomation 是基于项目和电气设计元件数据库进行开发的。一个项目的所有图纸都位于一个文件中，在不同页面之间根据元件的属性自动建立交叉参考指示，自动产生元件清单、零部件清单、电缆清单、接线端子清单、PLC 清单、图形化的电缆接线和接线端子连接图，以及自动产生元件的接线图，不同语言绘制的图纸可以自动地进行翻译，完全兼容 AutoCAD 数据格式，可以与 AutoCAD 之间建立双向数据传输。特别是具有超过 60 万个国产元件的数据库、国际标准图形符号库，使用十分方便。但由于各种原因，尚达不到普及应用的程度，工程设计人员只能借用其他软件，自建图形库，用于一般设计中。在模块三中的所有电气原理图都是使用该软件绘制的，软件的窗口如图 1-44 所示。

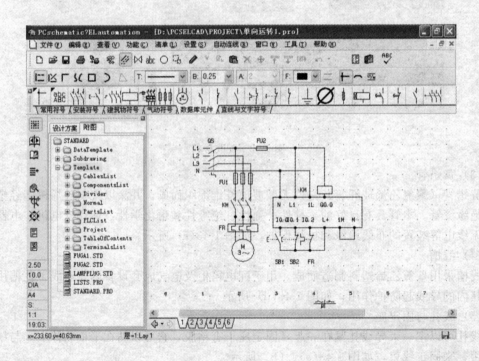

图 1-44　PCschematic 窗口

特点：

（1）简单易学

这个软件非常容易学习和掌握，它的按钮和菜单都遵循了 Windows 的标准和风格。每个项目文件可以包含无限的页面，每个页面又可以包含 255 层。

（2）多种符号库，使用方便

软件应用标准的 IEC 符号进行自动化、安装、流体力学/气体力学以及流程图的绘制。另外，还有许多 PLC、传感器、变送器、智能楼宇安装、计算机和通讯、报警安装以及平面布置图符号。也可以方便地创建一些自定义符号，它们会自动地加入到符号库中。

（3）丰富的数据库

在 PCschematic 中，可以创建自己的元件数据库。有一些业内领先的元件供应商已经在软件中建立了自己的元件数据库，其中包括产品编号、描述、供应商和价格等信息。这些数据库中的每个元件都有其电气和外观符号。有了这些数据库，就可以很容易并且很安全地绘制出原理图和安装布置图，还能列出清单。PCschematics 也有自己的数据库。也可以使用如 Oracle 或者 Access 这样的软件与 PCschematic Elautomation 建立连接，因为它采用的是 ODBC（开放式数据库互接）接口。这些数据库能够被集成作为公司数据库的一部分。

（4）自动生成元器件清单

在 PCschematic ELautomation 中，可以设计自己的零部件或元件清单、接线端子清单、PLC 清单、电缆清单、标签、连接清单和目录表。这些清单会被自动更新，每一项也都是项目的一部分。这些清单可以作为项目的页面，也可以作为用户定义的文件。它们能够很容易地输出到其他的系统中，例如作为采购文件。

（5）绘图的输入/输出

可以输入或输出 DWG/DXF 格式文件。

网址：http：//www.dps.dk/english/

2. Eplan

德国顶级软件，有 Eplan5 和 Eplan21 两个版本，独立开发二十年以上，功能全面，使用十分方便，目前国外用户很多，国内使用较少，元件商支持好，作为电器支持软件十分理想。Eplan 与 ABB 建立了战略合作伙伴关系，但是目前并不是所有的 ABB 公司都采用了 Eplan。

网址：http：//www.eplan.de/

3. WSCAD

德国顶级软件，独立开发也有近二十年，功能全面，使用十分方便，欧洲用户很多，国内几乎没有用户，元件商支持好。国内没有推广。

网址：http：//www.wscad.com/

4. Aucotec 产品

Aucotec 也是德国顶级电气软件供应商，有超过二十年的开发历史，常能够接触到的是 ELCAD 和 Engineering Base 两个产品，ELCAD 是传统产品，在欧洲的地位不低于 Eplan，功能齐全，使用方便，元件商支持很好，是理想的电气软件，国内公司的全部 Siemens 下属公司采用 ELCAD。

网址：http：//www.aucotec.de/

另一个 Aucotec 的产品是 Engineering Base，是 Aucotec 基于 Microsoft Visio 新开发的，从介绍来看功能齐全，使用比其他软件方便（毕竟是 office 软件基础），作为电气软件也很理想。有中文版，可以方便输入中文。

网址：http：//www.engineeringbase.com/。

5. Promis-e

Promis-e 是 Bentley 公司服务于电气控制系统的软件解决方案，是工厂设计解决方案的重要组成部分。自 1990 年开始，Promis-e 一直致力于为工厂及制造业提供全面的控制设计解决方案。经过十几年的经验积累及功能改善，Promis-e 软件不仅在性能上更加完善，而且在全球范围内赢得了众多用户，如 ABB、Schneider、GE、Siemens 等国际知名企业都是 Promis-e 的合作伙伴。Promis-e 软件以数据库为核心、以规程规范为驱动、以逻辑关系库为基础，可以智能地完成电气设计，极大提高设计效率和质量，支持多种国际国内设计标准，在最大程度上提高用户的市场竞争力，可以为用户带来巨大的增值效益。软件以项目为管理基础，符合项目管理需求，以数据库为核心，便于建立集成设计系统，缩短设计时间，提高设计效率；减少设计错误，提高设计质量；支持多种设计规范，方便用户与国际接轨；设计变更方便迅速，满足工期紧迫需求；快速绘制原理图，自动生成配置接线图；自动生成布置图，自动生成接线图；自动生成端子安装接线图、电缆接线图；自动生成工程报表，减少重复工作。国内在电力行业应用较多。

网址：http：//www.ecti.co.uk/

6. SuperWORKS

SuperWORKS IEC 版是在 AutoCAD 的基础上开发的支持新的电气制图国家标准及 IEC 标准的专业电气设计 CAD 软件，适用于 FA/PA（工厂自动化及过程自动化）领域的工业控制系统的设计，可以帮助电气及自动化工程师轻松进行电气原理图绘制、修改，材料明细的统计、生成，并可自动生成端子表、电缆表、接线表、开闭表及接线图。特点：完全遵循 IEC 电气制图标准，符合 IEC 标准的电气符号库、画法，支持高层代号、位置代号及种类代号形式的元件标注方式；丰富、齐全、规范的 PLC 元件库，灵活方便的 PLC 元件修改、绘制和扩充功能；丰富、开放的电气元件数据库；支持 PLC 及其他电气元件库在线更新；可根据原理图自动生成开闭表、材料表、端子表、电缆统计表、接线表、单元接线图、连线接线图、大电流元件接线图及电气施工接线图，提高设计效率的同时减少手工错误；快速定位和交叉参照，实现图纸之间快速切换，方便查图、改图；互动改图，元件属性及连线属性信息修改后，系统自动联动修改电路图中各处相关信息，自动实现相关联信息匹配一致；提供图纸批打印及 Web 发布功能，方便图纸信息的交流和共享。

网址：http：//www.leadsoft.com.cn（利驰公司）

7. AutoCAD Electrical

AutoCAD Electrical 是 AutoDesk 公司推出的专业电气控制设计软件，最新版本为 V2010，有中英文版本，它能够比以前更快、更加精确地设计工业控制系统。AutoCAD Electrical 软件为用户提供了众多强大的功能，包括快速控制原理图设计、自动线路编号和部件标记以及智能的控制面板，可帮助用户更加高效地进行工作和减少设计错误。对于具有 PLC/IO、电动机控制或离散控制部件的图形集，AutoCAD Electrical 可缩短用户的周期时间，加快工程修改速度，改进设计质量。AutoCAD Electrical 便于学习和使用，并且基于具有充分 DWG 兼容性的 AutoCAD 平台进行编译，是更快、更加精确地进行电气控制设计的软件。

网址：http：//www.autodesk.com.cn

知识十　低压电器选用

正确、合理选用元器件是电路安全、可靠工作的保证。基本原则：按对电气元件的功能要求确定电气元件的类型；确定电气元件承载能力的临界值及使用寿命；根据电气控制的电压、电流及功率的大小确定电气元件的规格；确定电气元件预期的工作环境及供应情况，如防油防尘、防水、防爆及火源情况；确定电气元件在应用中所要求的可靠性；确定电气元件的使用类别。

1. 按钮选择

主要根据所需要的触点数、使用场合、颜色标注以及额定电压、额定电流进行选择。按钮颜色及其含义见国标 GB 5226—2008《机床电气设备通用技术条件》规定。

2. 行程开关的选择

主要根据机械设备运动方式与安装位置、挡铁的形状、速度、工作力、工作行程、触点数量及额定电压、额定电流来选择。

3. 电源引入控制开关的选择

（1）刀开关与铁壳开关

根据电源种类、电压等级、电动机容量及控制极数进行选择。用于照明电路时，额定电压、额定电流应等于或大于电路最大工作电压与工作电流。用于电动机直接启动时，额定电压为 380V 或 500V、额定电流应等于或大于电动机额定电流的 3 倍。

（2）组合开关

根据电流种类、电压等级、所需触点数量及电动机容量进行选择。用于控制 7kW 以下电动机的启动、停止时，额定电流应等于电动机额定电流的三倍。若不直接用于启动和停机，额定电流只需稍大于电路额定电流。

（3）空气开关

包括正确选用开关类型、容量等级和保护方式。额定电压和额定电流应不小于电路正常工作电压和工作电流。热脱扣器的整定电流应与所控制电动机的额定电流或负载额定电流一致。电磁脱扣器瞬时脱扣整定电流应大于负载电路正常工作时的峰值电流。

对于单台电动机，DZ 系列空气开关电磁脱扣器的瞬时脱扣整定电流 I_z 可按下式计算：

$$I_z \geqslant (1.5 \sim 1.7)I_q$$

式中　I_q——电动机的启动电流。

对于多台电动机，DZ 系列空气开关电磁脱扣器的瞬时脱扣整定电流 I_z 为：

$$I_z \geqslant (1.5 \sim 1.7)(I_{qmax} + 其他电动机额定电流)$$

式中　I_{qmax}——最大的一台电动机的启动电流。

4. 熔断器选择

先确定熔体额定电流，再根据熔体规格，选择熔断器规格，根据被保护电路的性质，选择熔断器的类型。

（1）熔体额定电流的选择

电阻性负载，如照明电路、信号电路、电阻炉电路等。

$$I_{FUN} \geqslant I$$

式中　I_{FUN}——熔体额定电流；

　　　I——负载额定电流。

冲击性负载（出现尖峰电流），如笼型电动机启动电流为 $(4 \sim 7)I_{ed}$（I_{ed} 为电机额定电流）。

单台不频繁启、停，且长期工作的电动机

$$I_{FUN} = (1.5 \sim 2.5)I_{ed}$$

单台频繁启动、长期工作的电动机

$$I_{FUN} = (3 \sim 3.5)I_{ed}$$

多台长期工作的电动机共用：

$$I_{FUN} \geqslant (1.5 \sim 2.5)I_{emax} + \sum I_{ed}$$

或 $$I_{FUN} \geqslant I_m / 2.5$$

式中 I_{emax}——容量最大一台电动机的额定电流；

$\sum I_{ed}$——其余电动机额定电流之和；

I_m——电路中可能出现的最大电流。

当几台电动机不同时启动时，电路中最大电流

$$I_m = 7I_{emax} + \sum I_{ed}$$

采用降压方法启动的电动机 $I_{FUN} \geqslant I_{ed}$

（2）熔断器规格选择

额定电压大于电路工作电压，额定电流等于或大于所装熔体额定电流。

（3）熔断器类型选择

应根据负载保护特性的短路电流大小及安装条件选择。

5. 接触器选择

主要考虑主触点额定电压与额定电流、辅助触点数量、吸引线圈电压等级、使用类别、操作频率等。

（1）接触器类型

交流负载选交流接触器，直流负载选直流接触器。

（2）接触器额定电压

接触器的额定电压应大于或等于负载回路电压。

（3）接触器额定电流

接触器的额定电流应大于或等于负载回路的额定电流。对于电动机负载，可按下面的经验公式计算：

$$I_j = 1.3I_e$$

式中 I_j——接触器主触点的额定电流；

I_e——电动机的额定电流。

（4）吸引线圈的电压

吸引线圈的额定电压应与被控回路电压一致。

（5）触点数量

接触器的主触点、常开辅助触点、常闭辅助触点数量应与主电路和控制电路的要求一致。

6. 继电器的选择

（1）电磁式通用继电器

先考虑交流类型或直流类型，而后考虑采用电压继电器还是电流继电器，或是中间继电器。保护用继电器：考虑过电压（或过电流）、欠电压（或欠电流）继电器的动作值和释放值。中间继电器：考虑触点类型和数量，励磁线圈的额定电压或额定电流。

（2）时间继电器

根据延时方式、延时精度、延时范围、触点形式及数量、工作环境等因素确定类型，再选择线圈额定电压。

（3）热继电器

结构形式：主要决定于电动机绕组接法及是否要求断相保护。

热元件整定电流按下式选取：

$$I_{FRN} = (0.95 \sim 1.05)I_{ed}$$

式中　I_{FRN}——热元件整定电流。

对工作环境恶劣、启动频繁的电动机按下式选取：

$$I_{FRN} = (1.15 \sim 1.5)I_{ed}$$

对过载能力较差的电动机，热元件整定电流为电动机额定电流的（60～80）％。对重复短时工作制电动机，其过载保护不宜选用热继电器，而应选用温度继电器。

（4）速度继电器

根据机械设备的安装情况及额定工作转速，选择合适的型号。

项　目

项目一　手动单向运转电路的安装与调试

项目描述：

在生产场所，手动单向运转电路通常作为容量小、不频繁启动且不太重要设备的控制线路。例如作为机床冷却泵电动机、砂轮机、小型台钻等的控制线路。如图 1-45 所示为闸刀开关控制的小型台钻接线示意图。

图 1-45 中，合上墙上的闸刀开关，小型台钻即可获得三相电源。固定好工件后，闭合小型台钻开关，即可加工机件。

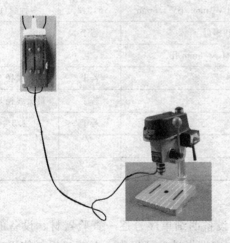
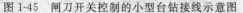
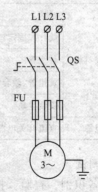

图 1-45　闸刀开关控制的小型台钻接线示意图　　　　图 1-46　手动单向运转控制电路图

1. 手动单向运转控制线路识读

图 1-45 闸刀开关控制的小型台钻接线示意图可用如图 1-46 所示电路图表示。

图 1-46 中闸刀开关由开闭电路用的三联动定刀和起过载及短路保护用的熔断器两部分组成。闭合 QS，台钻电动机即可获得三相电源，单向运转；断开 QS，台钻电动机立即失去三相电源，停止运转。当台钻电动机运行过程中过载或短路时，熔断器 FU 自行熔断，切断电动机 M 电源，电动机停止转动。

2. 实训材料

工位器材、设备明细单如表 1-11 所示。

表 1-11　器材、设备明细单

序　号	分类	名　称	型　号　规　格	数　量	备　注
1	配线工具	常用电工工具		1套	自备
2		万用表	MF47	1个	自备
3	低压电器	熔断器	RT1-15	5个	5A/2A
4		接触器	CJT1-20	3个	
5		闸刀开关	HK1-15/3	1个	
6		按钮	LA4-3H	1个	
7		笼型电动机	0.75kW,380V,三角/星形	1个	
8		端子	TD-1520	2条	
9		安装板	600×800		
10		三相电源插头	16A	1个	
11		空气开关	DZ47-15 3P	2个	10A
12		空气开关	DZ47-63 1P	1个	3A
13		变压器	JBK5-160	1个	
14	配线材料	编码管			1,1.5
15		编码笔	ZM-0.75 双芯编码笔	1支	红、黑、蓝
16		铜导线	BV-0.75mm², BV-1mm², BV-1.5mm²	5,3,2	多种颜色
17		紧固件	M4 螺钉(20)和螺母	若干	
18		线槽	TC3025,两边打 φ3.5mm 孔		
19		线扎和固定座	PHC-4/PHC-8	若干	最大线径50
20		缠绕管	CG-4	若干	最大线径50
21		黄蜡管、软套管		若干	1.5
22		安装导轨			
23	电源	直流开关电源	10~30V		

3. 安装与调试

① 器材设备识别、查验。按照表 1-11 器材、设备明细单序号逐一查验器材、设备的数量、型号规格是否与所列相符，如不相符应立即向实训指导教师报告。对于未拆封使用过的新器材、设备，一般不用怀疑其质量问题，而对于使用过甚至多次使用的旧器材、设备，必须在安装前检验其质量，以免返工影响工作质量。表 1-12 为元器件质量查验说明，具体查验操作由实训指导教师示范。

② 安装闸刀开关。

表 1-12　元器件质量查验说明

序号	查验元器件	查验项目	查验方法	正确结果	备注
1	三相异步电动机	外观检查	用手直接转动电动机转轴,观察转轴转动是否灵活并注意听电动机有无异常声响;各部分螺丝是否完好	转轴转动灵活无异常声响;各部分螺丝完好无缺	电动机不同有差异
		每相绕组电阻值	可用万用表的×1挡检查	几十欧姆	
		绕组相间电阻	可用万用表的×10挡检查	接近∞Ω	
		相对地电阻检查	可用万用表的×10挡检查	接近∞Ω	
2	断路器	外观检查	观察固定孔或固定槽、接线螺丝等外观是否完好无缺;合断手柄是否灵活,有无挂扣、脱扣的感觉	固定孔、固定槽、接线螺丝等外观完好无缺;合断手柄灵活,推合手柄有挂扣感觉,拉断手柄有脱扣的感觉	
		输入与输出对应端子通断检查	用万用表的×1挡检查	推合手柄后为0Ω;拉断手柄后为∞Ω	
3	闸刀开关	外观检查	观察瓷底、胶盖、固定孔、接线螺丝等外观是否完好无缺	瓷底、胶盖、固定孔、接线螺丝瓷底、胶盖、固定孔、接线螺丝等外观完好无缺	

③ 安装保险片。

④ 接线,按照图 1-46 手动单向运转控制电路图所示电路图正确接线。

⑤ 检查调试。

4. 注意事项

① 电动机、网孔板的金属外壳必须可靠接地。

② 接至电动机的导线必须穿在导线卷式结束带内加以保护,或采用坚韧的橡皮线或塑料护套线。

③ 固定开关时,用力不可过猛,以防瓷底拧碎。

④ 上下安装的开关、断路器,受电端应在上侧,下侧接负载。

⑤ 布线时严禁损伤线芯和导线绝缘。

⑥ 软铜导线线头必须先拧成一束后,再与接线端子固定,必要时软铜导线线头上锡或连接专用端子(俗称线鼻子)。

⑦ 所有从一个接线端子到另外一个接线端子的导线必须连续,中间无接头。

⑧ 导线与接线端子或接线桩连接时,不得压绝缘层,也不能露铜过长,导线应按顺时针打弯。

⑨ 器材、设备明细单所列元器件型号规格只是参考值,实训时可依据具体情况选用其他型号规格的元器件。

⑩ 通电试车前,必须征得指导教师同意,并由指导教师接通三相电源总开关,并在现场监护。

⑪ 出现故障后,学生应在指导教师的监护下独立进行检修。

⑫ 全部安装完毕后，必须经过外观和仪表认真检查，确认无误后方可通电试车。
本项目工时为 0.5h，最长不能超时 10min。

5. 评价标准

考核及评分标准见表 1-13。

表 1-13 考核及评分标准

评价项目	要求	配分	评分标准	得分			
				自评	互评	教师	专家
器材、设备查验	(1)按要求核对器材、工具 (2)检查电器元器件质量	10 分	(1)不做器件检查扣 10 分 (2)检查不到位每处扣 1 分				
元器件安装	正确安装电器设备	20 分	(1)器件安装不牢固每只扣 2 分 (2)器件安装错误每只扣 5 分 (3)安装不合理每只扣 1 分 (4)安装中元件损坏每件扣 15 分				
接线	符合安装工艺要求、接线正确	30 分	(1)错、漏、多接 1 根线扣 5 分 (2)配线不美观、不整齐、不合理，每处扣 2 分 (3)漏接接地线扣 10 分				
现场安装调试	安全正确地通电试车符合系统要求	20 分	(1)违反规程试车扣 20 分 (2)一次试车不成功扣 15 分 (3)检查后二次试车不成功扣 20 分				
安全生产	安全生产操作规范	20 分	不符合操作规范每次扣 10 分				
日期		地点		总分			

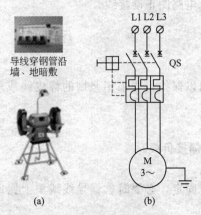

(a)　　(b)

图 1-47 采用低压断路器控制的
砂轮机接线示意图及电路图

6. 总结与提高

图 1-46 所示电路所采用的瓷底胶盖闸刀开关，在控制有尖峰电流（如启动电流）的三相设备时，通常有以下缺点：三相保险只熔断一相时，造成电动机缺相运行，损坏电动机；过载保护与短路保护不能有效兼顾，作过载保护时有很大的保护盲区；保险容易接触不良，产生自熔现象，影响生产；更换保险需用较长时间。为克服以上缺点，工业生产场所目前一般不采用瓷底胶盖闸刀开关作为动力设备的控制元件，取而代之以低压断路器。采用低压断路器后可有效克服瓷底胶盖闸刀开关的缺点，设备正常工作率大大提高。

如图 1-47 所示为采用低压断路器控制的砂轮机接线示意图及电路图。请自行安装、调试该电路。

项目二 点动单向运转电路的安装与调试

项目描述：

在生产实际工作中，拖动机械设备的电动机有时候需要短时或瞬时工作，称为点动。例如 CA6140 卧式车床刀架快速移动回路。当刀架需要快速移动时，按下快速移动点动键，并将快速移动手柄板向移动方向，快移电动机旋转，刀架快速移动；刀架到位后，撒手即停。

1. 点动单向运转控制线路识读

如图1-48所示为点动单向运转控制电路图。当按下按钮SB时，接触器KM线圈得电，KM主触点闭合，电动机转动；松开SB，KM线圈失电，KM主触点断开，电动机停止转动。QF为总开关，FU1、FU2分别为主电路和控制电路保护熔断器。

2. 实训材料

器材、设备明细单见表1-14。

3. 安装与调试

（1）器材设备识别、查验

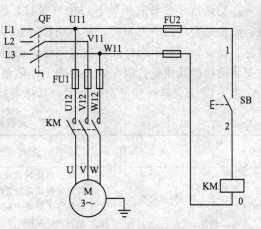

图1-48 点动单向运转控制电路图

表1-14 器材、设备明细单

序 号	分 类	名 称	型 号 规 格	数 量	备 注
1	配线工具	常用电工工具		1套	自备
2		万用表	MF47	1个	自备
3	低压电器	熔断器	RT1-15	5个	5A/2A
4		接触器	CJT1-20	3个	
5		闸刀开关	HK1-15/3	1个	
6		按钮	LA4-3H	1个	
7		笼型电动机	0.75kW,380V,三角/星形	1个	
8		端子	TD-1520	2条	
9		安装板	600×800		
10		三相电源插头	16A	1个	
11		空气开关	DZ47-15 3P	2个	10A
12		空气开关	DZ47-63 1P	1个	3A
13		变压器	JBK5-160	1个	
14	配线材料	编码管			1,1.5
15		编码笔	ZM-0.75 双芯编码笔	1支	红、黑、蓝
16		铜导线	BV-0.75mm², BV-1mm², BV-1.5mm²	5,3,2	多种颜色
17		紧固件	M4 螺钉(20)和螺母	若干	
18		线槽	TC3025,两边打 φ3.5mm 孔		
19		线扎和固定座	PHC-4/PHC-8	若干	最大线径50
20		缠绕管	CG-4	若干	最大线径50
21		黄蜡管、软套管		若干	1.5
22		安装导轨			
23	电源	直流开关电源	10～30V		

在实训指导教师的指导下，按照器材、设备明细单序号逐一查验器材、设备的型号规格、数量是否与表所列相符，如不相符应立即向实训指导教师报告。对于未拆封使用过的新器材、设备，一般不用怀疑其质量问题，而对于使用过甚至多次使用的旧器材、设备，必须在安装前检验其质量，以免返工影响工作质量。

表 1-15 为元器件质量查验说明，具体查验操作由实训指导教师示范。

表 1-15　元器件质量查验说明

序号	查验元器件	查验项目	查验方法	正确结果	备注
1	三相异步电动机	外观检查	用手直接转动电动机转轴，观察转轴转动是否灵活并注意听电动机有无异常声响；各部分螺丝是否完好无缺	转轴转动灵活无异常声响；各部分螺丝完好无缺	因电机大小而异
		每相绕组电阻值	可用万用表的×1挡检查	几十欧姆	
		绕组相间电阻	可用万用表的×10k挡检查	接近∞Ω	
		相对地电阻检查	可用万用表的×10k挡检查	接近∞Ω	
2	断路器	外观检查	观察固定孔或固定槽、接线螺丝等外观是否完好无缺；合断手柄有是灵活，有无挂扣、脱扣的感觉	固定孔或固定槽、接线螺丝等外观完好无缺；合断手柄灵活，推合手柄有挂扣感觉，拉断手柄有脱扣的感觉	
		输入与输出对应端子通断检查	用万用表的×1挡检查	推合手柄后为0Ω；拉断手柄后为∞Ω	
3	熔断器	外观检查	观察固定孔或固定槽、接线螺丝等外观是否完好无缺；观察熔芯安装是否牢固	固定孔或固定槽、接线螺丝等外观完好无缺；熔芯安装牢固	
		熔芯通断检查	用万用表的×1挡检查	0Ω	
		熔断器通断检查	用万用表的×1挡检查	装熔芯0Ω，无熔芯∞Ω	
4	交流接触器	外观检查	观察固定孔或固定槽、灭弧罩、各部分螺丝等外观是否完好无缺	固定孔或固定槽、灭弧罩、各部分螺丝等外观完好无缺	
		主触点通断检查	手动压下和释放主触点机构，用万用表的×1挡检查	压下主触点机构，对应主触点0Ω；释放主触点机构，对应主触点∞Ω	
		辅助触点检查	手动压下和释放主触点机构，用万用表的×1挡检查	压下主触点机构，辅助常开触点0Ω，辅助常闭触点∞Ω；释放主触点机构，辅助常开触点∞Ω，辅助常闭触点0Ω	
		线圈检查	用万用表的×1挡检查	几十欧姆	因接触器大小而异
5	按钮	外观检查	观察外表、各部分螺丝有无缺损，手动按键是否灵活有弹性	外表、各部分螺丝完好无缺；手动按键灵活有弹性	
		触点通断检查	手动压下和释放按键机构，用万用表的×1挡检查	压下按键机构，常开触点0Ω，常闭触点∞Ω；释放按键机构，常开触点∞Ω，常闭触点0Ω	
6	端子排	外观检查	观察固定孔或固定槽、各部分螺丝等是否完好无缺	固定孔或固定槽、各部分螺丝等完好无缺	

（2）识读接线图

图 1-48 所示点动单向运转控制电路参考接线图如图 1-49 所示。识读图 1-49 可参考表

1-16进行。

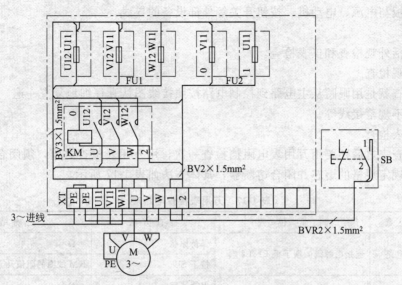

图 1-49　点动单向运转控制电路参考接线图

表 1-16　点动单向运转控制电路参考接线图识读表

序号	识 读 项 目		器 件 导 线	备　　注
1	识读元件位置		FU1、FU2、KM、XT	主板上的元件
2			M、SB	主板的外围元件
3	识读主板上元件的布线	识读控制电路走线	0 号线：FU2→KM	集束、分支布线，使用 BV-1.0mm² 单芯线
4			1 号线：FU2→XT	
5			2 号线：KM→XT	
6		识读主电路走线	U11、V11：XT→FU1→FU2	集束布线使用 BV-1.5mm² 单芯线
7			W11：XT→FU1	
8			U12、V12、W12：FU1→KM	
9			U、V、W：KM→XT	
10			PE：XT→XT	使用 BV-1.5mm² 黄绿双色线
11	识读外围元件的布线	识读按钮走线	1 号线：XT→SB	集束布线，使用 BVR-0.75mm² 软导线
12			2 号线：XT→SB	
13		识读电动机走线	U、V、W、PE：XT→M	BBVR-4×1.5mm²
14		识读电源插头走线	U11、V11、W11、PE：电源→XT	BBVR-4×1.5mm²

（3）布置并固定元器件

在网孔板上按照接线图中所示元器件布置试着摆放电气元件（可根据实际情况适当调整布局）。用盒尺量取 U 形导轨合适的长度，用钢锯截取；用盒尺量取 PVC 配线槽合适的长度，用配线槽剪刀截取。安装主板 U 形导轨、配线槽及电气元件，并在主要电气元件上贴上醒目的文字符号。

（4）安装接线

按照接线图 1-49 所示的走线方法（也可合理改进）进行主板板前线槽布线，并在导线两头套上打好号的线号套管。按照接线图所示连接各按钮箱内部接线端子连线。按照接线图所示连接主板与电源、电动机、按钮开关等外部设备的导线。

4. 检查

检查包括外观检查和仪表检查。

（1）外观检查

外观检查就是用眼睛从主电路到控制电路按照接线图认真仔细地复查一遍，看是否有错接、漏接、不规范接线等。

（2）仪表检查

外观检查完之后还要用万用表电阻挡检查一次，用万用表检查之前，须闭合 QF，在熔断器内填装规定规格的熔芯并闭合熔断器，具体方法如表 1-17 所示。

表 1-17　万用表检查电路法

步骤	检查区域	测量位置	检查方法	正确结果
1	控制电路	连接电源线的端子板 L1、L2 端	保持原状	∞Ω
2			按下 SB	KM 线圈的阻值几十欧姆
3	主电路	连接电源线的端子板 L1、L2 端	保持原状	∞Ω
4			按下 KM 主触点机构	电机 M 两相的阻值几十欧姆
5		连接电源线的端子板 L1、L3 端	保持原状	∞Ω
6			按下 KM 主触点机构	电机 M 两相的阻值几十欧姆
7		连接电源线的端子板 L2、L3 端	保持原状	∞Ω
8			按下 KM 主触点机构	电机 M 两相的阻值几十欧姆

5. 通电试车

连接电源线与盘外电源开关，合上盘外电源开关。按下 SB，电动机转动，撒手即停。断开盘外电源开关，拆开与盘外电源开关连接的电源线。

6. 注意事项

① 电动机、网孔板及按钮的金属外壳必须可靠接地。

② 接至电动机的导线必须穿在导线卷式结束带内加以保护，或采用坚韧的四芯橡皮线或塑料护套线。

③ 按钮内接线时，用力不可过猛，以防螺钉打滑。

④ 上下安装的断路器、熔断器、接触器、热继电器受电端应在上侧，下侧接负载。

⑤ 各元件的安装位置应整齐、匀称，间距合理，便于元件的更换。

⑥ 紧固各元件时，要用力均匀、谨慎，紧固程度适当，以免损坏。

⑦ 布线通道尽可能少，同路并行导线尽量按主、控电路分开；分不开的，要将发热多的导线置于线槽顶端，以利散热。

⑧ 同一平面的导线应尽量高低一致，避免交叉。

⑨ 布线时严禁损伤线芯和导线绝缘。

⑩ 软铜导线线头必须先拧成一束后，再与接线端子固定，必要时软铜导线线头上锡或连接专用端子（俗称线鼻子）。

⑪ 在每根剥去绝缘层导线的两端应套上事先打好号的线号套管。

⑫ 所有从一个接线端子到另外一个接线端子的导线必须连续，中间无接头。

⑬ 导线与接线端子或接线桩连接时，不得压绝缘层，也不能露铜过长，导线应按顺时

针打弯。

⑭ 每个电气元件接线端子上的连接导线不得多于两根。

⑮ 每节接线端子板上的连接导线不得超过两根,若超过两根,应采用短接导线倒接到另外两个空端子上引出,短接导线不得采用全裸导线,中间应留有绝缘皮。

⑯ 按钮或按钮箱内部短接导线不得采用全裸导线,中间应留有绝缘皮。

⑰ 按钮或按钮箱既可安装于网孔板上也可安装于其他构架上。

⑱ 器材、设备明细单所列元器件型号规格只是参考值,实训时可依据具体情况选用其他型号规格的元器件。

⑲ 通电试车前,必须征得指导教师同意,并由指导教师接通三相电源总开关,并在现场监护。

⑳ 通电试车过程中不得人为按下接触器主触点机构。

㉑ 出现故障后,学生应在指导教师的监护下独立进行检修。

㉒ 全部安装完毕后,必须经过外观和仪表认真检查,确认无误后方可通电试车。

本项目工时为 50min,最长不能超时 30min。

7. 评价标准

考核及评分标准如表 1-18。

表 1-18 考核及评分标准

评价项目	要 求	配分	评 分 标 准	得 分			
				自评	互评	教师	专家
器材、设备查验	(1)按要求核对器材、工具 (2)检查电器元器件质量	10 分	(1)不做器件检查扣 10 分 (2)检查不到位每处扣 1 分				
元器件布局	(1)合理量裁 U 形导轨和 PVC 线槽 (2)合理布局电气元器件	10 分	(1)量裁 U 形导轨和 PVC 线槽尺寸、形状不合理扣 3 分 (2)电气元器件布局不合理每处扣 0.5 分				
元器件安装	(1)正确安装 U 形导轨和 PVC 线槽 (2)牢固正确安装主板电气元器件 (3)正确安装主板外围电器设备	20 分	(1)器件安装不牢固每只扣 2 分 (2)器件安装错误每只扣 5 分 (3)安装不合理每只扣 1 分 (4)安装中元件损坏每件扣 15 分				
接线	符合安装工艺要求、接线正确	20 分	(1)错、漏、多接 1 根线扣 5 分 (2)配线不美观、不整齐、不合理,每处扣 2 分 (3)漏接地线扣 10 分 (4)按钮开关颜色接错扣 5 分 (5)主要导线使用错误,每根扣 3 分				
现场安装调试	安全正确地通电试车符合系统要求	20 分	(1)违反规程试车扣 20 分 (2)一次试车不成功扣 15 分 (3)检查后二次试车不成功扣 20 分				
安全生产	安全生产操作规范	20 分	不符合操作规范每次扣 10 分				
日期		地点		总分			

8. 总结与提高

有些生产机械,如 C650 卧式车床的刀架快速移动控制,不采用按钮,而是采用手柄压

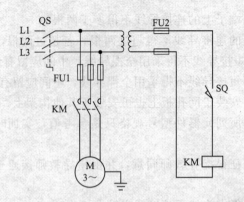

图 1-50　C650 卧式车床的刀架快速移动控制线路

下行程开关的控制方法。如图 1-50 所示为 C650 卧式车床的刀架快速移动控制线路（部分）。当需要刀架快速移动时，只需将快速移动手柄扳向所需方向即可。

项目三　长动单向运转电路的安装与调试

项目描述：

在生产实际工作中不仅需要点动，更多地需要拖动电动机长时间运转，即电动机连续工作，称为长动。例如 CA6140 卧式车床主轴电动机运转电路。启动时，按下主轴电动机启动按钮 SB2，主轴电动机启动并连续运转；停车时，按下主轴电动机停止按钮 SB4，主轴电动机停止运转。

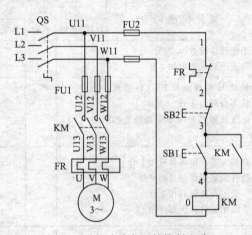

图 1-51　长动单向运转控制电路

1. 长动单向运转控制线路识读

如图 1-51 所示为长动单向运转控制电路图。当按下按钮 SB1 时，KM 线圈得电，其主触点闭合，电动机转动，同时，KM 的辅助常开触点闭合形成"自锁"环节，故松开 SB1 后 KM 线圈仍得电，电动机连续转动。按下 SB2，KM 线圈失电，其主触点断开，电动机停止转动。同时由 KM 的辅助常开触点形成自锁环节断开失去作用，松开 SB2 后 KM 线圈仍不得电。

2. 实训材料

器材、设备明细单如表 1-19 所示。

3. 安装与调试

（1）器材设备识别、查验

在实训指导教师的指导下，按照器材、设备明细单序号逐一查验器材、设备的型号规格、数量是否与表所列相符，如不相符应立即向实训指导教师报告。对于使用过甚至多次使用的旧器材、设备，必须在安装前检验其质量，以免返工影响工作质量。

表 1-20 为元器件质量查验说明，具体查验操作由实训指导教师示范。

表 1-19 器材、设备明细单

序号	分类	名称	型号规格	数量	备注
1	配线工具	常用电工工具		1套	自备
2		万用表	MF47	1个	自备
3	低压电器	熔断器	RT1-15	5个	5A/2A
4		接触器	CJT1-20	3个	
5		闸刀开关	HK1-15/3	1个	
6		按钮	LA4-3H	1个	
7		笼型电动机	0.75kW,380V,三角/星形	1个	
8		端子	TD-1520	2条	
9		安装板	600×800		
10		三相电源插头	16A	1个	
11		空气开关	DZ47-15 3P	2个	10A
12		空气开关	DZ47-63 1P	1个	3A
13		变压器	JBK5-160	1个	
14	配线材料	编码管			1,1.5
15		编码笔	ZM-0.75 双芯编码笔	1支	红、黑、蓝
16		铜导线	BV-0.75mm², BV-1mm², BV-1.5mm²	5,3,2	多种颜色
17		紧固件	M4 螺钉(20)和螺母	若干	
18		线槽	TC3025,两边打 φ3.5mm 孔		
19		线扎和固定座	PHC-4/PHC-8	若干	最大线径 50
20		缠绕管	CG-4	若干	最大线径 50
21		黄蜡管、软套管		若干	1.5
22		安装导轨			
23	电源	直流开关电源	10～30V		

表 1-20 元器件质量查验说明

序号	查验元器件	查验项目	查验方法	正确结果	备注
1	三相异步电动机	外观检查	用手直接转动电动机转轴,观察转轴转动是否灵活并注意听电动机有无异常声响;各部分螺丝是否完好无缺	转轴转动灵活无异常声响;各部分螺丝完好无缺	因电动机大小而异
		每相绕组电阻值	可用万用表的×1挡检查	几十欧姆	
		绕组相间电阻	用万用表的×10k 挡检查	接近∞Ω	
		相对地电阻检查	用万用表的×10k 挡检查	接近∞Ω	
2	断路器	外观检查	观察固定孔或固定槽、接线螺丝等外观是否完好无缺;合断手柄是否灵活,有无挂扣、脱扣的感觉	固定孔或固定槽、接线螺丝等外观完好无缺;合断手柄灵活,推合手柄有挂扣感觉,拉断手柄有脱扣的感觉	
		输入与输出对应端子通断检查	用万用表的×1挡检查	推合手柄后为 0Ω;拉断手柄后为 ∞Ω	

续表

序号	查验元器件	查验项目	查验方法	正确结果	备 注
3	熔断器	外观检查	观察固定孔或固定槽、接线螺丝等外观是否完好无缺;观察熔芯安装是否牢固	固定孔或固定槽、接线螺丝等外观完好无缺;熔芯安装牢固	
		熔芯通断检查	用万用表的×1挡检查	0Ω	
		熔断器通断检查	用万用表的×1挡检查	装熔芯 0Ω,无熔芯∞Ω	
4	交流接触器	外观检查	观察固定孔或固定槽、灭弧罩、各部分螺丝等外观是否完好无缺	固定孔或固定槽、灭弧罩、各部分螺丝等外观完好无缺	因接触器大小而异
		主触点通断检查	手动压下和释放主触点机构,用万用表的×1挡检查	压下主触点机构,对应主触点 0Ω;释放主触点机构,对应主触点∞Ω	
		辅助触点检查	手动压下和释放主触点机构,用万用表的×1挡检查	压下主触点机构,辅助常开触点 0Ω,辅助常闭触点∞Ω;释放主触点机构,辅助常开触点∞Ω,辅助常闭触点 0Ω	
		线圈检查	用万用表的×1挡检查	几十欧姆	
5	热继电器	外观检查	观察固定孔或固定槽、复位按钮、各部分螺丝等外观是否完好无缺	固定孔或固定槽、各部分螺丝等外观完好无缺	
		触点通断检查	用万用表的×1挡检查	常闭触点∞Ω,常闭触点 0Ω	
		热元件阻值检查	用万用表的×1挡检查	接近 0Ω	
		电流整定旋钮	用手转动电流整定旋钮,观察转动是否灵活,转动力矩有无变化	电流整定旋钮,转动灵活,转动力矩有变化	
6	按钮	外观检查	观察外表、各部分螺丝有无缺损,手动按键是否灵活有弹性	外表、各部分螺丝完好无缺,手动按键灵活有弹性	
		触点通断检查	手动压下和释放按键机构,用万用表的×1挡检查	压下按键机构,常开触点 0Ω,常闭触点∞Ω;释放按键机构,常开触点∞Ω,常闭触点 0Ω	
7	端子排	外观检查	观察固定孔或固定槽、各部分螺丝等是否完好无缺	固定孔或固定槽、各部分螺丝等完好无缺	

(2) 识读接线图

图 1-52 所示为长动单向运转控制电路参考接线图。识读时可参考表 1-21 进行。

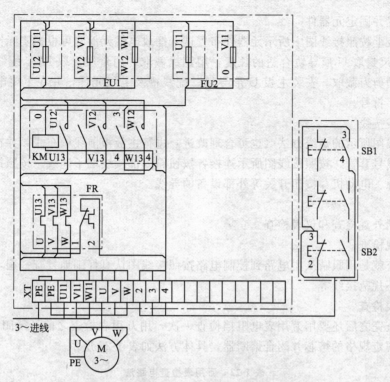

图 1-52 长动单向运转控制电路参考接线图

表 1-21 长动单向运转控制电路参考接线图识读表

序号	识读项目		器件导线	备 注
1	识读元件位置		FU1、FU2、KM、FR、XT	主板上的元件
2			M、SB1、SB2	主板的外围元件
3	识读主板上元件的布线	识读控制电路走线	0 号线：FU2→KM	使用 BV-1.0mm² 单芯线
4			1 号线：FU2→XT	
5			2 号线：FR→XT	
6			3 号线：KM→XT	
7			4 号线：KM→KM→XT	
8		识读主电路走线	U11、V11；XT→FU1→FU2	集束布线使用 BV-1.5mm² 单芯线
9			W11；XT→FU1	
10			U12、V12、W12；FU1→KM	
11			U13、V13、W13；KM→FR	
12			U、V、W；FR→XT	
13			PE；XT→XT	使用 BV-1.5mm² 黄绿双色线
14	识读外围元件的布线	识读按钮走线	2 号线：XT→SB2	集束布线，使用 BVR-0.75mm² 软导线
15			3 号线：XT→SB2→SB1	
16			4 号线：XT→SB1	
17		识读电动机走线	U、V、W、PE；XT→M	BBVR-4×1.5mm²
18		识读电源插头走线	U11、V11、W11、PE；电源→XT	BBVR-4×1.5mm²

（3）布置并固定元器件

在网孔板上按照接线图中所示元器件布置试着摆放电气元件（可根据实际情况适当调整布局）。用盒尺量取 U 形导轨合适的长度，用钢锯截取；用盒尺量取 PVC 配线槽合适的长度，用配线槽剪刀截取。安装主板 U 形导轨、配线槽及电气元件，并在主要电气元件上贴上醒目的文字符号。

（4）安装接线

按照接线图所示的走线方法（也可合理改进）进行主板板前线槽布线，并在导线两头套上打好号的线号套管。按照接线图所示连接各按钮箱内部接线端子连线。按照接线图所示连接主板与电源、电动机、按钮开关等外部设备的导线。

4. 检查

检查包括外观检查和仪表检查。

（1）外观检查

外观检查就是用眼睛从主电路到控制电路按照接线图认真仔细地复查一遍，看是否有错接、漏接、不规范接线等。

（2）仪表检查

外观检查完之后还要用万用表电阻挡检查一次，用万用表检查之前，须闭合 QF，在熔断器内填装规定规格的熔芯并闭合熔断器，具体方法如表 1-22 所示。

表 1-22　万用表检查电路法

步骤	检查区域	测量位置	检查方法	正确结果
1	控制电路	连接电源线的端子板 L1、L2 端	保持原状	∞Ω
2			按下 SB1	KM 线圈的阻值几十欧
3			同时按下 SB1 和 SB2	∞Ω
4	主电路	连接电源线的端子板 L1、L2 端	按下 KM 主触点机构	小于 KM 线圈的阻值
5		连接电源线的端子板 L1、L3 端	保持原状	∞Ω
6			按下 KM 主触点机构	电动机 M 两相的阻值几十欧
7		连接电源线的端子板 L2、L3 端	保持原状	∞Ω
8			按下 KM 主触点机构	电动机 M 两相的阻值几十欧

5. 通电试车

连接电源线与盘外电源开关，合上盘外电源开关。按下 SB1，电动机转动，撒手仍转，按下 SB2 停转。断开盘外电源开关，拆开与盘外电源开关连接的电源线。

6. 注意事项

① 电动机、网孔板及按钮的金属外壳必须可靠接地。

② 接至电动机的导线必须穿在导线卷式结束带内加以保护，或采用坚韧的四芯橡皮线或塑料护套线。

③ 按钮内接线时，用力不可过猛，以防螺钉打滑。

④ 上下安装的断路器、熔断器、接触器、热继电器受电端应在上侧，下侧接负载。

⑤ 各元件的安装位置应整齐、匀称，间距合理，便于元件的更换。

⑥ 紧固各元件时，要用力均匀、谨慎，紧固程度适当，以免损坏。

⑦ 布线通道尽可能少，同路并行导线尽量按主、控电路分开；分不开的，要将发热多的导线置于线槽顶端，以利散热。

⑧ 同一平面的导线应尽量高低一致，避免交叉。

⑨ 布线时严禁损伤线芯和导线绝缘。

⑩ 软铜导线线头必须先拧成一束后，再与接线端子固定，必要时软铜导线线头上锡或连接专用端子（俗称线鼻子）。

⑪ 在每根剥去绝缘层导线的两端应套上事先打好号的线号套管。

⑫ 所有从一个接线端子到另外一个接线端子的导线必须连续，中间无接头。

⑬ 导线与接线端子或接线桩连接时，不得压绝缘层，也不能露铜过长，导线应按顺时针打弯。

⑭ 每个电气元件接线端子上的连接导线不得多于两根。

⑮ 每节接线端子板上的连接导线不得超过两根，若超过两根，应采用短接导线倒接到另外两个空端子上引出，短接导线不得采用全裸导线，中间应留有绝缘皮。

⑯ 按钮或按钮箱内部短接导线不得采用全裸导线，中间应留有绝缘皮。

⑰ 按钮或按钮箱既可安装于网孔板上也可安装于其他构架上。

⑱ 器材、设备明细单所列元器件型号规格只是参考值，实训时可依据具体情况选用其他型号规格的元器件。

⑲ 通电试车前，必须征得指导教师同意，并由指导教师接通三相电源总开关，并在现场监护。

⑳ 通电试车过程中不得人为按下接触器主触点机构。

㉑ 出现故障后，学生应在指导教师的监护下独立进行检修。

㉒ 全部安装完毕后，必须经过外观和仪表认真检查，确认无误后方可通电试车。

本项目工时为 60min，最长不超时 30min。

7. 评价标准

考核及评分标准如表 1-23。

表 1-23　考核及评分标准

评价项目	要求	配分	评分标准	得分			
				自评	互评	教师	专家
器材、设备查验	(1)按要求核对器材、工具 (2)检查电气元器件质量	10分	(1)不做器件检查扣10分 (2)检查不到位每处扣1分				
元器件布局	(1)合理量裁U形导轨和PVC线槽 (2)合理布局电气元器件	10分	(1)量裁U形导轨和PVC线槽尺寸、形状不合理扣3分 (2)电气元器件布局不合理每处扣0.5分				
元器件安装	(1)正确安装U形导轨和PVC线槽 (2)牢固正确安装主板电气元器件 (3)正确安装主板外围电器设备	20分	(1)器件安装不牢固每只扣2分 (2)器件安装错误每只扣5分 (3)安装不合理每只扣1分 (4)安装中元件损坏每件扣15分				
接线	符合安装工艺要求、接线正确	20分	(1)错、漏、多接1根线扣5分 (2)配线不美观、不整齐、不合理,每处扣2分 (3)漏接接地线扣10分 (4)按钮开关颜色接错扣5分 (5)主要导线使用错误,每根扣3分				
现场安装调试	安全正确地通电试车符合系统要求	20分	(1)违反规程试车扣20分 (2)一次试车不成功扣15分 (3)检查后二次试车不成功扣20分				
安全生产	安全生产操作规范	20分	不符合操作规范每次扣10分				
日期		地点				总分	

8. 总结与提高

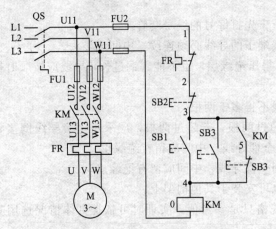

图 1-53 点动、长动的混合控制电路

在生产实际工作中，有时需要点动、长动混合单向运转控制。因此，仅有点动或长动是不够的。如图 1-53 所示为点动、长动混合单向运转控制电路。其工作原理分析如下：合上 QS，按下 SB1，KM 线圈得电，主触点闭合，电动机 M 得电启动运行；同时，KM 辅助常开触点闭合，通过 SB2 常闭触点构成自锁回路，故按下 SB1 为长动运行。按下 SB3，KM 线圈得电，主触点闭合，电动机 M 得电启动运行；同时，KM 辅助常开触点闭合，但 SB3 的另一个常闭触点却断开，因此不能构成自锁回路，故按下 SB3 为点动运行。SB2 为总停按钮。

项目四 正反转电路的安装与调试

项目描述：

正反转又称可逆运转。在生产实际工作中，很多设备需要互相相反的运行方向，例如机床的主轴正向和反向转动，工作台的前进和后退。这两个相反方向的运动均可通过电动机的正转和反转来实现。在电路中，只要将三相电源中的任意两相对调就可改变电源相序，从而改变电动机的旋转方向。实际电路构成时，可在主电路中用两个接触器的主触点实现正转相序接线和反转相序接线，在控制电路中控制正转接触器线圈得电，其主触点闭合，电动机正转；或者控制反转接触器线圈得电，反转接触器主触点闭合，电动机反转。

1. 正反转控制线路识读

如图 1-54 所示为具有互锁环节的三相异步电动机正反转电路。图中，按下正转启动按钮 SB1，正转控制接触器 KM1 线圈得电动作，其主触点闭合，电动机正向转动，按下停止按钮 SB3，电动机停转；按下反转启动按钮 SB2，反转控制接触器 KM2 线圈得电动作，其主触点闭合，给电动机送入反相序电源，电动机反转。由主电路可知，若 KM1 与 KM2 的主触点同时闭合，将会造成电源短路，因此任何时候，只能允许一个接触器通电工作。要实现这样的控制要求，通常是在控制电路中将两个接触器的常闭（动断）触点分别串接在对方的工作线圈电路里，这样可以构成互相制约关系，以保证电路安全正常的工作。这种互相制约的关系称为"互锁"，也称为"联锁"。本电路图中 KM1 线圈串联 KM2 的常闭（动断）触点，KM2 线圈串联 KM1 的常闭（动断）触点，就是

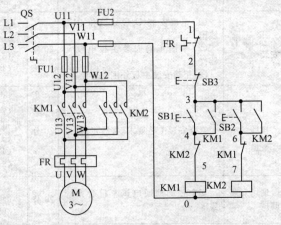

图 1-54 具有互锁环节的三相异步电动机正反转电路

"互锁"。KM1 线圈得电动作，其主触点闭合，电动机正向转动时，KM2 的常闭（动断）触点断开，即使误操作按下反转启动按钮 SB2，KM2 线圈也不会得电。反转时原理相同。

2. 实训材料

器材、设备明细单如表 1-24 所示。

表 1-24 器材、设备明细单

序号	分类	名 称	型号规格	数 量	备 注
1	配线工具	常用电工工具		1 套	自备
2		万用表	MF47	1 个	自备
3	低压电器	熔断器	RT1-15	5 个	5A/2A
4		接触器	CJT1-20	3 个	
5		闸刀开关	HK1-15/3	1 个	
6		按钮	LA4-3H	1 个	
7		笼型电动机	0.75kW,380V,三角/星形	1 个	
8		端子	TD-1520	2 条	
9		安装板	600×800		
10		三相电源插头	16A	1 个	
11		空气开关	DZ47-15 3P	2 个	10A
12		空气开关	DZ47-63 1P	1 个	3A
13		变压器	JBK5-160	1 个	
14	配线材料	编码管			1,1.5
15		编码笔	ZM-0.75 双芯编码笔	1 支	红、黑、蓝
16		铜导线	BV-0.75mm², BV-1mm², BV-1.5mm²	5,3,2	多种颜色
17		紧固件	M4 螺钉(20)和螺母	若干	
18		线槽	TC3025,两边打 φ3.5mm 孔		
19		线扎和固定座	PHC-4/PHC-8	若干	最大线径 50
20		缠绕管	CG-4	若干	最大线径 50
21		黄蜡管、软套管		若干	1.5
22		安装导轨			
23	电源	直流开关电源	10～30V		

3. 安装与调试

① 按照器材、设备明细单序号逐一查验器材、设备的型号规格、数量是否与表所列相符，如不相符应立即向实训指导教师报告。

② 查验器材、设备的质量，具体查验操作由实训指导教师示范。

③ 识读接线图。图 1-55 所示为具有互锁环节的三相异步电动机正反转电路参考接线图。识读接线图可参考表 1-25 进行。

④ 布置并固定元器件。在网孔板上按照接线图中所示元器件布置试着摆放电气元件（可根据实际情况适当调整布局）。用盒尺量取 U 形导轨合适的长度，用钢锯截取；用盒尺量取 PVC 配线槽合适的长度，用配线槽剪刀截取。安装主板 U 形导轨、配线槽及电气元件，并在主要电气元件上贴上醒目的文字符号。

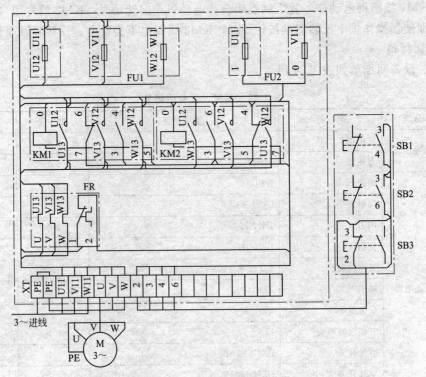

图 1-55　具有互锁环节的三相异步电动机正反转电路参考接线图

表 1-25　正反转电路参考接线图识读表

序号	识读项目		器件导线	备　注
1	识读元件位置		FU1、FU2、KM1、KM2、FR、XT	主板上的元件
2			M、SB1、SB2、SB3	主板的外围元件
3	识读主板上元件的布线	识读控制电路走线	0 号线:FU2→KM2→KM1	使用 BV-1.0mm² 单芯线
4			1 号线:FU2→FR	
5			2 号线:FR→XT	
6			3 号线:KM1→KM2→XT	
7			4 号线:KM1→KM2→XT	
8			5 号线:KM2→KM1	
9			6 号线:KM1→KM2→XT	
10			7 号线:KM1→KM2	
11		识读主电路走线	U11、V11:XT→FU1→FU2	集束布线使用 BV-1.5mm² 单芯线
12			W11:XT→FU1	
13			U12、V12、W12:FU1→KM1→KM2	
14			U13、V13、W13:KM2→KM1→FR	
15			U、V、W:FR→XT	
16			PE:XT→XT	使用 BV-1.5mm² 黄绿双色线
17	识读外围元件的布线	识读按钮走线	2 号线:XT→SB3	集束布线,使用 BVR-0.75mm² 软导线
18			3 号线:XT→SB3→SB2→SB1	
19			4 号线:XT→SB1	
20			6 号线:XT→SB2	
21		识读电动机走线	U、V、W、PE:XT→M	BBVR-4×1.5mm²
22		识读电源插头走线	U11、V11、W11、PE:电源→XT	BBVR-4×1.5mm²

⑤ 安装接线。按照接线图所示的走线方法（也可合理改进）进行主板板前线槽布线，并在导线两头套上打好号的线号套管。按照接线图所示连接各按钮箱内部接线端子连线。按照接线图所示连接主板与电源、电动机、按钮开关等外部设备的导线。

4. 检查

检查包括外观检查和仪表检查。

（1）外观检查

外观检查就是用眼睛从主电路到控制电路按照接线图认真仔细地复查一遍，看是否有错接、漏接、不规范接线等。

（2）仪表检查

外观检查完之后还要用万用表电阻挡检查一次，用万用表检查之前，须闭合 QS，在熔断器内填装规定规格的熔芯并闭合熔断器，具体方法如表 1-26 所示。

表 1-26　万用表检查电路法

步骤	检查区域	测量位置	检查方法	正确结果
1	控制电路	连接电源线的端子板 L1、L2 端	保持原状	$\infty\Omega$
2			按下 SB1	KM1 线圈的阻值几十欧姆
3			按下 SB2	KM2 线圈的阻值几十欧姆
4			同时按下 SB1 和 SB3	$\infty\Omega$
5			同时按下 SB2 和 SB3	$\infty\Omega$
6			同时按下 SB1 和 SB2	KM1 线圈的阻值的一半
7	主电路	连接电源线的端子板 L1、L2 端	人为按下 KM1 主触点机构	小于 KM1 线圈的阻值
8			人为按下 KM2 主触点机构	小于 KM2 线圈的阻值
9		连接电源线的端子板 L1、L3 端	保持原状	$\infty\Omega$
10			人为按下 KM1 主触点机构	电动机 M 两相的阻值几十欧姆
11			人为按下 KM2 主触点机构	电动机 M 两相的阻值几十欧姆
12		连接电源线的端子板 L2、L3 端	保持原状	$\infty\Omega$
13			人为按下 KM1 主触点机构	电动机 M 两相的阻值几十欧姆
14			人为按下 KM2 主触点机构	电动机 M 两相的阻值几十欧姆

5. 通电试车

连接电源线与盘外电源开关，合上盘外电源开关。按下 SB1，电动机正转，按下 SB3，电动机停转；按下 SB2，电动机反转，按下 SB3，电动机停转。断开盘外电源开关，拆开与盘外电源开关连接的电源线。

6. 注意事项

除了本模块项目三中注意事项的条款适合本实训外，还应注意：

① 实训用电动机功率较大的（如 1kW 以上），应适当增大主电路熔断器熔芯规格，以防正反转时冲击电流熔断熔体。

② 本实训电路为触点单互锁电路，电动机手动控制按钮由一个方向运行变换到另外一个方向运行，中途必须按下停车按钮，直接按下另外一个方向运行按钮将不起作用。

本项目工时为 120min，超时不能超过 30min。

7. 评价标准

考核及评分标准如表 1-27。

表 1-27　考核及评分标准

评价项目	要　求	配分	评分标准	得　分			
				自评	互评	教师	专家
器材、设备查验	(1)按要求核对器材、工具 (2)检查电气元器件质量	10 分	(1)不做器件检查扣 10 分 (2)检查不到位每处扣 1 分				
元器件布局	(1)合理量裁 U 形导轨和 PVC 线槽 (2)合理布局电气元器件	10 分	(1)量裁 U 形导轨和 PVC 线槽尺寸、形状不合理扣 3 分 (2)电气元器件布局不合理每处扣 0.5 分				
元器件安装	(1)正确安装 U 形导轨和 PVC 线槽 (2)牢固正确安装主板电气元器件 (3)正确安装主板外围电气设备	20 分	(1)器件安装不牢固每只扣 2 分 (2)器件安装错误每只扣 5 分 (3)安装不合理每只扣 1 分 (4)安装中元件损坏每件扣 15 分				
接线	符合安装工艺要求、接线正确	20 分	(1)错、漏、多接 1 根线扣 5 分 (2)配线不美观、不整齐、不合理,每处扣 2 分 (3)漏接接地线扣 10 分 (4)按钮开关颜色接错扣 5 分 (5)主要导线使用错误,每根扣 3 分				
现场安装调试	安全正确地通电试车符合系统要求	20 分	(1)违反规程试车扣 20 分 (2)一次试车不成功扣 15 分 (3)检查后二次试车不成功扣 20 分				
安全生产	安全生产操作规范	20 分	不符合操作规范每次扣 10 分				
日期		地点		总分			

8. 总结与提高

在图 1-54 具有互锁环节的三相异步电动机正反转电路的控制电路中,当 KM1 与 KM2 的互锁常闭触点由于某种原因有一个或全部粘连后,互锁作用将不复存在,在改变电动机转

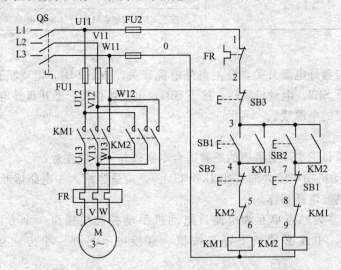

图 1-56　双重互锁电路

向时仍将会造成电源短路。为了提高安全系数，采用的双重互锁，即接触器和按钮两方面互锁。另外，图1-54的控制电路中，由于当改变电动机转向时，必须先按下停止按钮，才能实现方向变换，这样很不方便，而图1-56就很好地解决了这一问题，当变换电动机转向时，不必先按下停止按钮。因此，在生产实际工作中普遍采用"双重互锁"这种电路。

项目五　自动往复运转电路的安装与调试

项目描述：

有的设备的工作台需在一定的距离内能自动往复循环运动。它实质上是用行程开关来自动实现电动机正、反转，以达到工作台的自动往复循环运动。该机构通常是将行程开关或挡块，按要求安装在床身的特定位置上。当挡块压下行程开关时，行程开关的常闭触点断开、常开触点闭合，断开原来方向的电路，接通另一方向的电路。这其实是在一定行程的起点和终点用撞块压下行程开关，以代替人工操作按钮。

1. 自动往复运行控制系统识图

图1-57是机床工作台自动往复运行控制的示意图和电路图。图中SQ1、SQ2为行程开关，按要求安装在床身两侧适当的位置上，用来限制加工终点与原位的行程。当撞块压下行程开关时，其常闭触点断开、常开触点闭合。电路工作原理分析如下：

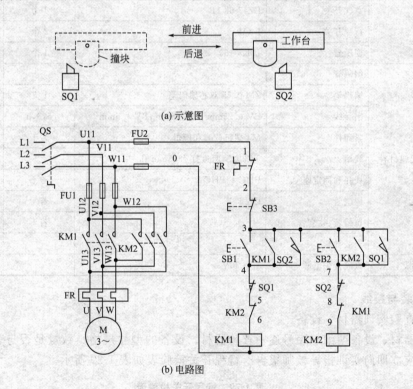

(a) 示意图

(b) 电路图

图1-57　机床工作台自动往复运行控制电路

合上电源开关QS，按下正向启动按钮SB1，接触器KM1得电动作并自锁，电动机正转使工作台前进，当运行到SQ1位置时，撞块压下行程开关SQ1，使得SQ1常闭触点断开，KM1线圈失电，电动机脱离电源；同时，SQ1常开触点闭合，使KM2线圈通电，电动机实现反转，工作台后退。当撞块又压下SQ2时，使KM2线圈断电，KM1线圈又得电，电动机重新正转使工作台前进，这样可一直循环下去。SB3为停止按钮。

2. 实训材料

器材、设备明细单如表1-28所示。

表1-28　器材、设备明细单

序号	分类	名　称	型号规格	数　量	备　注
1	配线工具	常用电工工具		1套	自备
2		万用表	MF47	1个	自备
3	低压电器	熔断器	RT1-15	5个	5A/2A
4		接触器	CJT1-20	3个	
5		闸刀开关	HK1-15/3	1个	
6		按钮	LA4-3H	1个	
7		笼型电动机	0.75kW,380V,三角/星形	1个	
8		端子	TD-1520	2条	
9		安装板	600×800		
10		三相电源插头	16A	1个	
11		空气开关	DZ47-15 3P	2个	10A
12		空气开关	DZ47-63 1P	1个	3A
13		行程开关	LX19	2个	
14		变压器	JBK5-160	1个	
15	配线材料	编码管			1,1.5
16		编码笔	ZM-0.75 双芯编码笔	1支	红、黑、蓝
17		铜导线	BV-0.75mm²,BV-1mm²,BV-1.5mm²	5,3,2	多种颜色
18		紧固件	M4 螺钉(20)和螺母	若干	
19		线槽	TC3025,两边打 ϕ3.5mm 孔		
20		线扎和固定座	PHC-4/PHC-8	若干	最大线径50
21		缠绕管	CG-4	若干	最大线径50
22		黄蜡管、软套管		若干	1.5
23		安装导轨			
24	电源	直流开关电源	10～30V		

3. 安装与接线

（1）查验实训器材、设备

按照器材、设备明细单序号逐一查验器材、设备的型号规格、数量是否与表所列相符，如不相符应立即向实训指导教师报告。行程开关检验表如表1-29所示。

表1-29　行程开关检验表

查验元器件	查验项目	查验方法	正确结果	备　注
行程开关	外观检查	观察外表、各部分螺丝有无缺损，手动压下滚轮或推杆是否灵活有弹性	外表、各部分螺丝完好无缺；手动压下滚轮或推杆灵活有弹性	
	触点通断检查	手动压下和释放滚轮或推杆机构，用万用表的×1挡检查	压下滚轮或推杆机构，常开触点0Ω，常闭触点∞Ω；释放滚轮或推杆机构，常开触点∞Ω，常闭触点0Ω	

（2）识读接线图

图 1-58 所示为机床工作台自动往复运行控制电路图参考接线图。识读接线图可参考表 1-30 进行。

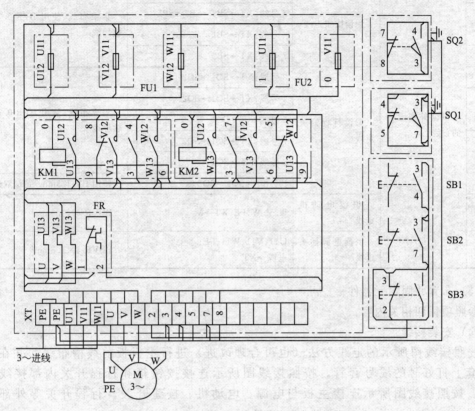

图 1-58 自动往复运行控制电路图参考接线图

表 1-30 自动往复运行控制电路图参考接线图识读表

序号	识读项目		器 件 导 线	备 注
1	识读元件位置		FU1、FU2、KM1、KM2、FR、XT	主板上的元件
2			M、SB1、SB2、SB3、SQ1、SQ2	主板的外围元件
3	识读主板上元件的布线	识读控制电路走线	0 号线：FU2→KM2→KM1	使用 BV-1.0mm² 单芯线
4			1 号线：FU2→FR	
5			2 号线：FR→XT	
6			3 号线：KM1→KM2→XT	
7			4 号线：KM1→XT	
8			5 号线：KM2→XT	
9			6 号线：KM2→KM1	
10			7 号线：KM2→XT	
11			8 号线：KM1→XT	
12			9 号线：KM1→KM2	
13		识读主电路走线	U11、V11：XT→FU1→FU2	集束布线使用 BV-1.5mm² 单芯线
14			W11：XT→FU1	
15			U12、V12、W12：FU1→KM1→KM2	
16			U13、V13、W13：KM2→KM1→FR	
17			U、V、W：FR→XT	
18			PE：XT→XT	使用 BV-1.5mm² 黄绿双色线

续表

序号	识读项目		器件导线	备　注
19			2 号线：XT→SB3	
20		识读按钮走线	3 号线：XT→SB3→SB2→SB1	集束布线，使用 BVR-0.75mm²
21			4 号线：XT→SB1	软导线
22			7 号线：XT→SB2	
23			3 号线：XT→SQ1→SQ2	
24			4 号线：XT→SQ1→SQ2	
25	识读外围元件的布线	识读行程开关走线	5 号线：XT→SQ1	集束布线，使用 BVR-0.75mm²
26			7 号线：XT→SQ1→SQ2	软导线
27			8 号线：XT→SQ2	
28			PE：XT→SQ1→SQ2	使用 BV-1.5mm² 黄绿双色线
29		识读电动机走线	U、V、W、PE：XT→M	BBVR-4×1.5mm²
30		识读电源插头走线	U11、V11、W11、PE：电源→XT	BBVR-4×1.5mm²

（3）布置并固定元器件

参照项目四相关内容。

（4）安装接线

按照接线图所示的走线方法（也可合理改进）进行主板板前线槽布线，并在导线两头套上打好号的线号套管。按照接线图所示连接按钮箱和行程开关内部接线端子连线。按照接线图所示连接主板与电源、电动机、按钮开关、行程开关等外部设备的导线。

4. 检查

① 外观检查（参照项目四相关解释。）

② 仪表检查。仪表检查具体方法如表 1-31 所示。

表 1-31　万用表检查电路法

步骤	检查区域	测量位置	检查方法	正确结果
1			保持原状	∞Ω
2			按下 SB2	KM1 线圈的阻值几十欧姆
3			按下 SB3	KM2 线圈的阻值几十欧姆
4	控制电路	连接电源线的端子板 L1、L2 端	同时按下 SB1 和 SB2	∞Ω
5			同时按下 SB1 和 SB3	∞Ω
6			人为按下 SQ1	KM2 线圈的阻值几十欧姆
7			人为按下 SQ2	KM1 线圈的阻值几十欧姆
8		连接电源线的端子板 L1、L2 端	人为按下 KM1 主触点机构	小于 KM1 线圈的阻值
9			人为按下 KM2 主触点机构	小于 KM2 线圈的阻值
10			保持原状	∞Ω
11	主电路	连接电源线的端子板 L1、L3 端	人为按下 KM1 主触点机构	电动机 M 两相的阻值几十欧姆
12			人为按下 KM2 主触点机构	电动机 M 两相的阻值几十欧姆
13			保持原状	∞Ω
14		连接电源线的端子板 L2、L3 端	人为按下 KM1 主触点机构	电动机 M 两相的阻值几十欧姆
15			人为按下 KM2 主触点机构	电动机 M 两相的阻值几十欧姆

5. 通电试车

连接电源线与盘外电源开关，合上盘外电源开关。按下 SB1，电动机正转，工作台前进，撞到 SQ1 后电动机反转，工作台后退，撞到 SQ2 后电动机又正转，如此反复。按下 SB3，电动机停转，工作台停止移动。按下 SB2，电动机反转，工作台后退，撞到 SQ2 后电动机正转，工作台前进，撞到 SQ1 后电动机又反转，如此反复。按下 SB3，电动机停转，工作台停止移动。断开盘外电源开关，拆开与盘外电源开关连接的电源线。

6. 注意事项

除了项目四中注意事项的条款适合本实训外，还应注意：

① 没有工作台往返运行模拟装置的，可将限位行程开关固定在网孔板或其他构架上，通电试车时，人为按下行程开关以模拟工作台往返运行。

② 实训用电动机功率较大的（如 1kW 以上），应适当增大主电路熔断器熔芯规格，以防正反转时冲击电流熔断熔体。

③ 本实训电路为触点单互锁电路，电动机手动控制按钮由一个方向运行变换到另外一个方向运行，中途必须按下停车按钮，直接按下另外一个方向运行按钮将不起作用。

7. 评价标准

考核及评分标准见表 1-32。

表 1-32 考核及评分标准

评价项目	要 求	配分	评 分 标 准	得 分			
				自评	互评	教师	专家
器材、设备查验	(1)按要求核对器材、工具 (2)检查电气元器件质量	10分	(1)不做器件检查扣10分 (2)检查不到位每处扣1分				
元器件布局	(1)合理量裁 U 形导轨和 PVC 线槽 (2)合理布局电气元器件	10分	(1)量裁 U 形导轨和 PVC 线槽尺寸、形状不合理扣3分 (2)电气元器件布局不合理每处扣0.5分				
元器件安装	(1)正确安装 U 形导轨和 PVC 线槽 (2)牢固正确安装主板电气元器件 (3)正确安装主板外围电气设备	20分	(1)器件安装不牢固每只扣2分 (2)器件安装错误每只扣5分 (3)安装不合理每只扣1分 (4)安装中元件损坏每件扣15分				
接线	符合安装工艺要求、接线正确	20分	(1)错、漏、多接1根线扣5分 (2)配线不美观、不整齐、不合理，每处扣2分 (3)漏接接地线扣10分 (4)按钮开关颜色接错扣5分 (5)主要导线使用错误，每根扣3分				
现场安装调试	安全正确地通电试车符合系统要求	20分	(1)违反规程试车扣20分 (2)一次试车不成功扣15分 (3)检查后二次试车不成功扣20分				
安全生产	安全生产操作规范	20分	不符合操作规范每次扣10分				
日期		地点		总分			

8. 总结与提高

图 1-57 所示电路存在以下缺点：只有单互锁，运行中途要想改变方向，只能先按停车按钮，然后再按反向按钮；左右行程开关只有一只，一旦损坏，将产生"撞车"现象。为

此，生产实际中一般采用双重互锁以及带限位行程开关的电路，如图 1-59 所示。

与图 1-57 不同的是，若由于某种故障使工作台到达 SQ1（或 SQ2）位置时未能切断 KM2（或 KM1），则工作台继续移动到极限位置，压下 SQ3（或 SQ4）行程开关，此时可最终把控制电路断开，使电动机停止，避免工作台由于超越允许位置所导致的事故。因此，SQ3、SQ4 起极限位置保护作用。

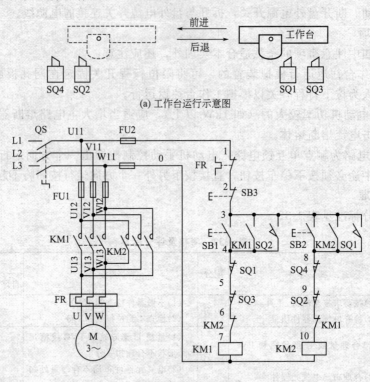

(a) 工作台运行示意图

(b) 双重互锁控制电路图

图 1-59　具有限位的机床工作台自动往返运行控制的示意图和电路图

项目六　顺序运转与多地控制电路的安装与调试

项目描述：

在装有多台电动机的生产机械，各电动机所起的作用不同，有时需要按一定的顺序启动、停车才能保证操作过程的合理和工作的安全可靠。例如，X62W 型万能铣床要求主轴电动机启动后进给电动机才能启动；M7120 型平面磨床要求砂轮电动机启动后冷却泵电动机才能启动；组合机床的多台电动机也有先后启停的要求等等。

在大型机床设备中，为了操作方便，常要求能在多个地点进行控制，这种能在多个地点进行同一种控制的电路环节叫做多地控制环节。

1. 顺序运转、多地控制电路识读

图 1-60 是具有异地控制的电动机先启先停电路。其工作原理分析如下：启动时，只有按下 SB4 按钮或异地 SB5 按钮，使 KM1 线圈得电并自锁，其主触点闭合，电动机 M1 得电转动；同时 KT 线圈得电，其延时闭合瞬时断开的常开触点延时闭合，才使得 KM2 线圈延时得电并自锁，其主触点闭合，电动机 M2 得电转动。另一方面，KM2 线圈得电，其辅助常闭触点断开，使得 KT 线圈失电，KT 延时闭合瞬时断开的常开触点断开，但此时 KM2

已经自锁。

由于 KM1 线圈得电时，其另外一个与 SB3 按钮并联的辅助常开触点闭合，使得 M2 的停车按钮 SB3 无法起到停车作用。停车时只有先按下 SB1 按钮或异地 SB2 按钮，使 KM1 线圈失电并解除自锁，其主触点断开，电动机 M1 停止转动，并且与 SB3 并联的 KM1 辅助常开触点断开，才使得 KM2 线圈回路具备失电的可能性。需要 M2 停车时，按下 SB3 使 KM2 线圈失电并解除自锁，其主触点断开，电动机 M2 停止转动。电动机启动先后的间隔时间，可通过调节时间继电器来实现。

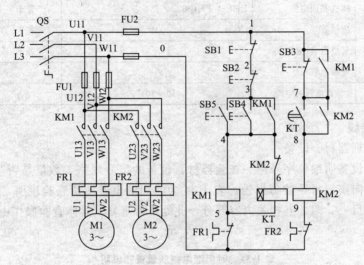

图 1-60 顺序与多地控制电路

2. 实训材料

器材、设备明细单如表 1-33 所示。

表 1-33 器材、设备明细单

序号	分类	名 称	型号规格	数 量	备 注
1	配线工具	常用电工工具		1 套	自备
2		万用表	MF47	1 个	自备
3	低压电器	熔断器	RT1-15	5 个	5A/2A
4		接触器	CJT1-20	3 个	
5		闸刀开关	HK1-15/3	1 个	
6		按钮	LA4-3H	1 个	
7		笼型电动机	0.75kW,380V,三角/星形	1 个	
8		端子	TD-1520	2 条	
9		安装板	600×800		
10		三相电源插头	16A	1 个	
11		空气开关	DZ47-15 3P	2 个	10A
12		空气开关	DZ47-63 1P	1 个	3A
13		时间断电器	JS47	1 个	
14		变压器	JBK5-160	1 个	

续表

序号	分类	名　称	型号规格	数　量	备　注
15		编码管			1,1.5
16		编码笔	ZM-0.75 双芯编码笔	1 支	红、黑、蓝
17		铜导线	BV-0.75mm², BV-1mm², BV-1.5mm²	5,3,2	多种颜色
18		紧固件	M4 螺钉(20)和螺母	若干	
19	配线材料	线槽	TC3025,两边打 φ3.5mm 孔		
20		线扎和固定座	PHC-4/PHC-8	若干	最大线径 50
21		缠绕管	CG-4	若干	最大线径 50
22		黄蜡管、软套管		若干	1.5
23		安装导轨			
24	电源	直流开关电源	10～30V		

3. 安装与接线

（1）查验实训器材、设备

按照器材、设备明细单序号逐一查验器材、设备的型号规格、数量是否与表所列相符，如不相符应立即向实训指导教师报告。表 1-34 为时间继电器质量查验说明，其他元器件质量查验说明同项目三、四、五相关内容部分，此处不再重复。具体查验操作由实训指导教师示范。

表 1-34　时间继电器质量查验说明

查验项目	查验方法	正确结果	备　注
外观检查	观察外表各部分有无缺损	外表各部分完好无缺	
触点通断检查	电磁式时间继电器:手动压下和释放活动衔铁机构,用万用表的×1挡检查各瞬时触点和延时触点阻值	压下衔铁机构,常开触点 0Ω,常闭触点 ∞Ω;释放衔铁机构,常开触点 ∞Ω,常闭触点 0Ω	
	电子式时间继电器:用万用表的×1挡检查各瞬时触点和延时触点阻值	瞬时常闭触点和延时常闭触点 0Ω,瞬时常开触点和延时常开触点 ∞Ω	

（2）识读接线图

图 1-61 所示为具有异地控制的电动机先启先停电路参考接线图。识读接线图可参考表 1-35 进行。

（3）布置并固定元器件

参照项目四相关内容。

（4）安装接线

按照接线图所示的走线方法（也可合理改进）进行主板板前线槽布线，并在导线两头套上打好号的线号套管。按照接线图所示连接按钮箱内部接线端子连线。按照接线图所示连接主板与电源、两台电动机、按钮开关等外部设备的导线。

4. 检查

① 外观检查（参照项目四相关解释）。

② 仪表检查。仪表检查具体方法如表 1-36 所示。

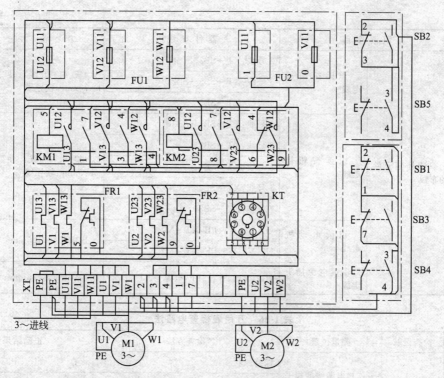

图 1-61 具有异地控制的电动机先启先停电路参考接线图

表 1-35 参考接线图识读表

序号	识读项目		器件导线	备 注
1	识读元件位置		FU1、FU2、KM1、KM2、FR1、FR2、KT、XT	主板上的元件
2			M1、M2、SB1、SB2、SB3、SB4、SB5	主板的外围元件分 4 个位置
3	识读主板上元件的布线	识读控制电路走线	0 号线：FU2→FR1→FR2	使用 BV-1.0mm² 单芯线
4			1 号线：FU2→XT	
5			3 号线：XT→KM1	
6			4 号线：KM1→KM1→KM2→XT	
7			5 号线：KM1→KT→FR1	
8			6 号线：KM2→KT	
9			7 号线：KM1→KM2→KT→XT	
10			8 号线：KM2→KM2→KT	
11			9 号线：KM2→FR2	
12		识读主电路走线	U11、V11：XT→FU1→FU2	集束布线 使用 BV-1.5mm² 单芯线
13			W11：XT→FU1	
14			U12、V12、W12：FU1→KM1→KM2	
15			U13、V13、W13：KM1→FR1	
16			U23、V23、W23：KM2→FR2	
17			U1、V1、W1：FR1→XT	
18			U2、V2、W2：FR2→XT	
19			PE：XT→XT	使用 BV-1.5mm² 黄绿双色线

续表

序号	识读项目		器件导线	备注
20	识读外围元件的布线	识读按钮箱走线	2 号线：XT→SB2	集束布线，使用 BVR-0.75mm² 软导线
21			3 号线：XT→SB5→SB2	
22			4 号线：XT→SB5	
23		识读按钮箱走线	1 号线：XT→SB1→SB3	集束布线，使用 BVR-0.75mm² 软导线
24			2 号线：XT→SB1	
25			3 号线：XT→SB4	
26			4 号线：XT→SB4	
27			7 号线：XT→SB3	
28		识读电动机走线	U1、V1、W1、PE：XT→M1	BBVR-4×1.5mm²
29			U2、V2、W2、PE：XT→M2	
30		识读电源插头走线	U11、V11、W11、PE：电源→XT	BBVR-4×1.5mm²

表 1-36　万用表检查电路法

步骤	检查区域	测量位置	检查方法	正确结果
1	控制电路	连接电源线的端子板 L1、L2 端	保持原状	∞Ω
2			按下 SB4 或 SB5	小于 KM1 线圈的阻值
3			同时按下 SB1 或 SB2 和 SB4 或 SB5	∞Ω
4	主电路	连接电源线的端子板 L1、L2 端	人为按下 KM1 主触点机构	小于 KM1 线圈的阻值
5			人为按下 KM2 主触点机构	小于 KM2 线圈的阻值
6		连接电源线的端子板 L1、L3 端	保持原状	∞Ω
7			人为按下 KM1 主触点机构	电动机 M1 两相的阻值
8			人为按下 KM2 主触点机构	电动机 M2 两相的阻值
9		连接电源线的端子板 L2、L3 端	保持原状	∞Ω
10			人为按下 KM1 主触点机构	电动机 M1 两相的阻值
11			人为按下 KM2 主触点机构	电动机 M2 两相的阻值

5. 通电试车

连接电源线与盘外电源开关，合上盘外电源开关。按下 SB4 或 SB5，电动机 M1 启动运转，延时一定时间 M2 启动运转。按下 SB3，无任何变化。按下 SB1 或 SB2，M1 电动机停转。再按下 SB3，M2 电动机停转。断开盘外电源开关，拆开与盘外电源开关连接的电源线。

6. 调试启动时间

调试时间继电器时间值，重新启动电动机 M1，观察 M2 电动机自行启动的时间间隔。

7. 注意事项

除了"项目四中注意事项"的条款适合本实训外，还应注意：

① 本电路中的时间继电器只负责启动时两台电动机延时，不涉及停车时的时间间隔。停车的时间间隔由操作者掌握。

② 调试启动时间必须是在停车后进行，不允许运行中调试。

本项目工时为240min，最长不能超30min。

8. 评价标准

考核及评分标准见表1-13。

表1-37　考核及评分标准

评价项目	要　　求	配分	评分标准	得　分			
				自评	互评	教师	专家
器材、设备查验	(1)按要求核对器材、工具 (2)检查电气元器件质量	10分	(1)不做器件检查扣10分 (2)检查不到位每处扣1分				
元器件布局	(1)合理量裁U形导轨和PVC线槽 (2)合理布局电气元器件	10分	(1)量裁U形导轨和PVC线槽尺寸、形状不合理扣3分 (2)电气元器件布局不合理每处扣0.5分				
元器件安装	(1)正确安装U形导轨和PVC线槽 (2)牢固正确安装主板电气元器件 (3)正确安装主板外围电器设备	20分	(1)器件安装不牢固每只扣2分 (2)器件安装错误每只扣5分 (3)安装不合理每只扣1分 (4)安装中元件损坏每件扣15分				
接线	符合安装工艺要求、接线正确	20分	(1)错、漏、多接1根线扣5分 (2)配线不美观、不整齐、不合理，每处扣2分 (3)漏接接地线扣10分 (4)按钮开关颜色接错扣5分 (5)主要导线使用错误，每根扣3分				
现场安装调试	安全正确地通电试车符合系统要求	20分	(1)违反规程试车扣20分 (2)一次试车不成功扣15分 (3)检查后二次试车不成功扣20分				
安全生产	安全生产操作规范	20分	不符合操作规范每次扣10分				
日期		地点		总分			

9. 总结与提高

顺序运转控制类型很多。按照控制方式，顺序控制有手动控制和自动控制之分；按照电

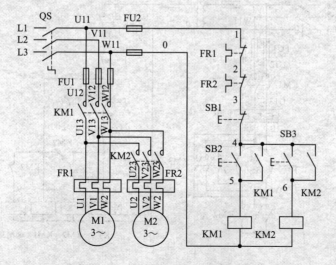

图1-62　主电路实现的顺序控制电路

动机台数，有两台和多台顺序运转控制；两台电动机的，按照启停先后顺序，有先启先停、先启后停、同时启先后停、先后启同时停、任意启先后停、先后启任意停等很多种情况；按照控制电路的不同，又有主电路实现的顺序控制和控制电路实现的顺序控制两种。电动机先启先停电路属于控制电路实现的顺序控制。请自行设计两台电动机先启后停、同时启先后停、先后启同时停、任意启先后停、先后启任意停等电路。

图 1-62 所示为由主电路实现的顺序控制。图中，接触器 KM2 的主触点接于接触器 KM1 主触点的下面，从而保证了电动机 M1 启动后电动机 M2 才能启动。

项目七 星-三角降压启动运转电路的安装与调试

项目描述：

星-三角降压启动是一种传统的降压启动方法，具有简单、可靠的优点。如图 1-63 所示为国产 QCX 系列星-三角启动器外形结构。

图 1-63 国产 QCX 系列星-三角启动器外形结构

1. 星-三角降压启动运转电路识读

图 1-64 为 Y-△降压启动（自动）控制电路。其工作原理：合上电源开关 QF，按下启动按钮 SB1，KT、KM2、KM1 线圈同时得电并自锁，KM2、KM1 主触点闭合，KM3 主触

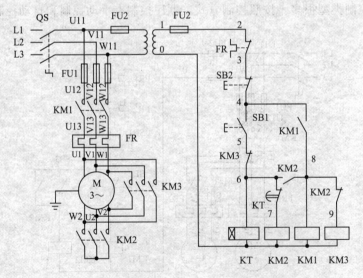

图 1-64 星-三角降压启动控制电路

点断开，电动机三相定子绕组星形接入三相交流电源进行降压启动；当电动机转速稳定时，时间继电器KT的延时断开瞬时闭合的常闭触点断开，使得KM2线圈断电释放、KM2常开触点断开，常闭触点恢复闭合，KM3、KM1主触点闭合，KM2主触点断开，电动机绕组接成三角形全压运行。KM3、KM2互锁。为避免时间继电器长期工作，三角形全压运行时，KT、KM2线圈均断电。

2. 实训材料

器材、设备明细单如表1-24所示。

表1-38 器材、设备明细单

序号	分类	名 称	型 号 规 格	数 量	备 注
1	配线工具	常用电工工具		1套	自备
2		万用表、电流表	MF47	1个	自备
3	低压电器	熔断器	RT1-15	5个	5A/2A
4		接触器	CJT1-20	3个	
5		闸刀开关	HK1-15/3	1个	
6		按钮	LA4-3H	1个	
7		笼型电动机	0.75kW,380V,三角/星形	1个	
8		端子	TD-1520	2条	
9		安装板	600×800		
10		三相电源插头	16A	1个	
11		空气开关	DZ47-15 3P	2个	10A
12		空气开关	DZ47-63 1P	1个	3A
13		时间继电器	JS47	1个	
14		变压器	JBK5-160	1个	
15	配线材料	编码管			1,1.5
16		编码笔	ZM-0.75 双芯编码笔	1支	红、黑、蓝
17		铜导线	BV-0.75mm²,BV-1mm²,BV-1.5mm²	5,3,2	多种颜色
18		紧固件	M4 螺钉(20)和螺母	若干	
19		线槽	TC3025,两边打 φ3.5mm 孔		
20		线扎和固定座	PHC-4/PHC-8	若干	最大线径50
21		缠绕管	CG-4	若干	最大线径50
22		黄蜡管、软套管		若干	1.5
23		安装导轨			
24	电源	直流开关电源	10~30V		

3. 安装与调试

（1）查验器材、设备的型号规格、数量

按照器材、设备明细单序号逐一查验器材、设备的型号规格、数量是否与表所列相符，如不相符应立即向实训指导教师报告。表1-39为控制变压器质量查验说明，其他元器件质量查验说明同项目三、四、五相关内容部分。具体查验操作由实训指导教师示范。

表 1-39 控制变压器质量查验说明

查验项目	查验方法	正确结果	备 注
外观检查	观察外观是否完好无缺	外观完好无缺	
原边绕组电阻值测量	用万用表的×10 挡检查	几百欧姆	
原边绕组对地电阻值测量	用万用表的×10k 挡检查	接近∞Ω	
副边绕组电阻值测量	用万用表的×1 挡检查	几十欧姆	
副边绕组对地电阻值测量	用万用表的×10k 挡检查	接近∞Ω	

（2）识读接线图

图 1-65 所示为 Y-△降压启动（自动）控制电路参考接线图。识读接线图可参考表 1-40
进行。

（3）布置并固定元器件

参照项目四相关内容。

（4）安装接线

按照接线图所示的走线方法（也可合理改进）进行主板板前线槽布线，并在导线两头套
上打好号的线号套管。按照接线图所示连接按钮箱内部接线端子连线。按照接线图所示连接
主板与电源、电动机、按钮开关等外部设备的导线。

4. 检查

① 外观检查（参照项目四相关解释。）

② 仪表检查。仪表检查具体方法如表 1-41 所示。

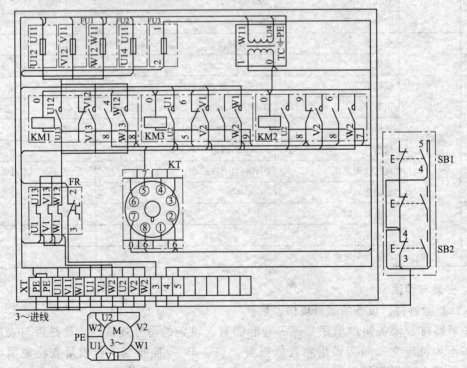

图 1-65 Y-△降压启动（自动）控制电路参考接线图

表 1-40 Y-△降压启动（自动）控制电路参考接线图识读表

序号	识读项目		器件导线	备注
1	识读元件位置		FU1、FU2、FU3、KM1、KM2、KM3、FR、KT、TC、XT	主板上的元件
2			M、SB1、SB2	主板的外围元件
3	识读主板上元件的布线	识读控制电路走线	0 号线：TC→KM1→KM1→KM2→KT	使用 BV-1.0mm² 单芯线
4			1 号线：FU3→TC	
5			2 号线：FU3→FR	
6			3 号线：XT→FR	
7			4 号线：KM1→XT	
8			5 号线：KM3→XT	
9			6 号线：KM2→KM3→KT→KT	
10			7 号线：KM2→KT	
11			8 号线：KM2→KM2→KM1→KM1	
12			9 号线：KM2→KM3	
13		识读主电路走线	U11、V11：XT→FU1→FU2	集束布线使用 BV-1.5mm² 单芯线
14			W11：XT→FU1	
15			U12、V12、W12：FU1→KM1	
16			U13、V13、W13：KM1→FR	
17			U1、V1、W1：FR1→XT→KM3	
18			U2、V2、W2：KM2→KM3→XT	
19			PE：XT→XT	使用 BV-1.5mm² 黄绿双色线
20	识读外围元件的布线	识读按钮箱走线	3 号线：XT→SB2	集束布线，使用 BVR-0.75mm² 软导线
21			4 号线：XT→SB1→SB2	
22			5 号线：XT→SB1	
23		识读电动机走线	U1、V1、W1、PE：XT→M	BBVR-4×1.5mm²
24			U2、V2、W2、PE：XT→M	
25		识读电源插头走线	U11、V11、W11、PE：电源→XT	BBVR-4×1.5mm²

表 1-41 万用表检查电路法

步骤	检查区域	测量位置	检查方法	正确结果
1	控制电路	连接电源线的端子板 L1、L3 端	保持原状	变压器原边电阻值
2				
3		连接 0、1 端	按下 SB2	远小于 KM1 线圈的阻值
4			同时按下 SB1 和 SB2	变压器原边电阻值
5	主电路	连接电源线的端子板 L1、L3 端	人为按下 KM1 主触点机构	小于变压器原边的阻值
6			人为按下 KM2 主触点机构	变压器原边电阻值
7			人为按下 KM3 主触点机构	变压器原边电阻值
8			同时按下 KM1 和 KM2 主触点机构	小于变压器原边的阻值
9			同时按下 KM1 和 KM3 主触点机构	小于变压器原边的阻值
10			同时按下 KM2 和 KM3 主触点机构	变压器原边电阻值
11		连接电源线的端子板 L2、L3 端	保持原状	∞Ω
12			人为按下 KM1 主触点机构	∞Ω
13			人为按下 KM2 主触点机构	∞Ω
14			人为按下 KM3 主触点机构	∞Ω
15			同时按下 KM1 和 KM2 主触点机构	电机 M 两相的阻值
16			同时按下 KM1 和 KM3 主触点机构	小于电机 M 一相的阻值
17			同时按下 KM2 和 KM3 主触点机构	∞Ω
18		连接电源线的端子板 L2、L1 端	保持原状	∞Ω
19			人为按下 KM1 主触点机构	∞Ω
20			人为按下 KM2 主触点机构	∞Ω
21			人为按下 KM3 主触点机构	∞Ω
22			同时按下 KM1 和 KM2 主触点机构	电机 M 两相的阻值
23			同时按下 KM1 和 KM3 主触点机构	小于电机 M 一相的阻值
24			同时按下 KM2 和 KM3 主触点机构	∞Ω

5. 通电试车

连接电源线与盘外电源开关，合上盘外电源开关。按下 SB1，电动机 M 星形启动运转，延时一定时间后全压运转。按下 SB2，M 电动机停转。断开盘外电源开关，拆开与盘外电源开关连接的电源线。

6. 调试启动时间

将时间继电器时间值调试为 10s，反复启动电动机 M 数次，用钳形电流表和秒表配合测试电动机启动电流从启动按钮按下到启动电流回落所持续的秒数，求出平均值，然后将时间继电器时间值调试为这一平均值。

重新启动电动机，用钳形电流表观察电动机启动电流从启动按钮按下到启动电流刚好回落时，是否立刻转换为三角形运行状态，如果不是，则继续调试时间继电器数值，直到满意为止。

7. 注意事项

除了项目四中注意事项的条款适合本实训外，还应注意：

① 本实训采用的电动机必须是三相六个线头全部引出的三相异步电动机，内部星接或角接，只引出三个线头的三相异步电动机不适合本实训。

② 三相异步电动机接线时必须注意接线盒内的六个接线柱哪两个为同一相，最容易出错的是把垂直的两个接线柱误认为同一相。为确保接线正确，接线之前有必要用万用表确认。

③ 对于 1kW 以下的空载电动机，星接启动和角接运行之间的过渡很不明显，通电试车时应仔细观察电动机转轴转速的变化并认真听取电动机的声音变化，必要时用万用表观察过渡时电流的变化。

本项目工时为 240min，最长不能超时 30min。

8. 评价标准

考核及评分标准如表 1-42 所示。

表 1-42　考核及评分标准

评价项目	要　　求	配分	评 分 标 准	自评	互评	教师	专家
器材、设备查验	(1)按要求核对器材、工具 (2)检查电气元器件质量	10分	(1)不做器件检查扣10分 (2)检查不到位每处扣1分				
元器件布局	(1)合理量裁 U 形导轨和 PVC 线槽 (2)合理布局电气元器件	10分	(1)量裁 U 形导轨和 PVC 线槽尺寸、形状不合理扣3分 (2)电气元器件布局不合理每处扣0.5分				
元器件安装	(1)正确安装 U 形导轨和 PVC 线槽 (2)牢固正确安装主板电气元器件 (3)正确安装主板外围电器设备	20分	(1)器件安装不牢固每只扣2分 (2)器件安装错误每只扣5分 (3)安装不合理每只扣1分 (4)安装中元件损坏每件扣15分				
接线	符合安装工艺要求、接线正确	20分	(1)错、漏、多接1根线扣5分 (2)配线不美观、不整齐、不合理，每处扣2分 (3)漏接接地线扣10分 (4)按钮开关颜色接错扣5分 (5)主要导线使用错误，每根扣3分				
现场安装调试	安全正确地通电试车符合系统要求	20分	(1)违反规程试车扣20分 (2)一次试车不成功扣15分 (3)检查后二次试车不成功扣20分				
安全生产	安全生产操作规范	20分	不符合操作规范每次扣10分				
日期		地点		总分			

9. 总结与提高

传统的降压启动包括定子串电阻或电抗器启动；Y-△启动；自耦变压器降压启动；延边三角形启动等。由于串电阻启动时，将在电阻上消耗大量的电能，所以不宜用于经常启动的电动机上。用电抗器替代电阻，可克服这一缺点，但设备费用较大，故定子串电阻或电抗器启动目前低压电机很少采用。由于延边三角形启动需要采用特制的带"延边绕组"的电动机，对普通电动机不适用，故目前也很少采用。由于 Y-△启动和自耦变压器降压启动目前仍有较高性价比，故仍有采用。但 Y-△启动必须是三相六个线头全部引出的三相异步电动机，对于潜水泵等三相三个线头引出的三相异步电动机不适合，这时，就应采用自耦变压器降压启动。

如图 1-66 所示为 XJ01 自耦变压器降压启动柜电路图，图 1-67 为启动柜外形。

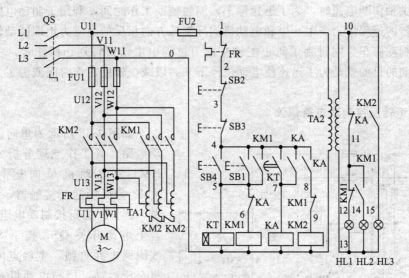

图 1-66 自耦变压器降压启动柜电路

图 1-67 自耦变压器降压启动柜

图中 KM1 为降压启动接触器，KM2 为全压运行接触器，KA 为中间继电器，KT 为降压启动时间继电器，HL1 为电源指示灯，HL2 为降压启动指示灯，HL3 为正常运行指示灯。

电路工作原理：合上主电路与控制电路电源开关，HL1 灯亮，表明电源电压正常。按下启动按钮 SB1，KM1、KT 线圈同时得电并自锁，将自耦变压器接入，电动机由自耦变压器二次电压供电作降压启动，同时指示灯 HL1 灭，HL2 亮，显示电动机正进行降压启动，当电动机转速稳定时，时间继电器 KT 延时闭合，瞬时断开的常开触点闭合，使 KA 线圈得电并自锁，其常闭触点断开 KM1 线圈电路，KM1 线圈断电释放，将自耦变压器从电路切除；KA 的另一对常闭触点断开，HL2 指示灯灭；KA 的常开触点闭合，使 KM2 线圈得电吸合，电源电压全部加在电动机定子上，电动机在额定电压下进入正常运转，同时 HL3 指示灯亮，表明电动机降压启动结束。停车时，按下 SB2。由于自耦变压器星形连接部分采用 KM2 辅助触点来连接，故该电路适用 13kW 以下的三相异步电动机。

项目八　单向运转制动电路的安装与调试

项目描述：

在铣床主轴切断电源时，为了迅速停车，缩短辅助工作时间，利用了制动电路，就是在切断电源停转的过程中，产生一个和电动机实际旋转方向相反的电磁力矩即制动转矩，迫使电动机迅速制动停车。同时为了防止主轴在换刀过程中主轴回转划伤操作者，主轴也要制动。因此制动的目的就是为了迅速使电动机停下来，以减少辅助工作时间或为了人身安全和设备安全。

1. 单向运转反接制动电路识读

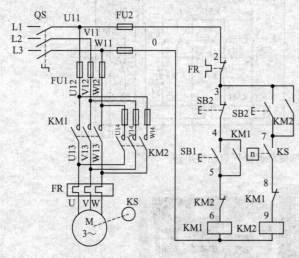

图 1-68　单向运转反接制动电路

如图 1-68 所示为单向运转反接制动电路。其工作原理分析如下：图中 KM1 为电动机单向运行接触器，KM2 为反接制动接触器，KS 为速度继电器，R 为反接制动电阻。启动时，合上电源开关 QS，按下 SB1，KM1 线圈通电并自锁，主触点闭合，电动机全压启动，当与电动机有机械连接的速度继电器 KS 转速超过其动作值 120r/min 时，其相应触点闭合，为反接制动作准备。停止时按下停止按钮 SB2，SB2 常闭触点断开，使 KM1 线圈断电释放，KM1 主触点断开，切断电动机正相序三相交流电源，电动机

仍以惯性高速旋转；同时，SB2 常开触点闭合，使 KM2 线圈通电并自锁，电动机定子串入三相对称电阻接入反相序三相交流电源进行反接制动，电动机转速迅速下降。当转速下降到 KS 释放转速 100r/min 时，KS 常开触点复位，断开 KM2 线圈电路，KM2 断电释放，主触点断开电动机反相序交流电源，反接制动结束，电动机自然停车至零。

2. 实训材料

器材、设备明细单如表 1-24 所示。

表 1-43　器材、设备明细单

序号	分类	名　称	型号规格	数　量	备　注
1	配线工具	常用电工工具		1 套	自备
2		万用表、电流表	MF47	1 个	自备

续表

序号	分类	名　称	型号规格	数　量	备　注
3		熔断器	RT1-15	5个	5A/2A
4		接触器	CJT1-20	3个	
5		闸刀开关	HK1-15/3	1个	
6		按钮	LA4-3H	1个	
7		笼型电动机	0.75kW,380V,三角/星形	1个	
8	低压电器	端子	TD-1520	2条	
9		安装板	600×800		
10		三相电源插头	16A	1个	
11		空气开关	DZ47-15 3P	2个	10A
12		空气开关	DZ47-63 1P	1个	3A
13		速度继电器	JY1	1个	
14		变压器	JBK5-160	1个	
15		编码管			1,1.5
16		编码管	ZM-0.75 双芯编码笔	1支	红、黑、蓝
17		铜导线	BV-0.75mm², BV-1mm², BV-1.5mm²	5,3,2	多种颜色
18		紧固件	M4 螺钉(20)和螺母	若干	
19	配线材料	线槽	TC3025,两边打φ3.5mm 孔		
20		线扎和固定座	PHC-4/PHC-8	若干	最大线径50
21		缠绕管	CG-4	若干	最大线径50
22		黄蜡管、软套管		若干	1.5
23		安装导轨			
24	电源	直流开关电源	10~30V		

3. 安装与调试

（1）查验器材、设备的型号规格、数量

按照器材、设备明细单序号逐一查验器材、设备的型号规格、数量是否与表所列相符，如不相符应立即向实训指导教师报告。表 1-44 为速度继电器质量查验说明，其他元器件质量查验说明同项目三、四、五相关内容部分。具体查验操作由实训指导教师示范。

表 1-44　速度继电器质量查验说明

查验项目	查验方法	正确结果	备　注
外观检查	观察外观是否完好无缺	外观完好无缺	
常开触点静态阻值	用万用表的×10k 挡检查	接近∞Ω	
常开触点动态阻值	120r/min	可靠闭合	
	用万用表的×1 挡检查	闭合瞬间 0Ω	

（2）识读接线图

图 1-69 所示为单向运转反接制动电路参考接线图。识读接线图可参考表 1-45 进行。

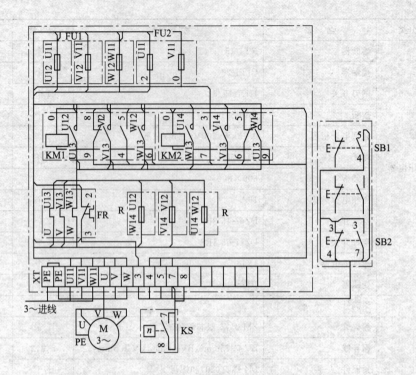

图 1-69　单向运转反接制动电路参考接线图

表 1-45　单向运转反接制动电路参考接线图识读表

序号	识读项目		器件导线	备 注
1	识读元件位置		FU1、FU2、KM1、KM2、FR、R、XT	主板上的元件
2			M、SB1、SB2、KS	主板的外围元件
3	识读主板上元件的布线	识读控制电路走线	0 号线：FU2→KM1→KM2	使用 BV-1.0mm² 单芯线
4			2 号线：FU2→FR	
5			3 号线：XT KM2→KM1→KM2	
6			4 号线：KM1→XT	
7			5 号线：KM1→KM2→XT	
8			6 号线：KM2→KM1	
9			7 号线：KM2→KT	
10			8 号线：KM1→XT	
11			9 号线：KM2→KM1	
12		识读主电路走线	U11、V11：XT→FU1→FU2	集束布线使用 BV-1.5mm² 单芯线
13			W11：XT→FU1	
14			U12、V12、W12：FU1→KM1→R	
15			U13、V13、W13：KM1→FR→KM2	
16			U14、V14、W14：KM2→R	
17			U、V、W：FR→XT	
18			PE：XT→XT	使用 BV-1.5mm² 黄绿双色线

序号	识读项目		器件导线	备 注
19	识读外围元件的布线	识读按钮箱走线	4 号线：XT→SB2→SB2	集束布线，使用 BVR-0.75mm² 软导线
20			5 号线：XT→SB1→SB2	
21			6 号线：XT→SB1	
22			8 号线：XT→SB2	
23		速度继电器	8 号线：XT→KS	集束布线，使用 BVR-0.75mm² 软导线
24			9 号线：XT→KS	
25		电动机	U、V、W、PE：XT→M	BBVR-4×1.5mm²
26		识读电源插头走线	U11、V11、W11、PE：电源→XT	BBVR-4×1.5mm²

（3）布置并固定元器件

参照项目四相关内容。

（4）安装接线

按照接线图所示的走线方法（也可合理改进）进行主板板前线槽布线，并在导线两头套上打好号的线号套管。按照接线图所示连接按钮箱内部接线端子连线。按照接线图所示连接主板与电源、电动机、按钮开关、速度继电器等外部设备的导线。

4. 检查

① 外观检查（参照项目四相关解释。）

② 仪表检查。仪表检查具体方法如表 1-46 所示。

表 1-46　万用表检查电路法

步骤	检查区域	测量位置	检查方法	正确结果
1	控制电路	连接电源线的端子板 L1、L2 端	保持原状	∞Ω
2			按下 SB1	KM1 线圈的阻值几十欧姆
3			同时按下 SB1 和 SB2	∞Ω
4	主电路	连接电源线的端子板 L1、L2 端	人为按下 KM1 主触点机构	电动机 M 两相的阻值几十欧姆
5			人为按下 KM2 主触点机构	小于 KM1 线圈的阻值
6		连接电源线的端子板 L1、L3 端	保持原状	∞Ω
7			人为按下 KM1 主触点机构	电动机 M 两相的阻值几十欧姆
8			人为按下 KM2 主触点机构	两制动电阻加电动机 M 两相的阻值
9		连接电源线的端子板 L2、L3 端	保持原状	∞Ω
10			人为按下 KM1 主触点机构	电动机 M 两相的阻值几十欧姆
11			人为按下 KM2 主触点机构	两制动电阻加电动机 M 两相的阻值

5. 通电试车

连接电源线与盘外电源开关，合上盘外电源开关。按下 SB1，电动机 M 单向启动运转；按下 SB2，M 电动机制动停转。断开盘外电源开关，拆开与盘外电源开关连接的电源线。

6. 调试速度继电器分合速度

调节速度继电器分合速度调节螺丝，重新启动电动机，观察速度继电器触点分合情况。

7. 注意事项

除了项目四中注意事项的条款适合本实训外，还应注意：

① 速度继电器必须牢固安装，可与电动机同轴安装或用皮带连接。采用皮带连接时，转速比最好为 1：1。

② 运行过程中不得调节速度继电器。

本项目工时为 240min，最长不能超时 30min。

8. 评价标准

考核及评分标准见表 1-47。

表 1-47　考核及评分标准

评价项目	要　求	配分	评分标准	得　分			
				自评	互评	教师	专家
器材、设备查验	(1)按要求核对器材、工具 (2)检查电气元器件质量	10 分	(1)不做器件检查扣 10 分 (2)检查不到位每处扣 1 分				
元器件布局	(1)合理量裁 U 形导轨和 PVC 线槽 (2)合理布局电气元器件	10 分	(1)量裁 U 形导轨和 PVC 线槽尺寸、形状不合理扣 3 分 (2)电气元器件布局不合理每处扣 0.5 分				
元器件安装	(1)正确安装 U 形导轨和 PVC 线槽 (2)牢固正确安装主板电气元器件 (3)正确安装主板外围电器设备	20 分	(1)器件安装不牢固每只扣 2 分 (2)器件安装错误每只扣 5 分 (3)安装不合理每只扣 1 分 (4)安装中元件损坏每件扣 15 分				
接线	符合安装工艺要求、接线正确	20 分	(1)错、漏、多接 1 根线扣 5 分 (2)配线不美观、不整齐、不合理，每处扣 2 分 (3)漏接地线扣 10 分 (4)按钮开关颜色接错扣 5 分 (5)主要导线使用错误，每根扣 3 分				
现场安装调试	安全正确地通电试车符合系统要求	20 分	(1)违反规程试车扣 20 分 (2)一次试车不成功扣 15 分 (3)检查后二次试车不成功扣 20 分				
安全生产	安全生产操作规范	20 分	不符合操作规范每次扣 10 分				
日期		地点		总分			

9. 总结与提高

由于机械惯性，三相异步电动机从切除电源到完全停止旋转，需要经过一定的时间，这往往不能满足生产机械要求迅速停车的要求，也影响生产效率的提高。因此应对电动机进行制动控制。制动控制有机械制动和电气制动。所谓的机械制动是用机械装置产生机械力来强迫电动机迅速停车，机械制动又有纯机械装置制动和电磁抱闸制动以及电磁离合器制动等方式，根据制动时有无电源，二者分为得电制动和失电制动两种情况。电气制动是使电动机的电磁转矩方向与电动机旋转方向相反，起制动作用。电气制动有反接制动、能耗制动、再生制动，以及派生的电容制动等。这些制动方法各有特点，适用不同场合。

如图 1-70 为电动机可逆运行反接制动控制电路。图中 KM1、KM2 为电动机正、反转接触器，KM3 为短接制动电阻接触器，KA1、KA2、KA3、KA4 为中间继电器，KS 为速度继电器，其中 KS-1 为正转闭合触点，KS-2 为反转闭合触点。R 电阻为电动机启动时定子串电阻降压启动用，停车时，又作为反接制动电阻。

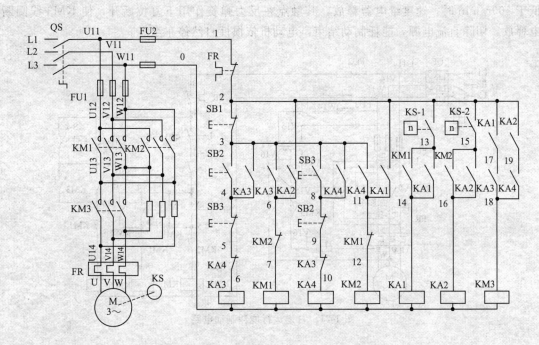

图 1-70　可逆运行反接制动控制电路

电路工作原理：合上电源开关，按下正转启动按钮 SB2，正转中间继电器 KA3 线圈通电并自锁，其常闭触点断开，互锁了反转中间继电器 KA4 线圈电路，KA3 常开触点闭合，使接触器 KM1 线圈通电，KM1 主触点闭合使电动机定子绕组经电阻 R 接通正相序三相交流电源，电动机 M 开始正转降压启动。当电动机转速上升到一定值时，速度继电器正转常开触点 KS-1 闭合，中间继电器 KA1 通电并自锁。这时由于 KA1、KA3 的常开触点闭合，接触器 KM3 线圈通电，于是电阻 R 被短接，定子绕组直接加以额定电压，电动机转速上升到稳定工作转速。

在电动机正转运行状态停车时，可按下停止按钮 SB1，则 KA3、KM1、KM3 线圈相继断电释放，但此时电动机转子仍以惯性高速旋转，使 KS-1 仍维持闭合状态，中间继电器 KA1 仍处于吸合状态，所以在接触器 KM1 常闭触点复位后，接触器 KM2 线圈便通电吸合，其常开主触点闭合，使电动机定子绕组经电阻只获得反相序三相交流电源，对电动机进行反接制动，电动机转速迅速下降，当电动机转速低于速度继电器释放值时，速度继电器常开触点 KS-1 复位，KA1 线圈断电，接触器 KM2 线圈断电释放，反接制动过程结束。

电动机反向启动和反接制动停车控制电路工作情况与上述相似，不同的是速度继电器作用的是反向触点 KS-2，中间继电器 KA2 替代了 KA1，其余情况相同，在此不再复述，由读者自行分析。

如图 1-71 为速度原则控制电动机可逆运行能耗制动电路。图中 KM1、KM2 为电动机正、反转接触器，KM3 为能耗制动接触器，KS 为速度继电器。

电路工作原理：合上电源开关 Q，根据需要按下正转或反转启动按钮 SB2 或 SB3，相应接触器 KM1 或 KM2 线圈通电吸合并自锁，电动机启动旋转，此时速度继电器相应的正向或反向触点 KS-1 或 KS-2 闭合，为停车接通 KM3 实现能耗制动作准备。

　　停车时，按下停止按钮 SB1，电动机定子三相交流电源切除。当按到底时，KM3 线圈通电并自锁，电动机定子接入直流电源进行能耗制动，电动机转速迅速降低，当转速下降到低于 100r/min 时，速度继电器释放，其触点在反力弹簧作用下复位断开，使 KM3 线圈断电释放，切除直流电源，能耗制动结束，电动机依惯性自然停车至零。

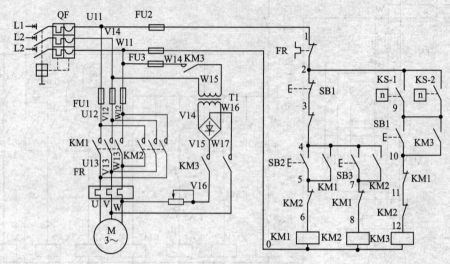

图 1-71　可逆运行能耗制动电路

模块二 初识 S7-200PLC

预备知识

知识一 PLC 的产生与定义

1. 可编程序控制器的产生与发展

在可编程序控制器出现前，工业电气控制领域中，继电器控制占主导地位，它具有结构简单、价格低廉、容易操作等优点，适应于工作模式固定，要求比较简单的场合，应用广泛。

随着工业生产的迅速发展，市场竞争激烈，产品更新换代的周期日趋缩短。由于传统的继电器控制系统存在着设计制造周期长，维修和改变控制逻辑困难等缺点，因此越来越不能适应工业现代化发展的需要，迫切需要新型先进的自动控制装置。于是，1968 年美国通用汽车公司（GM）对外公开招标，要求用新的电气控制装置取代继电器控制系统，以便适应迅速改变生产程序的要求。该公司对新的控制系统提出 10 项指标：

① 编程方便，可现场修改程序。

② 维修方便，采用插件式结构。

③ 可靠性高于继电器控制装置。

④ 体积小于继电器控制盘。

⑤ 数据可直接送入管理计算机。

⑥ 成本可与继电器控制系统竞争。

⑦ 输入可为市电。

⑧ 输出可为市电，容量要求在 2A 以上，可直接驱动接触器等。

⑨ 扩展时原系统改变最少。

⑩ 用户存储器大于 4KB。

这就是著名的"通用 10 条"，它实质上就是现在 PLC 的最基本的功能。其核心要求可归纳为 4 点：计算机代替继电器控制系统；用程序代替硬接线逻辑；输入与输出可以与外部装置直接连接；结构功能易于扩展。

1969 年第一台满足"通用 10 条"的控制器在美国的数字设备公司（DEC）制成，并成功地应用到美国通用汽车公司（GM）的生产线上，它具有继电器控制系统的外部特性，又有计算机的可编程性、通用性和灵活性，可编程序控制器诞生了。

早期的可编程序控制器仅有逻辑运算、定时、计数等一些功能，主要用来取代传统的继电器控制。因此，通常将其称为可编程逻辑控制器（Programmable Logic Controller），简称 PLC。20 世纪 70 年代以来随着微电子技术、自动控制技术和计算机技术的发展，使 PLC 不仅具有逻辑控制功能，还增加了算术运算、数据传送、数据处理、网络功能等。

可编程序控制器自问世以来，发展极为迅速。1971 年，日本开始生产可编程序控制器。1973 年，欧洲开始生产可编程序控制器。到现在世界各国的一些著名的电气工厂几乎都在生产可编程序控制器装置。目前通过增加特殊功能模块，PLC 在逻辑控制、位置伺服控制、过程控制、网络控制等方面大显身手，成为电气控制装置的主导。

2. 可编程序控制器的定义

可编程序控制器是在继电器控制技术、计算机控制技术的基础上开发出来的，并逐渐发展成为以微处理器为核心，把自动化技术、计算机技术、通信技术融为一体的新型工业自动控制装置。由于可编程序控制器一直在发展变化中，因此到目前为止，尚未对其下最后定义。国际电工委员会（IEC）于 1982 年 11 月颁布了可编程序控制器标准草案第一稿，1985 年 1 月发表了第二稿，1987 年 2 月颁布了第三稿。在第三稿草案中，对可编程序控制器定义如下："可编程序控制器是一种数字运算操作的电子系统，专为在工业环境下应用而设计。它采用可编程的存储器，在其内部存储和执行逻辑运算、顺序控制、定时、计数和算术运算等操作的指令，并通过数字式和模拟式的输入和输出，控制各种类型的机械或生产过程。可编程序控制器及其有关外围设备，都应按易于与工业系统联成一个整体，易于扩充其功能的原则设计"。

该定义强调了可编程序控制器是"数字运算操作的电子系统"，即它也是一种计算机。它是"专为在工业环境下应用而设计"的工业计算机。这种工业计算机采用"面向用户的指令"，因此编程方便。它能完成逻辑运算、顺序控制、定时、计数和算术操作，它还具有"数字量或模拟量的输入/输出控制"的能力，并且非常容易与"工业控制系统联成一体"，易于"扩充"。定义还强调了可编程序控制器直接应用于工业环境，它须具有很强的抗干扰能力、广泛的适应能力和应用范围。这也是区别于一般微机控制系统的一个重要特征。

知识二　PLC 的特点与性能

1. PLC 的特点

（1）可靠性高

这是可编程序控制器的最大特点。为了保证较高的可靠性，可编程序控制器在硬件和软件上都采取了一系列措施。

硬件措施：主要模块均采用大规模或超大规模集成电路，大量开关动作由无触点的电子存储器完成，I/O 系统设计有完善的通道保护和信号调制电路；对电源变压器、CPU、编程器等主要部件，采用导电、导磁良好的材料进行屏蔽，以防外界干扰；对供电系统及输入线路采用多种形式的滤波，如 LC 或 π 型滤波网络，以消除或抑制高频干扰，也削弱了各种模块之间的相互影响；对微处理器这个核心部件所需的 +5V 电源，采用多级滤波，并用集成电压调整器进行调整，以适应交流电网的波动和过电压、欠电压的影响；在微处理器与 I/O 电路之间，采用光电隔离措施，有效地隔离 I/O 接口与 CPU 之间电的联系，减少故障和误动作，各 I/O 口之间亦彼此隔离；采用模块式结构，这种结构有助于在故障情况下短时修复，一旦查出某一模块出现故障，能迅速更换，使系统恢复正常工作；同时也有助于加快查找故障原因。

软件措施：软件定期地检测外界环境，如掉电、欠电压、锂电池电压过低及强干扰信号等，以便及时进行处理；当偶发性故障条件出现时，不破坏 PC 内部的信息，一旦故障条件消失，就可恢复正常，继续原来的程序工作，所以，PC 在检测到故障条件时，立即把现状态存入存储器，软件配合对存储器进行封闭，禁止对存储器的任何操作，以防存储信息被冲掉；设置警戒时钟 WDT（看门狗），如果程序每循环执行时间超过了 WDT 规定的时间，预示了程序进入死循环，立即报警；加强对程序的检查和校验，一旦程序有错，立即报警，并停止执行；对程序及动态数据进行电池后备，停电后，利用后备电池供电，有关状态及信息就不会丢失。

目前，PLC 单块模块的平均无故障时间可达百万小时，组成控制系统后其平均无故障时间也可达 4 万～5 万小时。

（2）使用方便，通用性强

PLC 控制系统的构成简单方便。PLC 的 I/O 设备与继电器控制系统类似，但它们可以直接连在 PLC 的 I/O 端。只需将产生输入信号的设备（按钮、开关等）与 PLC 的输入端子连接；将接收输出信号的被控设备（接触器、电磁阀等）与 PLC 的输出端子连接，仅用螺丝刀就可完成全部的接线工作。

PLC 用程序代替了继电器控制中的硬接线，其控制功能是通过软件来完成的，当控制要求改变时只需修改软件程序而不必改变 PLC 的硬件设备。可见，PLC 具有极好的通用性。

（3）功能完善，组合方便

由于 PLC 的产品已经标准化、系列化和模块化，不仅具有逻辑运算、定时、计数、步进等功能，而且还能完成模数（A/D）、数模（D/A）转换、数字运算和数据处理、通信联网、生产过程控制等。PLC 产品具有各种扩展单元，它能根据实际需要，方便地适应各种工业控制中不同输入、输出点数及不同输入、输出方式的系统：既可用于开关量控制，又可用于模拟量控制；既可控制单机、一条生产线，又可控制一个机群、多条生产线；既可用于现场控制，又可用于远程控制。

（4）编程简单，维护方便

目前，大多数 PLC 仍采用"梯形图编程方式"。这种编程方式既继承了传统控制线路的清晰直观，又考虑到大多数工厂企业电气技术人员的读图习惯及编程水平，所以非常容易接受和掌握。梯形图语言的编程元件的符号和表达方式与继电器控制电路原理图相当接近。通过阅读 PLC 的用户手册或短期培训，电气技术人员和技术工人很快就能学会用梯形图编制控制程序。同时还提供了功能图、语句表等编程语言。

PLC 在执行梯形图程序时，用解释程序将它翻译成汇编语言然后执行（PLC 内部增加了解释程序）。与直接执行汇编语言编写的用户程序相比，执行梯形图程序的时间要长一些，但对于大多数机电控制设备来说，是微不足道的，完全可以满足控制要求。

（5）体积小、质量小、功耗低

由于 PLC 采用了大规模集成电路，因此整个产品结构紧凑、体积小、重量轻、功耗低，可以很方便地将其装入机械设备内部，是一种实现机电一体化较理想的控制设备。

（6）减少了控制系统的设计及施工的工作量

由于 PLC 采用了软件来取代继电器控制系统中大量的中间继电器、时间继电器、计数器等器件，控制柜的设计安装接线工作量大为减少。同时，PLC 的用户程序可以在实验室模拟调试，更减少了现场的调试工作量。并且 PLC 的故障率低、较强的监视功能、模块化等特点使维修也极为方便。

2. PLC 的技术性能指标

技术性能指标是用户选择使用 PLC 产品的重要依据。PLC 的制造厂家为了反映其产品详细的技术指标，一般都会列出其所生产的 PLC 的系统规格，它包括硬件指标（一般规格）和软件指标（性能规格）。

（1）I/O 点数

I/O 点数是 PLC 的外部输入、输出端子数量，它表明了 PLC 可接收的输入信号和输出信号的数量。PLC 的输入、输出信号分开关量和模拟量。对于开关量，其 I/O 点数用最大 I/O 点数表示；对于模拟量，I/O 点数用最大 I/O 通道数表示。通常所说的点数是指输入和输出开关量的和。

（2）程序存储容量

用户程序存储容量是衡量 PLC 存储用户程序的一项指标，通常以字节为单位计算。1024 个字节为 1KB。一般中小型的 PLC 用户程序存储容量为 8KB 以下，大型有的可达数兆。有的 PLC 用户程序存储器容量是用步数来表示的，一条指令包含若干步，一步占用一个地址单元，一个地址单元为两个字节。如某 PLC 的内存容量为 4000 步，则可推知其内存为 8KB。

（3）指令总数

指令总数用以表示 PLC 软件功能强弱的主要指标。PLC 的指令条数越多，表明其软件功能越强。

（4）扫描速度

扫描速度反映 PLC 执行用户程序的快慢。可以用执行 1000 步指令所需时间来表示（ms/千步），也可以用执行一条指令的时间来表示（μs/步）。

（5）寄存器

内部寄存器的配置及容量是衡量 PLC 硬件功能的重要指标。PLC 内部有许多寄存器用以存放变量状态、中间结果、定时计数等数据，其数量的多少、容量的大小，直接关系到用户编程时的方便灵活与否。

（6）特殊功能模块

PLC 特殊功能模块的多少及功能的强弱是衡量其技术水平高低的一个重要的指标。PLC 除了基本功能模块外，还配有各种特殊功能模块。基本功能模块实现基本控制功能，特殊功能模块实现某一种特殊的功能。PLC 的特殊功能越多，其系统配置、软件开发就越灵活方便，适应性也就越强。目前已开发出的常用特殊功能模块有：A/D 转换模块、D/A 转换模块、高速计数模块、位置控制模块、速度控制模块、温度控制模块、轴定位模块、远程通信模块及高级语言编程模块等。

（7）编程语言

可编程序控制器采用梯形图、指令表、顺序功能图、功能块图和结构文本等编程语言。不同的可编程序控制器产品可能拥有其中一种、两种或全部的编程方式。常用三种编程方式：梯形图（LAD），指令表（STL），顺序功能图（SFC）。

知识三　PLC 系统的组成

PLC 系统包含硬件系统和软件系统。

1. PLC 的硬件系统

图 2-1 所示为一般小型 PLC 的硬件系统简化框图。PLC 的基本单元主要由中央处理器（CPU）、存储器、I/O 模块、电源模块、通信接口、编程器等部分组成。

（1）CPU

CPU 是整个 PLC 控制的核心，它指挥、协调整个 PLC 的工作。CPU 主要由控制器、运算器组成。CPU 完成的主要功能为：接收并存储从编程器输入的用户程序和数据；用循环扫描的方式采集由现场输入设备送来的状态信号或数据，并存入规定的寄存器中；诊断电源和 PLC 内部电路的工作状态和编程过程中的语法错误等；PLC 进入运行后，从用户程序存储器中逐条读取指令，经分析后再按指令规定的任务产生相应的控制信号，去指挥有关的控制电路；可以接受 I/O 接口发来的中断请求，并进行中断处理，中断处理完毕再返回原址继续执行原来的程序。

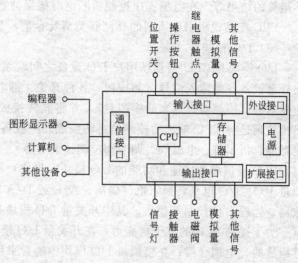

图 2-1 PLC 的控制系统硬件结构示意

PLC 中常用的 CPU 有通用微处理器（如 Z80、8086、80286、80386、80486、80586）、单片机（如 8031、8051）和位片式微处理器（如 AMD2901、AMD2903）。

（2）存储器

存储器是 PLC 记忆或暂存数据的部件，用来存放系统程序、用户程序、逻辑变量及其他一些信息。PLC 的存储器分为系统存储、用户程序存储器、数据存储器。

系统程序存储器：用来存放制造商为用户提供的监控程序、模块化应用功能子程序、命令解释程序、故障诊断程序及其他各种管理程序。程序固化在 ROM 中，用户无法改变。它使可编程序控制器具有基本的功能，能够完成可编程序控制器设计者规定的各项工作。系统程序质量的好坏，很大程度上决定了 PLC 的性能，其内容主要包括三部分：第一部分为系统管理程序，它主要控制可编程序控制器的运行，使整个可编程序控制器按部就班地工作；第二部分为用户指令解释程序，通过用户指令解释程序，将可编程序控制器的编程语言变为机器语言指令，再由 CPU 执行这些指令；第三部分为标准程序模块与系统调用程序，它包括许多不同功能的子程序及其调用管理程序，如完成输入、输出及特殊运算等的子程序，可编程序控制器的具体工作都是由这部分程序来完成的，这部分程序的多少决定了可编程序控制器性能的强弱。

用户程序存储器：专门提供给用户存放程序和数据，它决定了 PLC 的输入信号与输出信号之间的具体关系。其容量一般以字（每个字由 16 位二进制数组成）为单位。用户程序存储器根据所选用的存储器单元类型的不同，可以是 RAM（用锂电池进行掉电保护）、EPROM 或 EEPROM 存储器，其内容可以由用户任意修改或增删。目前较先进的可编程序控制器采用可随时读写的快闪存储器作为用户程序存储器。快闪存储器不需后备电池，掉电时数据也不会丢失。

数据存储器：数据存储器用来存储工作数据，即用户程序中使用的 ON/OFF 状态、数值数据等。在工作数据区中开辟有元件映像寄存器和数据表。其中元件映像寄存器用来存储开关量/输出状态以及定时器、计数器、辅助继电器等内部器件的 ON/OFF 状态。数据表用来存放各种数据，它存储用户程序执行时的某些可变参数值及 A/D 转换得到的数字量和数学运算的结果等。在可编程序控制器断电时能保持数据的存储器区称数据保持区。

PLC 产品说明书中所列的存储器类型及容量，是指用户程序存储器。

（3）I/O 模块

I/O 模块是 CPU 与现场用户 I/O 设备之间联系的桥梁。PLC 的输入模块用以接收和采集外部设备各类输入信号（如按钮、各种开关、继电器触点等送来的开关量；或电位器、测速发电机、传感器等送来的模拟量），并将其转换成 CPU 能接受和处理的数据。PLC 的输出模块则是将 CPU 输出的控制信息转换成外围设备所需要的控制信号去驱动控制元件（如接触器、指示灯、电磁阀、调节阀、调速装置等）。

PLC 提供多种用途和功能的 I/O 模块，供用户根据具体情况来选择。如开关量 I/O、模拟量 I/O、I/O 电平转换、电气隔离、A/D 或 D/A 转换、串/并行变换、数据传送、高速计数器、远程 I/O 控制等模块。其中开关量 I/O 模块是 PLC 中最基本、最常用的接口模块。

为了提高 PLC 的抗干扰能力，在开关量 I/O 模块中广泛采用由发光二极管和光电三极管组成的光电耦合器；在模拟量 I/O 模块中通常采用隔离放大器。

（4）电源模块

电源是整机的能源供给中心。PLC 系统的电源分内部电源和外部电源。PLC 内部配有开关式稳压电源模块，用来将 220V 交流电源转换成 PLC 内部各模块所需的直流稳压电源。小型 PLC 的内部电源往往和 CPU 单元合为一体，大中型 PLC 都有专用的电源模块。

外部电源用于传送现场信号或驱动现场负载，通常由用户另备；内部电源具有很高的抗干扰能力，性能稳定、安全可靠。有些 PLC 的内部电源还能向外提供 24V 直流稳压电源，用于外部传感器供电。

（5）编程器

编程器是对用户程序进行编辑、输入、调试，通过其键盘去调用和显示 PLC 内部的一些状态和系统参数实现监控功能的设备。它是 PLC 最重要的外围设备，是 PLC 不可缺少的一部分。它通过通信接口与 CPU 联系，完成人机对话。一般只是在要输入用户程序和检修时使用编程器，故一台编程器可供多台 PLC 共同享用。

编程器的工作方式有下列三种：

编程方式——编程器在这种方式下可以把用户程序送入 PLC 的内存，也可对原有的程序进行显示、修改、插入、删除等编辑操作。

命令方式——此方式可对 PLC 发出各种命令，如向 PLC 发出运行、暂停、出错复位等命令。

监视方式——此方式可对 PLC 进行检索，观察各个输入、输出点的通、断状态和内部线圈、计数器、定时器、寄存器的工作状态及当前值，也可跟踪程序的运行过程，对故障进行监测等。

编程器一般分为简易型和智能型两类，简易型编程器需要联机工作，且只能输入和编辑语句表程序，但它由 PLC 提供电源，体积小，价格低。智能型编程器，既可联机又可脱机编程；既可用语句表编程又可用梯形图编程，使用起来方便直观，但价格较高。

目前常用的编程器有手持式简易编程器、便携式图形编程器和微型计算机等。

手持式简易编程器：不同品牌、不同型号的 PLC 配备不同型号的专用手持编程器，相互之间互不通用。它们不能直接输入和编辑梯形图程序，只能输入和编辑指令表程序。手持编程器的体积小，价格便宜，一般用电缆与 PLC 连接，常用来给小型 PLC 编程。用于系统的现场调试和维修比较方便。如：三菱 FX 系列 PLC 的手持编程器为 FX-10P-E 或为 FX-20P-E，OMRON C 系列 PLC 的手持编程器为 PRO15，SIEMENS U 系列 S5PLC 的手持编程器为 PG615，NAIS FP 系列 PLC 的手持编程器为 FP PROGRAMMER Ⅱ。

便携式图形编程器：便携式图形编程器可直接进行梯形图程序的编制。不同品牌的 PLC 其图形编程器相互之间不通用。它较手持式简易编程器体积大。其优点是显示屏大，一屏可显示多行梯形图，但由于性价比不高，使它的发展和应用受到了很大的限制。如：SIEMENS PG720 可对 SIMATIC S5 和 SIMATIC S7 系列 PLC 进行编程。

微型计算机编程：用微型计算机编程是最直观、功能最强大的一种编程方式。在微型计算机上可以直接用梯形图编程或指令编程，以及依据机械动作的流程进行程序设计的 SFC（顺序功能图）方式进行编程。而且，这些程序可相互变换。这种方式的主要优点是用户可以使用现有的计算机、笔记本电脑配上编程软件，也很适于在现场调试程序。对于不同厂家和型号的 PLC，只需要使用相应的编程软件就可以了。如：MITSUBISHI FX 系列 PLC 的常用编程软件为 SWOPC-FXGP/WIN-C；OMRON C 系列 PLC 的常用编程软件为 SYS-MAC-CPT；NAIS FP 系列 PLC 的常用编程软件为 FPWIN GR；SIEMENS S7 系列 PLC 的常用编程软件为 STEP 7 等。

目前，许多 PLC 都用微型计算机作为编程工具，只要配上相应的硬件接口和软件包，就可以使用梯形图、语句表等多种编程语言进行编程。由于计算机功能强、显示屏幕大，使程序输入和调试以及系统状态的监控更加方便和直观。

(6) 外设 I/O 接口

PLC 的外围设备还有：EPROM 写入器（用于将用户程序写入到 EPROM 中）、打印机、外存储器（磁带或磁盘）等。外设 I/O 接口的作用就是将这些外设与 CPU 相连。某些 PLC 可以通过通信接口与其他 PLC 或上位计算机连接，以实现通信网络功能。

(7) I/O 扩展接口

当用户的 I/O 设备所需的 I/O 点数超过了主机（基本单元）的 I/O 点数时，就需要用 I/O 扩展单元加以扩展。I/O 扩展接口就是用于扩展单元与基本单元之间的连接，它使得 I/O 点数的配置更为灵活。

(8) 通信接口

通信接口是 PLC 与编程器、计算机、网络、其他控制器和 PLC 通信的接口。

2. PLC 的软件系统

PLC 的软件是指 PLC 工作所使用的各种程序的集合，它包括系统软件和应用软件两大部分。系统软件决定了 PLC 的基本功能，应用软件则规定了 PLC 的具体工作。

(1) 系统软件

系统软件又称系统程序，是由 PLC 生产厂家编制的用来管理、协调 PLC 的各部分工作，充分发挥 PLC 的硬件功能，方便用户使用的通用程序。系统软件通常被固化在 EPROM 中与机器的其他硬件一起提供给用户。有了系统程序才给 PLC 赋予了各种各样的功能，包括 PLC 的自身管理及执行用户程序完成各种工作任务。

通常系统程序有以下功能：系统配置登记和初始化。不同的控制对象、不同的控制过程其 PLC 控制系统的配置各不相同。系统程序在 PLC 上电或复位时首先对各模块进行登记、分配地址，做初始化，为系统管理及运行工作做好准备；系统自诊断：对 CPU、存储器、电源、I/O 模块进行故障诊断测试，若发现异常则停止执行用户程序、显示故障代码，等待处理；命令识别与处理：操作人员通过键盘操作对 PLC 发出各种工作指令，系统程序不断地监视、接收每一个操作指令并加以解释，然后按指令去完成相应操作，并显示结果；编译程序：用户编写的工作程序送入 PLC 后，首先要由系统编译程序对其进行编译，变成 CPU 可以识别执行的指令编码程序后，才被存入用户程序存储器。同时还要对用户输入的程序进行语法检查，发现错误及时提示；标准程序模块及系统调用：厂家为方便用户，常提供一些独立的程序模块，用户需要时只需按调用条件进行调用即可。

（2）应用软件

应用软件又称用户程序，是用户根据实际系统控制需要用 PLC 的编程语言编写的。同一厂家生产的同一型号 PLC 其系统软件是相同的，但不同用户，用于不同的控制对象，解决不同的问题所编写的用户程序则是不同的。

硬件系统和软件系统组成了一个完整的 PLC 系统，它们相辅相成，缺一不可。没有软件支持的 PLC 只是一台裸机，不起任何作用，反之，没有硬件支持，软件也就无立足之地，程序根本无法执行。

知识四　PLC 的工作原理

1. PLC 的工作方式

PLC 是靠执行用户程序来实现控制要求的。PLC 对用户程序的执行采用循环扫描的工作方式。用户根据控制要求编制好的程序输入并存储于 PLC 的用户程序存储器中，用户程序由若干条指令组成，指令在存储器中按序号顺序排列。PLC 开始运行时，CPU 对用户程序作周期性循环扫描，在无跳转指令或中断的情况下，CPU 从第一条指令开始顺序逐条地执行用户程序，直到用户程序结束，然后又返回第一条指令开始新的一轮扫描，并周而复始地重复。在每次扫描过程中，还要完成对输入信号的采集和对输出状态的刷新等工作。

PLC 采用循环扫描的工作方式，这是有别于微型计算机、继电器控制的重要特点。微机一般采用等待命令的工作方式。如常见的键盘扫描方式或 I/O 扫描方式，有键按下或 I/O 动作则转入相应的子程序，无键按下则继续扫描。继电器控制系统将继电器、接触器、按钮等分立电器用导线连接在一起，形成满足控制对象动作要求的控制程序，它采用硬逻辑"并行"运行的方式，在执行过程中，如果一个继电器的线圈得电，那么该继电器的所有常开和常闭的触点，无论接在控制线路的什么位置，都会立即动作，常闭触点断开，常开触点闭合。而 PLC 采用循环扫描的工作方式，在工作过程中，如果某个软继电器的线圈接通，该线圈的所有常开和常闭触点并不一定会立即动作，只有 CPU 扫描到该接点时才会动作，其常闭触点断开，常开触点闭合。也就是说，PLC 在任一时刻只能执行一条指令，是以"串行"方式工作，这样便避免了继电接触器控制的触点竞争和时序失配问题，也正是这个原因，对于初学者在编写程序时，通常原理正确但可编程序控制器却不能执行，有时只要调换梯形图中某些阶梯的位置程序就能执行了。

2. PLC 的工作过程

PLC 的循环扫描工作方式是在系统软件控制下，顺序扫描各输入点的状态，按用户程序进行运算处理，然后顺序向输出点发出相应的控制信号。整个工作过程包含 5 个阶段：自诊断、与编程器等进行通信、输入采样、执行用户程序、输出刷新，如图 2-2 所示。

图 2-2　PLC 的工作过程

① 自诊断：PLC 开始运行，首先执行故障自诊断程序，自检 CPU、存储器、I/O 组件等，发现异常便停机显示出错。若自诊断正常，继续向下扫描。

② 与编程器、计算机等通信：PLC 检查是否有与编程器或计算机的通信请求，若有则进行相应处理。如接收由编程器送来的程序、命令和各种数据，并把要显示的状态、数据、出错信息等发送给编程器进行显示。如有与计算机的通信请求，也在这段时间完成数据的接收和发送任务。

③ 输入采样：PLC 中的 CPU 对各个输入端进行扫描，将所有输入端的输入信号状态读入输入映像寄存器区。这个阶段称输入采样，或称输入刷新。在输入采样结束后，即使输入信号状态发生了改变，输入映像寄存器区中的状态也不会发生改变。输入信号变化了的状态只能在下一个扫描周期的输入采样阶段被读入。

由于，PLC 扫描周期一般仅几十毫秒，两次采样之间的间隔时间很短，对一般的开关量而言，可以认为采样是连续的不会影响对现场信息的反应速度。

④ 执行用户程序：CPU 对用户程序顺序扫描并执行。根据 PLC 梯形图程序扫描原则，PLC 按先左后右，先上后下的步序语句逐句扫描，在扫描每一条指令时，对所需的输入状态 PLC 就从输入映像寄存器"读入"上一阶段采入的对应输入端子状态，从元件映像寄存器"读入"对应元件（"软继电器"）的当前状态，然后按程序进行相应的运算，运算结果再存入输出映像寄存器中。随着程序的执行，输出映像寄存器的内容会不断变化。

如果在程序中使用了中断，与中断事件相关的中断程序就作为程序的一部分存储下来。中断程序并不作为正常扫描周期的一部分来执行，而是当中断事件发生时才执行（中断事件可能发生在扫描周期的任意点上）。

⑤ 输出刷新：当所有指令执行完毕，输出映像寄存器的状态转存到输出锁存器中，并通过 PLC 的输出模块转成被控设备所能接受的信号，驱动外部负载，这是 PLC 的实际输出。这个阶段称输出刷新。刷新后的输出状态一直保持到下一次刷新，同样，两次刷新的间隔仅几十毫秒，即使考虑电路的电气惯性（延迟）时间，仍可认为输出是及时的。

3. PLC 对 I/O 的处理规则

通过对 PLC 的用户程序执行过程的分析，可以总结出 PLC 对输入/输出的处理规则，如图 2-3 所示：输入映像寄存器的状态取决于各输入端子在上一个输入刷新期间的状态；程序执行阶段所需的输入/输出状态，由输入映像寄存器和输出映像寄存器读出；输出映像寄存器的内容由程序中输出指令的执行结果决定；输出锁存器中的内容由上一次输出刷新时输出映像寄存器的状态决定，各输出端子的通断状态由输出锁存器的内容来决定，即：输出映像存储器——随时刷新，输出锁存器——每周期刷新一次。

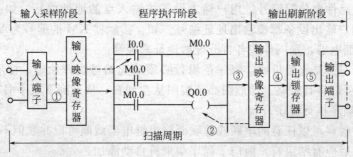

图 2-3　PLC 对输入与输出处理

知识五　PLC 的编程语言

PLC 的控制功能的实现是通过编程语言来实现的。随着可编程序控制器的发展，其编程软件呈现多样化和高级化发展趋势。由于可编程序控制器类型较多，各个不同机型对应编程软件也是有一定的差别，特别是各个生产厂家的可编程序控制器之间，它们的编程软件不能通用，但是同一生产厂家生产的可编程序控制器一般都可以使用。下面简单介绍一下常用的编程语言。

目前还没有一种能适合各种可编程序控制器的通用的编程语言，但是各个可编程序控制器发展过程有类似之处，可编程序控制器的编程语言即编程工具都大体差不多，一般有以下五种。

1. 梯形图（Ladder Diagram）

梯形图是一种以图形符号及图形符号在图中的相互关系表示控制关系的编程语言，它是从继电器控制电路图演变过来的。梯形图将继电器控制电路图进行简化，同时加进了许多功能强大、使用灵活的指令，将微机的特点结合进去，使编程更加容易，而实现的功能却大大超过传统继电器控制电路图，是目前最普通的一种可编程序控制器编程语言，符号的画法应按一定规则，各厂家的符号和规则虽不尽相同，但基本上大同小异，如图 2-4 所示。

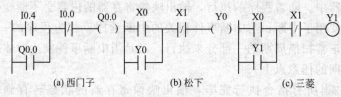

(a) 西门子　　　　　　(b) 松下　　　　　　(c) 三菱

图 2-4　梯形图

梯形图绘制特点：

① 在梯形图中只有动合和动断两种触点，输入触点用以表示用户输入设备的输入信号。当输入设备的触点接通时，对应的输入继电器动作，其常开触点接通，常闭触点断开。当输入设备的触点断开时，对应的输入继电器不动作，其常开触点恢复断开，常闭触点恢复闭合。各种机型中动合触点和动断触点的图形符号基本相同，但它们的元件编号随不同机种、不同位置（输入或输出）而不同。统一标记的触点可以反复使用，次数不限，这点与继电器控制电路中同一触点只能使用一次不同。因为在可编程序控制器中每一触点的状态均存入可编程序控制器内部的存储单元中，可以反复读写，故可以反复使用。

② 梯形图中输出继电器表示方法也不同，有圆圈、括弧和椭圆表示，而且它们的编程元件编号不同，不论哪种产品，输出继电器在程序中只能使用一次。

③ 对电路各元件要分配编号。用户输入设备按输入点的地址编号。如：启动按钮 SB2 的编号为 X1。用户输出设备都按输出地址编号。如：接触器 KM 的编号为 Y1。如果梯形图中还有其他内部继电器，则同样按各自分配的地址来编号。

④ 梯形图最左边是起始母线，每一逻辑行必须从起始母线开始画。梯形图最右边还有结束母线，一般可以将其省略。梯形图必须按照从左到右、从上到下顺序书写，可编程序控制器是按照这个顺序执行程序。

⑤ 梯形图中触点可以任意的串联或并联而输出继电器线圈可以并联但不可以串联。

⑥ 程序结束后应有结束符，西门子程序结束符自动添加。

⑦ 梯形图中输出继电器只对应输出映像区的相应位，不能直接驱动现场设备。

2. 指令表 (Instruction List)

梯形图编程语言优点是直观、简便，但要求用带 CRT 屏幕显示的图形编程器才能输入图形符号。小型的编程器一般无法满足，将程序输入到可编程序控制器中需使用指令语句（助记符语言），它类似于微机中的汇编语言。语句是指令语句表编程语言的基本单元，每个控制功能由一个或多个语句组成的程序来执行。每条语句规定可编程序控制器中 CPU 如何动作的指令，它是由操作码和操作数组成的。操作码用助记符表示要执行的功能，操作数（参数）表明操作的地址或一个预先设定的值。

3. 顺序功能图 (Sequential Chart)

顺序功能图常用来编制顺序控制类程序。它包含步、动作、转换三个要素。顺序功能编程法是将一个复杂的控制过程分解为一些小的控制阶段，并按照控制要求将这些小的阶段连接组合成整体的程序设计方法。顺序功能图法体现了一种编程思想，在程序的编制中具有很重要的意义。在介绍步进梯形指令时将详细介绍顺序功能图编程法。

4. 功能块图 (Function Block Diagram)

功能块图编程语言实际上是用逻辑功能符号组成的功能块来表达命令的图形语言，与数字电路中的逻辑图一样，它极易表现条件与结果之间的逻辑功能。如图 2-5 所示，由图可见，这种编程方法是根据信息流将各种功能块加以组合，是一种逐步发展起来的新式的编程语言，正在受到各种可编程序控制器厂家的重视。

5. 结构文本 (Structure Text)

随着可编程序控制器的飞速发展，如果许多高级功能还是用梯形图来表示，会很不方便。为了增强可编程序控制器的数字运算、数据处理、图表显示、报表打印等功能，方便用户的使用，许多大中型可编程

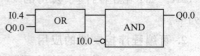

图 2-5 功能块图编程语言图

序控制器都配备了 PASCAL、BASIC、C 等高级编程语言。这种编程方式叫做结构文本。与梯形图相比，结构文本有两个很大优点：其一，是能实现复杂的数学运算；其二，是非常简洁和紧凑。

以上五种编程语言是由国际电工委员会（IEC）1994 年 5 月在可编程序控制器标准中推荐的。对于一款具体的可编程序控制器，生产厂家可在这五种表达方式提供其中的几种编程语言供用户选择。但并不是所有的可编程序控制器都支持全部的五种编程语言。

可编程序控制器的编程语言是可编程序控制器应用软件的工具。它以可编程序控制器输入口、输出口、机内元件之间的逻辑及数量关系表达控制要求，并存储在机内的存储器中，即所谓的"存储逻辑"。

梯形图编程目前依然是应用最广泛的编程语言，因为它与继电—接触器控制线路非常相像，容易学习，使用方便。

知识六　可编程序控制器的分类与应用

1. 可编程序控制器的分类

由于 PLC 的品种、型号、规格、功能各不相同，要按统一的标准对它们进行分类十分困难。通常，按 I/O 点数可划分成大、中、小型三类；按功能强弱又可分为低档机、中档机和高档机三类；按结构分又分为整体式和模块式两类（见图 2-6）；按 PLC 的输出类型有：晶体管、继电器和晶闸管三种输出类型。

(a) S7-200 整体式　　　　(b) S7-300 模块式

图 2-6　PLC 结构

一般，按 I/O 点数分类如下：

① 小型 PLC——I/O 点数＜256 点；单 CPU，8 位或 16 位处理器，用户存储器容量 4K 字以下。如：美国通用电气（GE）公司的 GE-Ⅰ 型，美国德州仪器公司的 TI100，日本三菱电气公司的 F、F1、F2 系列，日本立石公司（欧姆龙）的 C20、C40 系列，德国西门子公司的 S7-200 系列，日本东芝公司的 EX20、EX40 等。

② 中型 PLC——I/O 点数 256～2048 点；双 CPU，用户存储器容量 2～8K。如：德国西门子公司的 SU-5、SU-6、S7-300 系列，日本立石公司的 C-500 系列，GE 公司的 GE-Ⅲ 等。

③ 大型 PLC——I/O 点数＞2048 点；多 CPU，16 位、32 位处理器，用户存储器容量 8～16K。如：德国西门子公司的 S7-400 系列，GE 公司的 GE-Ⅳ 系列，立石公司的 C-2000 系列等。

2. 可编程序控制器的应用

随着 PLC 的性能价格比的不断提高，目前 PLC 在国内外已广泛应用于钢铁、采矿、水泥、石油、化工、电力、机械制造、汽车、装卸、造纸、纺织、环保等各行各业。其应用范围大致可归纳为以下几种：

① 开关量的逻辑控制——这是 PLC 最基本、最广泛的应用领域。它取代传统的继电器控制系统，实现逻辑控制、顺序控制。开关量的逻辑控制可用于单机控制，也可用于多机群控，亦可用于自动生产线的控制等等。

② 运动控制——PLC 可用于直线运动或圆周运动的控制。早期直接用开关量 I/O 模块连接位置传感器和执行机械，现在一般使用专用的运动模块。目前，制造商已提供了拖动步进电机或伺服电机的单轴或多轴位置控制模块。即：把描述目标位置的数据送给模块，模块移动一轴或多轴到目标位置。当每个轴运动时，位置控制模块保持适当的速度和加速度，确保运动平滑。运动的程序可用 PLC 的语言完成，通过编程器输入。

③ 闭环过程控制——PLC 通过模拟量的 I/O 模块实现模拟量与数字量的 A/D、D/A 转换，可实现对温度、压力、流量等连续变化的模拟量的 PID 控制。

④ 数据处理——现代的 PLC 具有数学运算（包括矩阵运算、函数运算、逻辑运算），数据传递、排序和查表、位操作等功能；可以完成数据的采集、分析和处理。数据处理一般用在大中型控制系统中；具有 CNC 功能：把支持顺序控制的 PLC 与数字控制设备紧密结合。

⑤ 通信联网——PLC 的通信包括 PLC 与 PLC 之间、PLC 与上位计算机之间和它的智能设备之间的通信。PLC 和计算机之间具有 RS-232 接口，用双绞线、同轴电缆将它们连成网络，以实现信息的交换。还可以构成"集中管理，分散控制"的分布控制系统。I/O 模块按功能各自放置在生产现场分散控制，然后利用网络联结构成集中管理信息的分布式网络系统。

并不是所有的 PLC 都具有上述的全部功能，有的小型 PLC 只具上述部分功能，但价格比较便宜。

3. 可编程序控制器的发展

PLC 自问世以来，经过 40 多年的发展，在美、德、日等工业发达国家已成为重要的产业之一。世界总销售额不断上升、生产厂家不断涌现、品种不断翻新。产量产值大幅度上升而价格则不断下降。目前，世界上有 200 多个厂家生产 PLC，较有名的：美国的 AB 通用电气、莫迪康公司；日本的三菱、富士、欧姆龙、松下电工等；德国的西门子公司；法国的 TE 施耐德公司；韩国的三星、LG 公司等。

发展动向：

① 产品规模向大、小两个方向发展。大：I/O 点数达 14336 点、32 位微处理器、多 CPU 并行工作、大容量存储器、扫描速度高速化以适应大中型企业提高控制水平的需求。小：由整体结构向小型模块化结构发展，增加配置的灵活性，降低成本提高性价比，以适应小型企业技术改造中的需求。

② PLC 在闭环过程控制中应用日益广泛，现代的可编程序控制器提供专用于模拟量闭环控制的 PID 指令和智能 PID 模块，一些 PLC 还具有了模糊控制、自适应控制和参数自整定功能，使调整时间减少，控制精度提高。

③ 不断加强通信联网功能。PLC 的通信联网功能可以使 PLC 与 PLC 之间、与计算机之间能够进行数字信息交换，形成一个统一的整体，实现集中控制和分散控制。

④ 新器件和模块不断推出。高档的 PLC 除了主要采用 CPU 以提高处理速度外，还有带处理器的智能 I/O 模块、高速计数模块、远程 I/O 模块等专用化模块。

⑤ 编程工具丰富多样，功能不断提高，编程语言趋向标准化。有各种简单或复杂的编程器及编程软件，采用梯形图、功能图、语句表等编程语言，亦有高档的 PLC 指令系统。

⑥ 追求软硬件的标准化。PLC 的软硬件的体系结构是封闭的，这使各厂家的模块互不通用，软件互不兼容。PLC 的软硬件的标准化有利于客户和厂商的利益趋于最大化。

知识七 西门子 S7-200 的结构与接线

可编程序控制器的产品很多，不同厂家、不同系列、不同型号的 PLC，功能和结构均有所不同，但工作原理和组成基本相同。西门子（SIEMENS）公司应用微处理器技术生产的 SIMATIC 可编程序控制器主要有 S5 和 S7 两大系列。目前，前期的 S5 系列 PLC 产品已被新研制生产的 S7 系列所替代。S7 系列以结构紧凑、可靠性高、功能全等优点，在自动控制领域占有重要地位。

SIMATIC S7 系列 PLC 又分为 S7-400、S7-300 和 S7-200 三个子系列，分别为 S7 系列的大、中、小（微）型 PLC 系统。小型可编程控制器应用广泛，结构简单，使用方便，尤其适合初学者学习掌握。

S7-200 系列 PLC 有 CPU 21X 和 CPU 22X 两代产品，其中 CPU 22X 型 PLC 有 CPU 221，CPU222，CPU 224 和 CPU 226 四种基本型号。对于每个型号，西门子提供 DC(24V) 和 AC(120~220V) 两种供电的 CPU 类型。一般来讲 PLC 的输出类型有：晶体管、继电器和晶闸管三种输出方式，而对 S7-200 的 4 种 CPU 只有晶体管输出和继电器输出两种类型。如 CPU224 DC/DC/DC 和 CPU224 AC/DC/Relay，其含义如下：

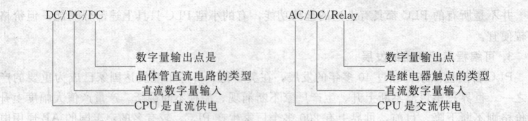

DC/DC/DC

> └─── 数字量输出点是
> └─── 晶体管直流电路的类型
> └─── 直流数字量输入
> └─── CPU 是直流供电

AC/DC/Relay

> └─── 数字量输出点
> └─── 是继电器触点的类型
> └─── 直流数字量输入
> └─── CPU 是交流供电

1. S7-200 CPU224 系列 PLC 的构成

西门子 S7-200PLC 的硬件系统主要包括：基本单元、扩展单元、编程器、编程电缆等外设。

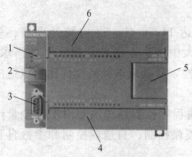

图 2-7　CPU224 外形结构

1—状态指示灯；2—存储卡接口；3—通信接口；4—输入端子；5—前盖；6—输出端子

（1）基本单元

基本单元的外形如图 2-7 所示，各组成部分的作用：状态指示灯 LED 显示 CPU 所处的工作状态指示；存储卡接口可以插入存储卡；通信接口可以连接 RS-485 总线的通信电缆；顶部端子盖下边为输出端子和 PLC 供电电源端子，输出端子的运行状态可以由顶部端子盖下方一排指示灯显示，ON 状态对应的指示灯亮；底部端子盖下边为输入端子和传感器电源端子，输入端子的运行状态可以由底部端子盖上方一排指示灯显示，ON 状态对应的指示灯亮；前盖下面有运行、停止开关和扩展接口模块插座，将开关拨向停止位置时，可编程序控制器处于停止状态，此时可以对其编写程序，将开关拨向运行位置时，可编程序控制器处于运行状态，此时不能对其编写程序，将开关拨向监控状态，可以运行程序，同时还可以监视程序运行的状态，扩展接口插座用于连接扩展模块实现 I/O 扩展。

（2）扩展模块

扩展模块的功能是用来增加 I/O 点数，当基本单元的点数不够用时，通过增加扩展模块就能增加输入、输出点的数量来满足需要。

（3）编程器

S7-200 使用 STEP7-Micro/WIN V4.0 版本图形编程器，实现程序的编辑、修改、下载、PLC 工作方式的改变、监控 PLC 程序的运行状态。

（4）编程电缆

编程电缆外形如图 2-8 所示，主要实现 RS485 和 RS232 接口的转换。S7-200 的通信口为 RS485，计算机提供 RS232 接口，为了实现编程

图 2-8　编程电缆外形

器与 PLC 的通信，必须利用编程电缆来连接计算机和 PLC，实现编程器与 PLC 的通信。

2. S7-200 的主要性能指标

S7-200 的主要性能指标如表 2-1 所示。

3. S7-200 输入、输出规范

S7-200 的输入输出规范见表 2-2 和表 2-3。在使用 PLC 时特别注意：如果输入触点和扩展模块采用 PLC 提供的电源供电，如果计算的输入点消耗的电流和扩展模块消耗的电流超过了其供电能力，必须提供额外的电源；对于输出注意其触点的额定电流和额定电压。

表 2-1 S7-200 的主要性能指标

特 性		CPU221	CPU222	CPU224	CPU226	CPU226XM
程序存储区/KB字节		4	4	8	8	16
数据存储区/KB字节		2	2	5	5	10
掉电保持时间/h		50	50	190	190	190
本机 I/O 点数		6/4	8/6	14/10	24/16	24/16
扩展模块数量		0	2	7	7	7
高速计数器	单相/kHz	30(4 路)	30(4 路)	30(6 路)	30(6 路)	30(6 路)
	双相/kHz	20(2 路)	20(2 路)	20(4 路)	20(4 路)	20(4 路)
脉冲输出(DC)/kHz		20(2 路)	20(2 路)	20(2 路)	20(2 路)	20(2 路)
模拟电器		1	1	2	2	2
实时时钟		配时钟卡	配时钟卡	内置	内置	内置
通信口		1RS-485	1RS-485	1RS-485	2RS-485	2RS-485
浮点数运算		有	有	有	有	有
支持的通信协议		PPI MPI 自由口	PPI MPI 自由口 Profibus DP			
模拟量映像区		0	16 入/16 出	32 入/32 出		
I/O映像区		256(128 入/128 出)				
定时器		256 个				
计数器		256 个				
编程软件		STEP7-Micro/WIN V4.0				
布尔指令执行速度		0.37μs/指令				

表 2-2 S7-200 输入规范

型 号	尺 寸	功耗/W	供电能力/mA		备 注
			+5V DC	+24V DC	
CPU 221 DC/DC/DC	90×80×62	3	0	180	
CPU 221 AC/DC/Relay	90×80×62	6	0	180	
CPU 222 DC/DC/DC	90×80×62	5	340	180	
CPU 222 AC/DC/Relay	90×80×62	7	340	180	24V DC 输入点每
CPU 224 DC/DC/DC	120.5×80×62	7	660	280	点消耗电流为 4mA
CPU 224 AC/DC/Relay	120.5×80×62	10	660	280	
CPU 226 DC/DC/DC	190×80×62	11	1000	400	
CPU 226 AC/DC/Relay	190×80×62	17	1000	400	

表 2-3 S7-200 输出规范

常 规	24V DC 输出	继电器输出	常 规	24V DC 输出	继电器输出
额定电压	24V DC	24V DC 或 250V AC	每个公共端的额定电流	6A	10A
			最大漏电流	10μA	无
电压范围	20.4~28.8V DC	5~30V DC 或 5~250V AC	灯负载	5W	30W DC 200W AC
浪涌电流最大	8A 100ms	5A 4ms	接通电阻	0.3~0.6Ω	0.2Ω
每点额定电流	0.75A	2A			

4. 常用数字量扩展模块性能指标

常用数字量扩展模块性能指标如表 2-4 所示。

表 2-4　常用数字量扩展模块性能指标

型号	名称	点数	输入规范、输出规范	耗电
EM221	DC/	8 点	24V DC/4mA	5V DC 耗电 30mA
EM222	/DC	8 点	24V DC 0.75A/点	5V DC 耗电 50mA
	/Relay	8 点	5～30V DC 5～250V AC 输出 电流：2.0A/点	5V DC 耗电 40mA
EM223	DC/DC	4/4	24V DC/4mA 标准 24V DC　0.75A/点	5V DC 耗电 40mA
		8/8		5V DC 耗电 80mA
		16/16		5V DC 耗电 150mA
	DC/Ralay	4/4	5～30V DC5～250V AC 输出 电流：2.0A/点	5V DC 耗电 40mA
		8/8		5V DC 耗电 80mA
		16/16		5V DC 耗电 150mA

5. S7-200 开关量输入、输出电路结构

（1）开关量输入电路

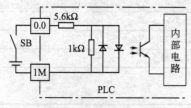

图 2-9　开关量输入电路

直流开关量输入电路的结构如图 2-9 所示，输入的直流电源可由用户提供，也可由 PLC 自身提供，一般 8 路输入共用一个公共端，现场的输入开关信号经过光电隔离、滤波，然后送入输入缓冲器等待 CPU 采样，每路输入信号均有 LED 显示，以指明信号是否到达 PLC 的输入端子。当按钮闭合时，输入电路接通，在输入刷新阶段在输入映像寄存器区写入 1，当按钮断开，输入电路断开，在输入刷新阶段在输入映像寄存器区写入 0。

（2）开关量输出电路

开关量输出电路如图 2-10 所示。继电器输出电路可以接交直流负载，但受继电器触点开关速度低的限制，只能满足低速控制要求。为了延长触点寿命，对直流感性负载并联续流二极管，对交流感性负载并联 RC 高压吸收电路。继电器输出触点是受程序控制实现通断。

晶体管输出只能接直流负载，开关速度高，适合高速控制的场合。

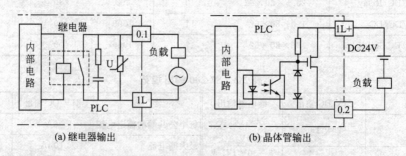

(a) 继电器输出　　　　　　　(b) 晶体管输出

图 2-10　开关量输出电路

6. CPU224 AC/DC/Relay 接线

CPU224 AC/DC/Relay 接线如图 2-11 所示。

DC 输入端由 1M、0.0、0.1、0.2、0.3、0.4、0.5、0.6、0.7 为第 1 组，2M、1.0、1.1、1.2、1.3、1.4、1.5 为第 2 组，1M、2M 分别为各组的公共端。

24V DC 的负极接公共端 1M 或 2M。输入开关的一端接到 24V DC 的正极，输入开关的另一端连接到 CPU224 各输入端。

继电器输出端由 3 组构成，其中 N(一)、1L、0.0、0.1、0.2、0.3 为第 1 组，N(一)、2L、0.4、0.5、0.6 为第 2 组，N(一)、3L、0.7、1.0、1.1 为第 3 组。各组的公共端为 1L、2L 和 3L。

第 1 组负载电源的一端接负载的 N(一) 端，电源的另外一端 L(+) 接继电器输出端的 1L 端。负载的另一端分别接到 CPU224 各个继电器输出端子。第 2 组、第 3 组的接线与第 1 组相似。

N 和 L1 侧接交流电源（85~240V AC），L(+) 为 PLC 输出直流电源的正极，M 为输出直流电源的负极。

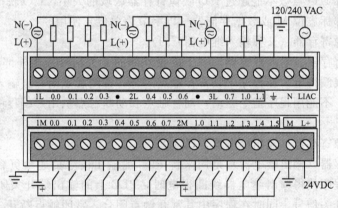

图 2-11 CPU 224 AC/DC/Relay 接线

输入接线时要注意以下几点：

① PLC 对输入器件的通、断变化的响应都有约几十毫秒的"滞后时间"，而接通与断开的脉冲信号宽度应大于 PLC 的"扫描周期"。也就是说，"开关接通或断开"这一动作的持续时间应大于"滞后时间"与"扫描周期"的总和，否则会出现"失控"现象。

② 切不可将输入公共端和输出公共端相接在一起。

③ 输入、输出线要分开敷设，不可用同一根电缆。

④ 输入线一般不要超过 30m。如果环境干扰少、电压降不太大时，可适当长一些。

在输出接线中应特别注意以下几点：

① PLC 的输出接线端一般采用公共输出形式，即几个输出端子构成一组（通常 4 个为一组），共用一个 COM 端。不同组的 COM 端，内部并联在一起。不同组可以采用不同的电源；同一组中必须采用同一电源。不管在什么情况下，流入输出端的最大电流不应超过 PLC 的极限值，否则，必须外接接触器或继电器，PLC 才能正常工作。当然，如果负载低于规定的最小值时，应并联一个阻容吸收电路（$0.1\mu F$ 电容，5Ω 电阻）。

② 由于 PLC 的输出元件被封装在 PLC 内的印制电路板上，若负载短路，将烧毁印制电路板。直流电输出装有适合大多数应用程序的内装保护设备。由于继电器可用于直流电或交流电负载，因而不提供内装保护设备，因此，要在 PLC 的输出回路中用熔断丝保护 PLC 的输出元件。

③ 电感性负载由于短路时有很大的自感电动势，所以必须在电感线圈上并联一个泄放二极管或 RC 回路。

④ PLC 的输出负载可能产生噪声干扰，需要采取适当的抑制措施。

⑤ 对于能给用户造成危险的负载，除了在控制程序中加以考虑外，应设计外部紧急停车电路，以使 PLC 在发生故障时能将负载迅速切断。

⑥ 交流输出线与直流输出线不要用同一根电缆，输出线应远离高压线和动力线，避免并行。

知识八 CPU224 的编程软元件

1. 输入/输出映像寄存器

输入/输出映像寄存器都是以字节为单位的寄存器，它们的每 1 位对应一个数字量输入/输出接点。不同型号主机的输入/输出映像寄存器区域大小和 I/O 点数参考主机技术性能指标。扩展后的实际 I/O 点数不能超过 I/O 映像寄存器区域的大小，I/O 映像寄存器区域未用的部分可当做内部标志位 M 或数据存储器（以字节为单位）使用。

（1）输入映像寄存器（又称输入继电器）（I）

在输入映像寄存器（输入继电器）用于接收外部的开关信号。当外部的开关信号闭合，则输入继电器的线圈得电，在程序中其常开触点闭合，常闭触点断开。输入继电器线圈只能由外部信号驱动，不能用程序指令驱动，动合触点和动断触点供用户编程使用。使用次数不受限制。

（2）输出映像寄存器（输出继电器）（Q）

输出映像寄存器（输出继电器）是用来将 PLC 的输出信号传递给负载，只能用程序指令驱动。当通过程序使得输出继电器线圈得电时，PLC 上的输出端开关闭合，它可以作为控制外部负载的开关信号。同时在程序中其常开触点闭合，常闭触点断开。这些触点可以在编程时任意使用，使用次数不受限制。

2. 内部标志位存储器（M）

内部标志位（M）如同继电控制接触系统中的中间继电器，作为控制继电器（又称中间继电器），用来存储中间操作数或其他控制信息。在 PLC 中没有输入输出端与之对应，因此内部标志位存储器的线圈不直接受输入信号的控制，其触点不能驱动外部负载。

3. 特殊标志位存储器（SM）

SM 存储器提供了 CPU 与用户程序之间信息传递的方法，用户可以使用这些特殊标志位提供的信息控制 S7-200 CPU 的一些特殊功能。特殊标志位可以分为只读区和读/写区两大部分。

4. 变量存储器（V）

变量存储器 V 用以存储运算的中间结果，也可以用来保存与工序或任务相关的其他数据，如模拟量控制，数据运算，设置参数等。

5. 顺序控制继电器（S）

顺序控制继电器 S 又称状态元件，用来实现顺序控制和步进控制。

6. 局部变量存储器（L）

局部存储器（L）和变量存储器（V）很相似，主要区别在于局部存储器（L）是局部有效的，变量存储器（V）则是全局有效。全局有效是指同一个存储器可以被任何程序（如主程序，中断程序或子程序）存取，局部有效是指存储区和特定的程序相关联。

7. 定时器（T）

PLC 中定时器的作用相当于时间继电器，用于延时控制。S7-200 CPU 中的定时器是对内部时钟累计时间增量的设备。

8. 计数器（C）

计数器主要用来累计输入脉冲个数。其结构与定时器相似。S7-200 CPU 提供有 3 种类型的计数器，一种增计数；一种减计数；另一种增/减计数。

9. 高速计数器（HC）

CPU 22X PLC 提供了 6 个高速计数器（每个计数器最高频率为 30kHz）用来累计比 CPU 扫描速率更快的事件。高速计数器的当前值为双字长的符号整数，且为只读值。

10. 累加器（AC）

累加器是用来暂存数据的寄存器，可以同子程序之间传递参数，以及存储计算结果的中间值。S7-200 CPU 中提供了 4 个 32 位累加器 AC0～AC3。

11. 模拟量输入/输出映像寄存器（AI/AQ）

S7-200 的模拟量输入电路将外部输入的模拟量（如温度、电压）等转换成 1 个字长（16 位）的数字量，存入模拟量输入映像寄存器区域，可以用区域标志符（AI）、数据长度（W）及字节的起始地址来存取这些值。因为模拟量为 1 个字长，起始地址定义为偶数字节地址，如 AIW0，AIW2，…，AIW62，共有 32 个模拟量输入点。模拟量输入值为只读数据。

S7-200 模拟量输出电路将模拟量输出映像寄存器区域的 1 个字长（16 位）数字值转换为模拟电流或电压输出。可以用标识符（AQ）、数据长度（W）及起始字节地址来设置。因为模拟量输出数据长度为 16 位，起始地址也采用偶数字节地址，如 AQW0，AQW2……AQW62，共有 32 个模拟量输出点。用户程序只能给输出映像寄存器区域置数，而不能读取。

知识九　S7-200 数据类型及寻址方式

1. 数据类型

（1）数据长度

S7-200 中使用的都是二进制数，其最基本的存储单位是位（bit），8 位二进制数组成 1 个字节（Byte），其中的第 0 位为最低位（LSB），第 7 位为最高位（MSB）。两个字节（16 位）组成 1 个字（Word），两个字（32 位）组成 1 个双字（Double word）。把位、字节、字和双字占用的连续位数称为数据长度。

二进制数的"位"只有 0 和 1 两种的取值，开关量（或数字量）也只有两种不同的状态，如触点的断开和接通，线圈的失电和得电等。在 S7-200 梯形图中，可用"位"描述它们，如果该位为 1 则表示对应的线圈为得电状态，触点的状态发生转换（常开触点闭合、常闭触点断开）；如果该位为 0，则表示对应线圈，触点的状态与前者相反。

（2）数据类型及数据范围

S7-200 系列 PLC 的数据类型可以是字符串、布尔型（0 或 1）、整数型和实数型（浮点数）。整数型数包括有符号整数和无符号整数。实数型数据采用 32 位单精度数来表示。数据类型、长度及数据范围如表 2-5 所示。

表 2-5　数据类型、长度及数据范围

数据的长度类型	无符号整数范围		符号整数范围	
	十进制	十六进制	十进制	十六进制
字节 B	0～255	0～FF	−128～127	80～7F
字 W	0～65535	0～FFFF	−32768～32767	8000～7FFF
双字 D	0～4294967295	0～FFFFFFFF	−2147483648～2147483647	800000～7FFFFFFF
位	0,1			
实数	1.175495E−38～3.402823E+38(正数)−1.175495E−38～−3.402823E+38(负数)			
字符串	每个字符串以字节形式存储,最大长度为 255 个字节,第一个字节中定义该字符串的长度			

（3）常数

S7-200 的许多指令中常会使用常数。常数的数据长度可以是字节、字和双字。CPU 以二进制的形式存储常数,书写常数可以用二进制、十进制、十六进制、ASCII 码或实数等多种形式。书写格式如下：

十进制常数：1234；十六进制常数：16#3AC6；二进制常数：2#1010 0001 1110 0000 ASCII 码："Show"；实数（浮点数）：+1.175495E-38(正数)，−1.175495E-38(负数)

2. 编址方式

可编程控制器的编址就是对 PLC 内部的元件进行编码,以便程序执行时可以唯一地识别每个元件。PLC 内部在数据存储区为每一种元件分配一个存储区域,并用字母作为区域标志符,同时表示元件的类型。如：数字量输入写入输入映像寄存器（区标志符为 I）,数字量输出写入输出映像寄存器（区标志符为 Q）,模拟量输入写入模拟量输入映像寄存器（区标志符为 AI）,模拟量输出写入模拟量输出映象寄存器（区标志符为 AQ）,V 表示变量存储器,M 表示内部标志位存储器,SM 表示特殊标志位存储器,L 表示局部存储器,T 表示定时器,C 表示计数器,HC 表示高速计数器,S 表示顺序控制存储器,AC 表示累加器。

存储器的单位可以是位（bit）、字节（Byte）、字（Word）、双字（Double Word）,那么编址方式也可以分为位、字节、字、双字编址。字节地址十进制数,位地址八进制数。

（1）位编址

位编址的指定方式为：（区域标志符）字节号. 位号,如 I0.0、Q0.0、I1.2。

（2）字节编址

字节编址的指定方式为：（区域标志符）B（字节号）,如 IB0 表示由 I0.0～I0.7 这 8 位组成的字节。

（3）字编址

字编址的指定方式为：（区域标志符）W（起始字节号）,且起始字节为最高有效字节位。例如 VW0 表示由 VB0 和 VB1 这 2 字节组成的字,VB0 为高 8 位字节地址。

（4）双字编址

双字编址的指定方式为：（区域标志符）D（起始字节号）,且最高有效字节为起始字节。例如 VD0 表示由 VB0 到 VB3 这 4 字节组成的双字,VB0 为高 8 位字节地址。

3. 寻址方式

（1）直接寻址

直接寻址是在指令中直接使用存储器或寄存器的元件名称（区域标志）和地址编号,直接到指定的区域读取或写入数据。有按位、字节、字、双字的寻址方式。

（2）间接寻址

间接寻址时操作数并不提供直接数据位置,而是通过使用地址指针来存取存储器中的数据。在 S7-200 中允许使用指针对 I、Q、M、V、S、T、C（T，C 仅当前值）存储区进行间接寻址。

使用间接寻址前，要先创建一指向该位置的指针。指针为双字（32 位），存放的是另一存储器的地址，只能用 V、L 或累加器 AC（AC1、AC2、AC3）作指针。生成指针时，要使用双字传送指令（MOVD），将数据所在单元的内存地址送入指针，双字传送指令的输入操作数开始处加 & 符号，表示某存储器的地址，而不是存储器内部的值。指令输出操作数是指针地址。

例 1　MOVD & VB200，AC1 指令就是将 VB200 的地址送入累加器 AC1 中。

指针建立好后，利用指针存取数据。在使用地址指针存取数据的指令中，操作数前加"＊"号表示该操作数为地址指针。

例 2　MOVW ＊ AC1 AC0 // MOVW 表示字传送指令，指令将 AC1 中的内容为起始地址的一个字长的数据（即 VB200，VB201 内部数据）送入 AC0 内。如图 2-12 所示。

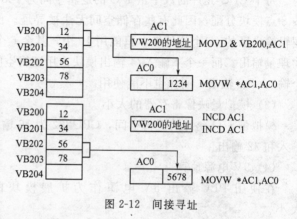

图 2-12　间接寻址

连续的存储数据时，通过修改指针后可以很容易的存取相邻地址的数据。简单的数学运算指令都可以修改指针。在修改指针时要分清楚存取数据的长度，存取字节时，指针加 1，存取字时，指针加 2，存取双字时，指针加 4。

4. S7-200 软元件的寻址特性

S7-200 软元件的寻址特性如表 2-6 所示。

表 2-6　S7-200 软元件的寻址特性

软元件	寻址范围				字节	备注
	CPU221	CPU222	CPU224	CPU226		
I	I0.0～I15.7				16	
Q	Q0.0～Q15.7				16	
V	VB0～VB2047	VB0～VB2047	VB0～VB8191	VB0～VB10239		位、字节、字、双字寻址 SMB0～SMB29 为只读空间
L	L0.0～L63.7				64	
M	M0.0～M31.7				31	
SM	SMB0～SMB179	SMB0～SMB299	SMB0～SMB549	SMB0～SMB549		
S	S0.0～S31.7				32	
T	256(T0～T255)					位、字寻址
C	256(C0～C255)					位、字寻址
HC	HC0 HC3 HC4 HC5	HC0 HC3 HC4 HC5	HC0 HC1 HC2 HC3 HC4 HC5	HC0 HC1 HC2 HC3 HC4 HC5		双字寻址
AC	AC0 AC1 AC2 AC3					字节、字、双字寻址
AI	无	AIW0～AIW30	AIW0～AIW62	AIW0～AIW62		字寻址(只读)
AQ	无	AQW0～AQW30	AQW0～AQW62	AQW0～AQW62		字寻址(只写)

5. S7-200 的配置

在配置 S7-200 系统时注意以下几点。

（1）模块的数量

CPU221 不能扩展，CPU222 最多有 2 个扩展模块，CPU224、CPU226 最多有 7 个扩展模块，且 7 个模块中最多能有 2 个智能扩展模块。

（2）数字量映像寄存器的大小

每个 CPU 允许的数字量 I/O 的逻辑空间为 128 个输入和 128 个输出。由于该逻辑空间按 8 点模块分配，因此有些存储空间无法被寻址。例如 CPU224 有 10 个输出点，但它占用逻辑输出区的 16 个位地址，只能用 10 个，其余 6 个不能使用，但可以做标志位用，不能有物理量输出。而一个 4 输入/4 输出模块占用逻辑空间的 8 个输入点和 8 个输出点，会空余 4 个输入/4 个输出，同样也不能使用。

（3）模拟量映像寄存器的大小

模拟量 I/O 允许的逻辑空间，CPU222 为 16 输入和 16 输出，CPU224 和 CPU226 为 32 输入和 32 输出。

（4）5V 电源预算

在使用 PLC 输出 5V 电源作为扩展模块的电源时，注意其电源输出电流的大小。

（5）I/O 分配原则

S7-200 系列 PLC 的每种类型的 CPU 模块提供的主机 I/O 地址是固定的，当需要扩展时，可将 I/O 扩展模块接到 CPU 右侧，每个扩展模块的地址由 I/O 类型和位置决定。分配原则：从 CPU 算起 I/O 地址从左到右按由小到大的规律自动排列。

例 3　如果扩展单元是由 1 个 16 点数字量输入/16 点数字量输出的 EM223 模块构成。CPU222 可以提供 5V DC 电流 340mA，而 EM223 模块耗 5V DC 总线电流 150mA/160mA。扩展模块消耗的 5V DC 总电流小于 CPU222 可以提供 5V DC 电流，所以这种配置（组态）是可行的。

地址分配：

CPU222 基本单元的 I/O 地址：I0.0、I0.1…I0.7；Q0.0、Q0.1…Q0.5。

扩展单元 EM223 的 I/O 地址：I1.0、I1.1 … I1.7；I2.0、I2.1 … I2.7；Q1.0、Q1.1…Q1.7；Q2.0、Q2.1…Q2.7。

由 CPU224 组成的扩展配置可以由 CPU224 基本单元和最多 7 个扩展模块组成，CPU224 可以向扩展单元提供的 5V DC 电流为 660mA。

例 4　如果扩展单元是由 2 个 8 点数字量输入/8 点数字量继电器输出的 EM223 模块（40mA），1 个 4 模拟量输入模块 EM231（20mA），1 个 8 点数字量输入的 EM221（30mA）模块构成，试分配地址，并验证组态的可行性。

CPU224 可以提供 5V DC 电流 660mA。模块消耗的电流 130mA（40×2＋20＋30），可见扩展模块消耗的 5V DC 总电流小于 CPU224 可以提供 5V DC 电流。故这种组态还是可行的。此系统共有 38 点输入，26 点输出，4 个模拟量输入。如果扩展模块的连接顺序是从 CPU224 开始，分别为 2 个 EM223 模块，1 个 EM231，1 个 EM221。

地址分配如表 2-7 所示。

表 2-7 地址分配

CPU224	EM223	EM223	EM231	EM221
I0.0 Q0.0	I2.0 Q2.0	I3.0 Q3.0	AIW0	I4.0
I0.1 Q0.1	I2.1 Q2.1	I3.1 Q3.1	AIW1	I4.1
I0.2 Q0.2	I2.2 Q2.2	I3.2 Q3.2	AIW2	I4.2
I0.3 Q0.3	I2.3 Q2.3	I3.3 Q3.3	AIW3	I4.3
I0.4 Q0.4	I2.4 Q2.4	I3.4 Q3.4		I4.4
I0.5 Q0.5	I2.5 Q2.5	I3.5 Q3.5		I4.5
I0.6 Q0.6	I2.6 Q2.6	I3.6 Q3.6		I4.6
I0.7 Q0.7	I2.7 Q2.7	I3.7 Q3.7		I4.7
I1.0 Q1.0				
I1.1 Q1.1				
I1.2				
I1.3				
I1.4				
I1.5				

知识十　S7-200 基本指令

1. 基本概念

(1) 触点

在 PLC 的梯形图中使用触点的形式有标准的常开触点和常闭触点，如表 2-8 所示，其特点与继电器特点一样，只是 PLC 梯形图的触点是软元件，只有输入输出（I/Q）有接线，其他没有。在梯形图中使用触点时，还应给出触点的地址（位地址）来区分触点的归属，而继电器逻辑的触点是物理接线，在使用时通过不同的字母数字组合加以区分。

表 2-8 标准触点

类型	常开触点	常闭触点	特　点	备　注
梯形图	bit ⊣├	bit ⊣/├	使用的数量不受限制仅 I/Q 需要接线	指线圈未通电时触点的状态 bit 位地址
继电器逻辑	KA1	KA2	触点的数量由控制电器提供的数量决定，使用时需要接线	指线圈未通电时触点的状态 KA1 触点的归属

(2) 线圈与指令盒

PLC 中的输出形式有线圈和指令盒两种，对输出继电器 Q、辅助继电器 M、SM 等元件是以线圈的形式输出，如图 2-13(a) 所示，bit 为位地址，而定时器、计数器和部分功能指令用指令盒输出，如图 2-13(b) 所示，指令盒是个矩形，左右两侧有输入、输出信号的接口，上方有指令的地址（有的指令无地址），内部为输入、输出信号的功能和指令功能。

(3) 网络（network）

网络（network）是西门子编程软件中一个特殊标记，一个梯形图由多个网络组成，一个网络是个独立的逻辑块，是独立的一行，一个网络始于左母线，终于右母线，这是判定网络的标志。

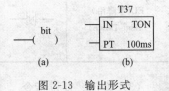

图 2-13 输出形式

2. 基本逻辑指令

(1) 标准触点指令

标准触点逻辑指令的功能、梯形图和指令表如表 2-9 所示。

表 2-9   标准触点逻辑指令

指 令	功 能	用 法	举 例
LD（LoaD）装入常开触点	在梯形图中，每个从左母线开始的单一逻辑行、每个程序块的开始、指令盒的输入端必须使用 LD 和 LDN 这两条指令。以常开触点开始时用 LD 指令，以常闭触点开始时则用 LDN 指令。本指令对各类内部编程元件的常开触点都适用。指令的操作数为：I、Q、M、SM、T、C、V、S	用法：LD bit；例：LD I0.2	I0.2
LDN（LoaD Not）装入常闭触点		用法：LDN bit；例：LDN I0.2	I0.2
A（And）与常开触点串联	在梯形图中表示串联连接单个常开触点指令可连续使用 指令的操作数为：I、Q、M、SM、T、C、V、S	用法：A bit；例：A M0.2	Q0.2 M0.2
AN（And not）与常闭触点串联	在梯形图中表示串联连接单个常闭触点指令可连续使用 指令的操作数为：I、Q、M、SM、T、C、V、S	用法：AN bit；例：AN L0.2	T33 L0.2
O（Or）触点并联指令	在梯形图中表示并联连接一个常开触点指令的操作数为：I、Q、M、SM、T、C、V、S	用法：O bit；例：O SM0.0	I0.2 / SM0.0
ON（Or Not）触点并联指令	在梯形图中表示并联连接一个常闭触点指令的操作数为：I、Q、M、SM、T、C、V、S	用法：ON bit；例：ON C0	T33 / C0
=（OUT）输出指令	当执行输出指令时，新值被写入存储器的指定地址位（bit），在每次扫描周期的最后，CPU 才以批处理的方式将输出映像寄存器中的内容传送到输出点，使输出线圈被接通	用法：= bit；例：= Q0.0	T33 Q0.0 ( ) C0

(2) 边沿指令

边沿指令如表 2-10 所示。

表 2-10   边沿指令

指令表	梯形图	功 能	举 例
EU（上升沿）（Edge Up）	─┤P├─	EU 指令对其之前的逻辑运算结果的上升沿产生一个宽度为一个扫描周期的脉冲 无操作数	I0.2 Q0.0 ( ) I0.2 ┤P├ Q0.1 ( ) I0.2 ┤N├ Q0.2 ( )
ED（下降沿）（Edge Down）	─┤N├─	ED 指令对逻辑运算结果的下降沿产生一个宽度为一个扫描周期的脉冲 无操作数	I0.2 Q0.0 Q0.1 一个扫描周期 Q0.2 一个扫描周期

(3) 置位、复位指令

置位、复位指令如表 2-11 所示。

表 2-11 置位、复位指令

指令表	梯形图	功 能	举 例
S bit,n(置位)	bit —(S) n	对指定的从 bit 位开始的 n 位元件置 1 并保持	I0.0 Q0.7 ——┤├——(S) 5 当 I0.0 导通时,Q0.7、Q1.0、Q1.1、Q1.2、Q1.3 5位置 1,当 I0.0 断开这 5 位仍是 1。
R bit,n(复位)	bit —(R) n	对指定的从 bit 位开始的 n 位元件置 0 并保持	I0.0 Q0.0 ——┤├——(R) 2 当 I0.0 导通时,Q0.0、Q0.1 2位置 0,当 I0.0 断开这 2 位仍是 0。

指令使用说明:

对位元件来说一旦被置位,就保持在通电状态,除非对它复位;而一旦被复位就保持在断电状态,除非再对它置位;S/R 指令可以互换次序使用,但由于 PLC 采用扫描工作方式,所以写在后面的指令具有优先权;如果对计数器和定时器复位,则计数器和定时器的当前值被清零;编程时,置位、复位线圈之间间隔的网络个数可以任意。置位、复位线圈通常成对使用,也可以单独使用或与指令盒配合使用;n 的取值范围为 1～255。

(4) 立即指令

立即指令是为了提高 PLC 对输入/输出的响应速度而设置的,它不受 PLC 循环扫描工作方式的影响,允许对输入和输出点进行快速直接存取。当用立即指令读取输入点的状态时,对 I 进行操作,相应的输入映像寄存器中的值并未更新;当用立即指令访问输出点时,对 Q 进行操作,新值同时写到 PLC 的物理输出点和相应的输出映像寄存器。立即指令的地址只能是输入、输出继电器。立即指令如表 2-12 所示。

表 2-12 立即指令

指令表	梯形图	功能	说明	指令表	梯形图	功能	说明
LDI bit		立即取		=I bit	bit —(I)	立即输出	bit 只能是 Q
LDNI bit		立即取反					
OI bit	bit —┤├—	立即或	bit 只能是 I	SI bit,n	bit —(SI) n	立即置位	
ONI bit	bit —┤/├—	立即或反					bit 只能是 Q n 的范围 1～128
AI bit		立即与		RI bit,n	bit —(RI) n	立即复位	
ANI bit		立即与反					

(5) 块指令

如图 2-14 两个梯形图,图 (a) 中指令执行的顺序是从左到右从上到下,即按照图中数字的顺序执行,1 和 2 是单个触点的并联,2 和 3 是单个触点的串联,用或指令和与指令就能解决问题,而图 (b) 中 1 和 2 以及 3 和 4 之间就不能用单个触点的指令,必须用块指令。

一个触点、2 个或 2 个以上触点的触点的串联、并联都叫块。如图 2-14(b) 中的 1、2、3、4 都是块。块也有并联和串联。块指令如表 2-13 所示。

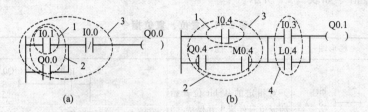

图 2-14　块的定义

表 2-13　块指令

指令表	梯形图	功　能	说　　明
ALD		块 1 和 2 的串联	(1)块分支的起始点用 LD、LDN 指令,并联电路块结束后,使用 ALD 指令与前面电路串联 (2)如果有多个并联电路块串联,顺次以 ALD 指令与前面支路连接,支路数量没有限制 (3)ALD 指令无操作数
OLD		块 1 和 2 的并联	(1)几个串联支路并联连接时,其支路的起点以 LD、LDN 开始,支路终点用 OLD 指令 (2)如需将多个支路并联,从第二条支路开始,在每一支路后面加 OLD 指令。用这种方法编程,对并联支路的个数没有限制 (3)OLD 指令无操作数

　　块指令在梯形图中只能体现出来不会出现块指令,只有在语句表中才会出现,因此编写梯形图时可不考虑该指令。

　　图 2-14(b) 的指令表如表 2-14 所示。

表 2-14　块指令的应用

梯形图	指令表	功　能	
	LD I0.4	定义块 1	
	LD Q0.4	定义块 2	块 3
	A　M0.4		
	OLD	连接块 1 和块 2	
	LD I0.3	定义块 4	
	O　L0.4		
	ALD	连接块 3 和块 4	
	＝Q0.1		

　　(6) 堆栈指令

　　图 2-15 所示的梯形图结构较复杂,其指令的顺序还是按照从左到右从上到下的顺序执行。在执行中 A 点的逻辑运算结果在 1、4、5 行中都要使用,B 点的逻辑运算结果在 2 和 3 中要使用。而逻辑运算结果随着指令的执行而不能保存,为了使 A、B 点的逻辑运算结构能够在后面的梯形图中使用必须把其结果存储起来,这就需要用堆栈指令。堆栈指令在梯形图

中能够体现出来，在语句表中才会出现，因此在编写梯形图时可不必考虑该指令。堆栈指令如表 2-15 所示。

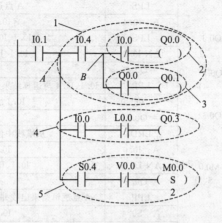

图 2-15　复杂梯形图

表 2-15　堆栈指令

指令表	梯形图	功能	说　明
LPS（入栈）	I0.4 *A* I0.3 Q0.0 1 L0.4 Q0.1 M0.4 Q0.2	把 A 点的逻辑运算结果存入堆栈	
LPP（出栈）	I0.4 *A* I0.3 Q0.0 L0.4 Q0.1 2 M0.4 Q0.2	把 A 点的逻辑运算结果从堆栈读出，并清除堆栈中存储的 A 点的逻辑运算结果	LPS、LPP 堆栈指令必须成对使用 堆栈指令无操作数 LPS、LPP 连续使用应少于 9 次
LRD（读栈）	I0.4 *A* I0.3 Q0.0 L0.4 Q0.1 3 M0.4 Q0.2	把 A 点的逻辑运算结果从堆栈读出，不清除堆栈中存储的 A 点的逻辑运算结果	

图 2-15 的指令表如表 2-16 所示。

3. 定时器指令

S7-200 系列 PLC 为用户提供了 3 种类型的定时器：通电延时型（TON），有记忆的通电延时型（又叫保持型）（TONR），断电延时型（TOF），共计 256 个定时器（T0～T255），且都为增量型定时器。定时器的定时精度即分辨率（S）可分为 3 个等级：1ms、10ms 和 100ms，定时器类型如表 2-17 所示。

表 2-16 堆栈指令的应用

梯 形 图	指令表	功 能
	LD I0.1	装入 I0.1
	LPS	A 点逻辑运算结果入栈
	A I0.4	I0.1、I0.4 与运算
	LPS	I0.1、I0.4 与运算结果入栈
	AN I0.0	I0.1、I0.4、I0.0 反与运算
	= Q0.0	输出 Q0.0
	LPP	I0.1、I0.4 与运算结果出栈并清除堆栈中的逻辑运算结果
	A Q0.0	I0.1、I0.4、Q0.0 与运算
	= Q0.1	输出 Q0.1
	LRD	从堆栈中读出 A 点逻辑运算结果
	A I0.0	I0.1、I0.0 与运算
	AN L0.0	I0.1、I0.0、L0.0 反与运算
	= Q0.3	输出 Q0.3
	LPP	A 点逻辑结果出栈并清除堆栈中的 A 点逻辑运算结果
	A S0.4	I0.1、S0.4 与运算
	AN V0.0	I0.1、I0.4、V0.0 反与运算
	S M0.0,2	M0.0、M0.1 置位

梯形图部分：I0.1、I0.4、I0.0、Q0.0；A、B；Q0.0、Q0.1；I0.0、L0.0、Q0.3；S0.4、V0.0、M0.0（S）2

表 2-17 定时器类型

定时器类型	分辨率/ms	最大值/s	定时器编号	定时器类型	分辨率/ms	最大值/s	定时器编号
TONR	1	32.767	T0,T64	TON、TOF	1	32.767	T32,T96
	10	327.67	T1~T4,T65~T68		10	327.67	T33~T36,T97~T100
	100	3276.7	T5~T31,T69~T95		100	3276.7	T37~T63,T101~T255

定时器的定时时间为 $T = PT \times S$。式中，T 为实际定时时间，PT 为设定值，S 为分辨率。定时器的指令格式如表 2-18 所示，定时器的指令使用如表 2-19 所示。

表 2-18 定时器指令

指令表	梯形图	功 能	说 明
TON T**,PT (通电延时)	T** IN TON, ?? PT ??ms	使能端(IN)输入有效时，定时器开始计时，当前值从 0 开始递增，大于或等于预置值(PT)时，定时器输出状态位置 1(输出触点有效)，当前值的最大值为 32767。使能端无效(断开)时，定时器复位(当前值清零，输出状态位置 0)	IN 是使能输入端，编程范围 T0~T255；PT 是预置值输入端，最大预置值 32767；PT 数据类型：INT。PT 寻址范围：VW、IW、QW、MW、SW、SMW、LW、AIW、T、C、AC 和常数
TOF T**,PT (断电延时)	T** IN TOF, ?? PT ??ms	使能端(IN)输入有效时，定时器输出状态位立即置 1，当前值复位(为 0)。使能端(IN)断开时，开始计时，当前值从 0 递增，当前值达到预置值时，定时器状态位复位置 0，并停止计时，当前值保持	
TONR T**,PT (通电保持)	T** IN TONR, ?? PT ??ms	使能端(IN)输入有效时(接通)，定时器开始计时，当前值递增，当前值大于或等于预置值(PT)时，输出状态位置 1。使能端输入断开时，当前值保持；使能端(IN)再次接通有效时，在原记忆值的基础上递增计时。有记忆通电延时型(TONR)定时器采用线圈的复位指令(R)进行复位操作，当复位线圈有效时，定时器当前值清零，输出状态位置 0	

表 2-19　定时器指令使用

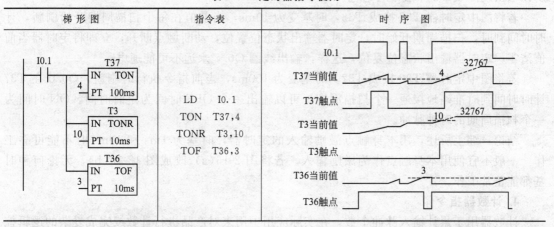

定时器在使用时，定时器的编号有两个含义：一是定时器的当前值，存储定时器当前累积的时间，是 16 位有符号整数；二是定时器位，与继电器的输出相似，当定时器的当前值达到设定值时，定时器位接通。在程序运行中，当定时器的输入条件满足时，当前值从 0 开始按照一定的单位增加，当定时器的当前值等于设定值时，定时器动作。

S7-200 系列 PLC 的定时器的刷新方式和正确使用：

（1）定时器的刷新方式

S7-200 系列 PLC 定时器的刷新方式是不同的，从而在使用方法上有很大的不同，这和其他类型的 PLC 是有很大区别的。使用时一定要注意根据使用场合和要求的不同来选择定时器。

1ms 定时器：每隔 1ms 定时器刷新一次，定时器刷新与扫描周期和程序处理无关，它采用的是中断刷新方式。扫描周期较长时，定时器一个周期内可能多次被刷新（多次改变当前值）。

10ms 定时器：在每个扫描周期开始时刷新。每个扫描周期之内当前值不变。

100ms 定时器：是定时器指令执行时被刷新，下一条执行的指令即可使用刷新后的结果，非常符合正常思维，使用方便可靠。但应当注意，如果该定时器的指令不是每个周期都执行（比如条件跳转时），定时器就不能及时刷新，可能会导致出错。

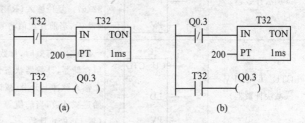

图 2-16　定时器的正确使用

（2）定时器的正确使用

图 2-16（a）所示为使用定时器本身的动断触点作为激励输入，希望经过延时产生一个机器扫描周期的时钟脉冲输出。定时器状态位置位时，依靠本身的动断触点（激励输入）的断开使定时器复位，重新开始设定时间，进行循环工作。采用不同时基标准的定时器时会有不同的运行结果，具体分析如下：

T32 为 1ms 时基定时器，每隔 1ms 定时器刷新一次当前值，CPU 当前值若恰好在处理动断触点和动合触点之间被刷新，Q0.3 可以接通一个扫描周期，但这种情况出现的概率很小，一般情况下，不会正好在这时刷新。若在执行其他指令时，定时时间到，1ms 的定时刷新，使定时器输出状态位置位，动断触点打开，当前值复位，定时器输出状态位立即复位，所以输出线圈 Q0.3 一般不会通电。

若将图中定时器 T32 换成 T33，时基变为 10ms，当前值在每个扫描周期开始刷新，计时时间到时，扫描周期开始时，定时器输出状态位置位，动断触点断开，立即将定时器当前值清零，定时器输出状态位复位，这样，输出线圈 Q0.3 永远不可能通电。

若将图中定时器 T32 换成 T37，时基变为 100ms，当前指令执行时刷新，Q0.0 在 T37 计时时间到时准确地接通一个扫描周期。可以输出一个 OFF 时间为定时时间，ON 时间为一个扫描周期的时钟脉冲。

结论：综上所述，用本身触点激励输入的定时器，时基为 1ms 和 10ms 时不能可靠工作，一般不宜使用本身触点作为激励输入。若将图 2-16(a) 改成图 12-16(b)，无论何种时基都能正常工作。

4. 计数器指令

计数器用于累计输入脉冲个数，在实际应用中用来对产品进行计数或完成复杂的逻辑控制任务。S7-200 系列 PLC 有递增计数（CTU）、增/减计数（CTUD）、递减计数（CTD）3 类计数指令。计数器的使用方法和基本结构与定时器基本相同，主要由预置值寄存器、当前值寄存器、状态位等组成。

计数器的梯形图指令符号为指令盒形式，指令格式如表 2-20 所示，指令的使用如表 2-21 所示。计数器在使用时，计数器的编号有两个含义：一是计数器的当前值，存储计数器当前累积的数字，是 16 位有符号整数；二是计数器位，与继电器的输出相似，当计数器的当前值达到设定值时，计数器位接通。在程序运行中，当计数器的输入条件满足时，当前值对输入的脉冲信号的上升沿计数，当计数器的当前值等于设定值时，定时器动作。

表 2-20　计数器指令

指令表	梯形图	功　能	说　明
CTU C**,PV（加法计数器）	C** CU　CTU R ? ?　PV	计数指令在 CU 端输入脉冲上升沿，计数器的当前值增 1 计数。当前值大于或等于预置值(PV)时，计数器状态位置 1。当前值累加的最大值为 32767。复位输入(R)有效时，计数器状态位复位(置 0)，当前计数值清零	梯形图指令符号中 CU 为增 1 计数脉冲输入端；CD 为减 1 计数脉冲输入端；R 为复位脉冲输入端；LD 为减计数器的复位脉冲输入端。编程范围 C0～C255；PV 预置值最大范围 32767；PV 数据类型：INT，寻址范围：VW、IW、QW、MW、SW、SMW、LW、AIW、T、C、AC 和常数
CTD C**,PV（减法计数器）	C** CU　CTD LD ? ?　PV	LD 输入有效时，计数器把预置值(PV)装入当前值存储器，计数器状态位复位(置 0)。CU 端每一个输入脉冲上升沿，减计数器的当前值从预置值开始递减计数，当前值等于 0 时，计数器状态位置位(置 1)，停止计数	
CTUD C**,PV（可逆计算器）	C** CU　CTU CD R ? ?　PV	增/减计数器有两个脉冲输入端，其中 CU 端用于递增计数，CD 端用于递减计数，执行增/减计数指令时，CU/CD 端的计数脉冲上升沿增 1/减 1 计数。当前值大于或等于计数器预置值(PV)时，计数器状态位置位。复位输入(R)有效或执行复位指令时，计数器状态位复位，当前值清零。达到计数器最大值 32767 后，下一个 CU 输入上升沿将使计数值变为最小值(−32768)。同样，达到最小值(−32768)后，下一个 CD 输入上升沿将使计数值变为最大值(32767)	

表 2-21 计数器指令的使用

梯形图	指令表	时 序 图
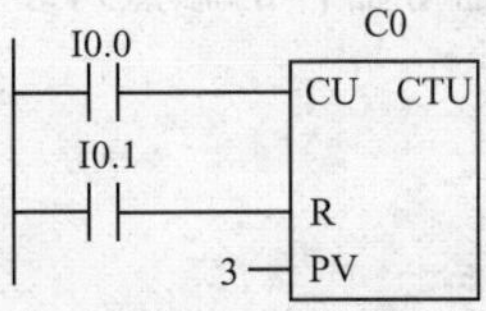 I0.0 —CU CTU C0 / I0.1 —R / 3—PV	LD I0.0 LD I0.1 CTU C0,3	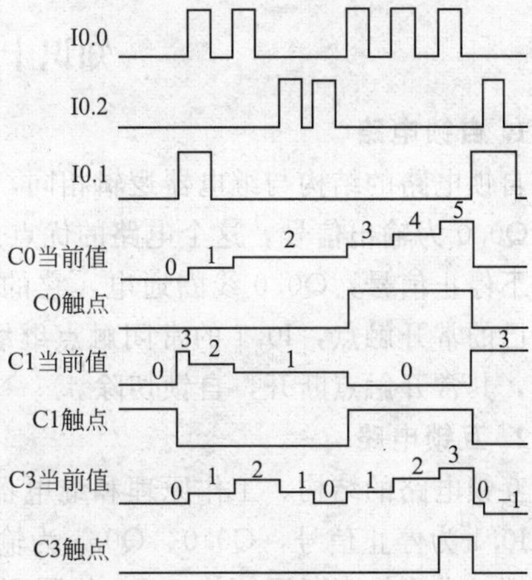 I0.0 / I0.2 / I0.1 / C0当前值 0 1 2 3 4 5 / C0触点 / C1当前值 3 2 1 0 3 / C1触点 / C3当前值 0 1 2 1 0 1 2 3 0 -1 / C3触点
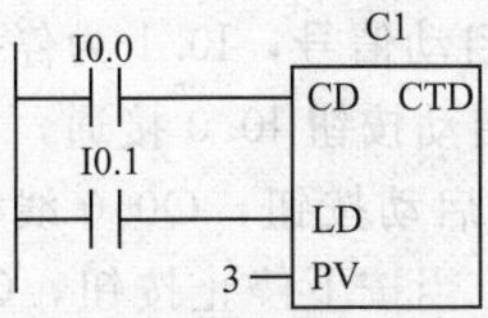 I0.0 —CD CTD C1 / I0.1 —LD / 3—PV	LD I0.0 LD I0.1 CTD C1,3	
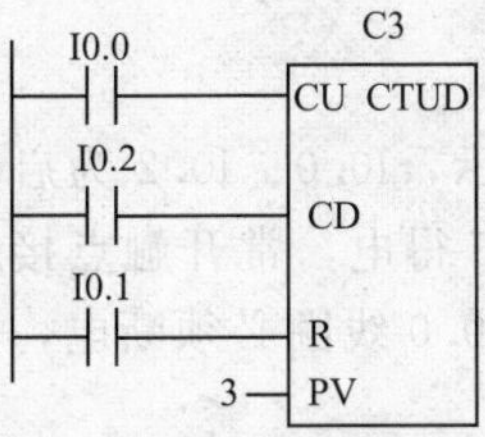 I0.0 —CU CTUD C3 / I0.2 —CD / I0.1 —R / 3—PV	LD I0.0 LD I0.2 LD I0.1 CTUD C3,3	

知识十一　编 程 规 则

梯形图直观易懂，与继电器控制电路图相近，很容易为电气技术人员所掌握，是应用最多的一种编程语言。尽管梯形图与继电器控制电路图在结构形式、元件符号及逻辑控制功能等方面是相类似的，但它们又有很多不同之处。因此在编写梯形图时注意以下几点：

① 梯形图的触点应画在水平线上，不能画在垂直分支上。如图 2-17 所示，触点 M0.0 画在垂直分支上，错误。

② 在每一逻辑行中，串联触点多的支路应放在上方，并联触点多的电路应放在左方，这样可以不用块指令。图 2-18(b) 比图 2-18(a) 少用两条块指令。

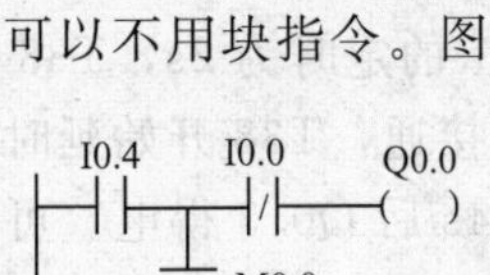

图 2-17　触点位置（一） 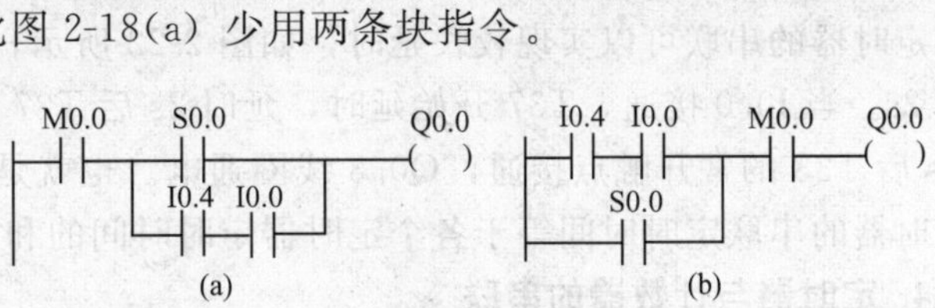　　　　图 2-18　触点位置（二）

③ 梯形图每一逻辑行都是起于左母线，然后是触点的连接，最后终止于线圈或右母线。触点不能放在线圈的右边，也不能与右母线直接相连，如图 2-19(a) 所示；线圈不能直接与左母线相连，如图 2-19(a) 所示，如果需要，可以通过一个没有使用的内部继电器的常闭触点或者特殊内部继电器的常开触点来连接。正确画法如图 2-19 (b) 所示。

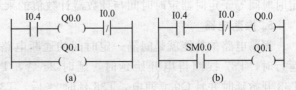

④ 同一编号的线圈在一个程序中

图 2-19　编程规则

使用两次称为双线圈输出。双线圈输出容易引起误操作，应尽量避免线圈重复使用，一般不应出现双线圈输出。但置位、复位指令对同一线圈可重复使用。

⑤ 输入/输出映像寄存器、内部标志位存储器、定时器、计数器等器件的触点可多次重复使用，无需用复杂的程序结构来减少触点的使用次数。

知识十二　常用梯形图

1. 自锁电路

自锁电路的结构与继电器逻辑相同，如图 2-20 所示。I0.0 为启动信号，I0.1 为停止信号，Q0.0 为输出信号，这个电路的优点是具有记忆功能。当按下启动按钮 I0.0 接通，如果未按下停止信号，Q0.0 线圈通电，它的常开触点也接通。当松开启动按钮，Q0.0 线圈通过自己的常开触点，I0.1 的常闭触点继续得电，这就是自锁功能。当按下停止按钮，Q0.0 断电，其常开触点断开，自锁切除。

2. 互锁电路

互锁电路的结构、工作原理和继电器逻辑相同，如图 2-21 所示，I0.0、I0.2 为启动信号，I0.1 为停止信号，Q0.0、Q0.1 为输出信号，按下 I0.0，Q0.0 得电，常开触点接通实现自锁，常闭触点断开，使 Q0.1 线圈不能得电，Q0.1 要得电，Q0.0 线圈必须断电，同理当 Q0.1 得电时，Q0.0 也不能得电。

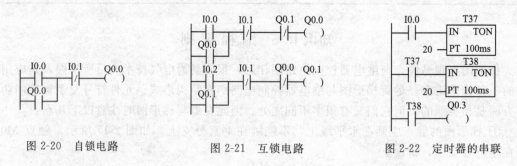

图 2-20　自锁电路　　　　图 2-21　互锁电路　　　　图 2-22　定时器的串联

3. 定时器的串联

定时器的串联可以实现较长延时，如图 2-22 所示，定时器 T37 的定时为 2s，T38 的定时为 2s。当 I0.0 接通，T37 开始延时，延时 2s 后 T37 的常开触点接通，T38 开始延时，延时 2s 后 T38 的常开触点接通，Q0.3 线圈通电。也就是 I0.0 接通 4s 后 Q0.3 得电。可以看出定时器的串联定时时间等于各个定时器定时时间的和。

4. 定时器与计数器的串联

利用定时器与计数器的串联也可实现较长延时。如图 2-23 所示，当 I0.0 接通，T37 得电开始延时，T37 的定时时间是 1s，T37 的常开触点每隔 1s 导通一次，导通时间为一个扫描周期，计数器 C0 对 T37 进行计数，设定值为 60，当计数器当前值达到 60，计数器的触点接通，Q0.0 得电。也就是 I0.0 接通 60s 后 Q0.0 得电。可以看出定时器与计数器的串联定时时间等于定时器定时时间与计数器计数值的乘积。

5. 振荡电路

振荡电路的功能就是间隔一定时间的通断电路，也叫闪烁电路。如图 2-24 所示，程序运行时，T37 线圈得电开始延时，延时 2s 后，T37 的常开触点接通，T38 的线圈得电，T38 开始延时并且 Q0.0 通电，T38 延时 2s 后，T38 的常闭触点断开，T37 的线圈断电，其常开触点断开，Q0.0 断电，T38 线圈断电，T38 的常闭触点闭合，T37 线圈得电开始延时，周而复始。T37 的常开触点就通 2s 断 2s，Q0.0 线圈随 T37 的常开触点的通断而得电断电。

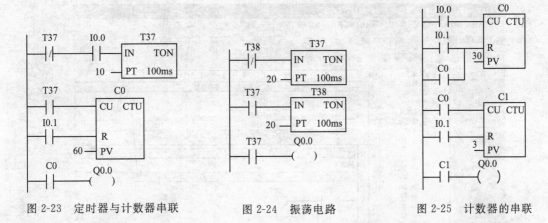

图 2-23 定时器与计数器串联　　　　图 2-24 振荡电路　　　　图 2-25 计数器的串联

6. 计数器的串联

在计数器的实际使用中还可以将计数器串联来使用，如图 2-25 所示，C0 对 I0.0 输入信号的上升沿计数，C0 的常闭触点作为 C1 的计数脉冲。当 C0 的当前值等于 30 时，C0 的常开触点接通，使自己复位，同时使 C1 的当前值加 1，当 C1 的当前值等于 3 时，C1 的常开触点接通 Q0.0 得电，可见 C1 的常开触点在对 I0.0 计 90 个脉冲，Q0.0 得电。计数器串联的计数值等于各个计数器设定值的乘积。

知识十三　编程软件介绍

S7-200 使用 STEP7-Micro/WIN V4.0 版本图形编程器，实现程序的编辑、修改、下载、PLC 工作方式的改变、监控 PLC 程序的运行状态。

STEP 7-Micro/WIN V4.0 的主界面如图 2-26 所示。界面一般可以分成以下几个区：标题栏、菜单栏（包含 8 个主菜单项）、工具条（快捷按钮）、浏览条（快捷操作窗口）、指令树（快捷操作窗口）、输出窗口、状态条和用户窗口。

1. 菜单栏

在菜单栏中共有 8 个菜单选项，包括：文件、编辑、查看、PLC、调试、工具、窗口、帮助。各主菜单项的功能如下。

（1）文件

文件菜单项可完成如：新建、打开、关闭、保存、另存、上载、下载、页面设置、打印、预览、最近使用文件、退出等操作。这和其他基于 WINDOWS 操作系统的软件操作方法、含义相似。需要说明的是上载操作和下载操作。上载操作：在运行 STEP 7-Micro/WIN 的 PC 和 PLC 之间建立通信后，从 PLC 将程序上载至运行 STEP 7-Micro/WIN 的 PC。下载：在运行 STEP 7-Micro/WIN 的 PC 和 PLC 之间建立通信后，将程序下载至该 PLC。

（2）编辑

编辑菜单提供编辑程序的各种工具，包括：撤销、剪切、复制、粘贴、全选、插入、删除、查找、替换等操作。这和其他基于 WINDOWS 操作系统的软件操作方法、含义相似。

（3）查看

查看菜单项可以设置编程软件的开发环境，如打开和关闭其他辅助窗口（如引导窗口、指令树窗口、工具条按钮区）；执行引导条窗口的所有操作项目；选择不同的程序编程器

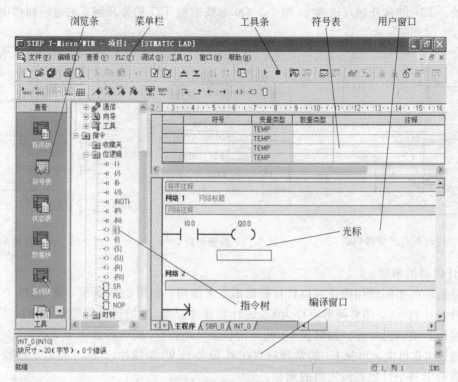

图 2-26 STEP7-Micro/WIN V4.0 窗口

（LAD、STL 或 FBD）；设置 3 种程序编辑器的风格（如字体、指令盒的大小等）；可以进行数据块（Data Block）、符号表（Symbol Table）、状态图表（Chart Status）、系统块（System Block）、交叉引用（Cross Reference）、通信（Communications）参数的设置；通过查看菜单可以选择注解、网络注解（POU Comments）显示与否；通过查看菜单的工具栏区可以选择浏览条（Navigation Bar）、指令树（Instruction Tree）及输出视窗（Output Window）的显示与否等。

（4）PLC

PLC 菜单用于与 PLC 联机时的操作。如用软件改变 PLC 的运行方式（运行、停止）；对用户程序进行编译，检查用户程序语法错误，编辑完成后通过编译在显示器下方的输出窗口显示编译结果，明确指出错误的网络段，可以根据错误提示对程序进行修改，然后再编译，直至无错误；清除 PLC 程序、电源启动重置、查看 PLC 的信息、时钟、存储卡的操作、程序比较、PLC 类型选择等操作；对用户程序进行编译可以离线进行。

（5）调试

调试菜单用于联机时的动态调试，有单次扫描（First Scan）、多次扫描（Multiple Scans）、程序状态（Program Status）、触发暂停（Triggred pause）、用程序状态模拟运行条件（读取、强制、取消强制和全部取消强制）等功能。

（6）工具

工具菜单项可以调用复杂指令（如 PID 指令、NETR/NETW 指令和 HSC 指令），使复杂指令编程时的工作简化；提供文本显示器 TD200 设置向导，可以改变用户界面风格；可以更改 STEP 7-Micro/WIN 工具条的外观或内容，以及在"工具"菜单中增加常用工具等功能。

（7）窗口

窗口菜单项的功能是打开一个或多个窗口，并进行窗口间的切换。可以设置窗口的排放方式如水平、垂直或层叠等功能。

（8）帮助

帮助菜单可以提供 S7-200 的指令系统及编程软件的所有信息，并提供在线帮助功能，而且在软件操作过程中，可随时按 F1 键来显示在线帮助。

2. 工具条

（1）标准工具条

图 2-27　标准工具条

如图 2-27 所示。各快捷按钮从左到右分别为：新建项目、打开现有项目、保存当前项目、打印、打印预览、剪切选项并复制至剪贴板、将选项复制至剪贴板、在光标位置粘贴剪贴板内容、撤销最后一个条目、编译程序块或数据块（任意一个现用窗口）、全部编译（程序块、数据块和系统块）、上载、下载、符号表名称列按照 A～Z 从小至大排序、符号表名称列按照 Z～A 从大至小排序、选项（配置程序编辑器窗口）。

（2）调试工具条

图 2-28　调试工具条　　　　　　　　图 2-29　公用工具条

如图 2-28 所示。各快捷按钮从左到右分别为：将 PLC 设为运行模式、将 PLC 设为停止模式、在程序监控状态打开/关闭、在状态表打开/关闭、状态图表单次读取、状态图表全部写入、强制 PLC 数据、取消强制 PLC 数据、状态图表全部取消强制、状态图表全部读取强制数值。

（3）公用工具条

如图 2-29 所示。公用工具条各快捷按钮从左到右分别为：插入网络、删除网络、切换POU 注解、切换网络注解、切换符号信息表、切换书签、下一个书签、前一个书签、清除全部书签、在项目中应用所有的符号、建立表格未定义符号、常量说明符。

（4）LAD 指令工具条

图 2-30　LAD 指令工具条

如图 2-30 所示。工具条中的编程按钮有 7 个，下行线、上行线、左行线和右行线按钮用于输入连接线，形成复杂的梯形图；触点、线圈和指令盒按钮用于输入编程元件。

（5）输出窗口

该窗口用来显示程序编译的结果信息。如各程序块的信息、编译结果有无错误以及错误代码和位置等。

（6）状态条

状态条又称任务栏，用来显示软件执行情况，编辑程序时显示光标所在的网络号、行号和列号，运行程序时显示运行的状态、通信波特率、远程地址等信息。

（7）用户窗口

可以用梯形图、语句表或功能表图程序编辑器编写和修改用户程序。

3. 浏览条

浏览条为编程提供按钮控制，可以实现窗口的快速切换，即对编程工具执行直接按钮存取，包括程序块（Program Block）、符号表（Symbol Table）、状态表（Status Chart）、数据块（Data Block）、系统块（System Block）、交叉引用（Cross Reference）和通信（Communication），如图 2-26 所示。可用"查看"菜单中的"浏览条"选项来选择是否打开浏览条。单击上述任意按钮，则主窗口切换成此按钮对应的窗口。

浏览条中的所有操作都可用"指令树"视窗完成，或通过"查看"→"组件"菜单来完成。

（1）程序块

程序块由可执行的程序代码和注释组成。程序代码由主程序（OB1）、可选的子程序（SBR0）和中断程序（INT0）组成。单击浏览条中的"程序块"按钮，打开主程序（OB1）。可以单击子程序或中断程序标签，打开另一个 POU。

（2）符号表

符号表是程序编写时用符号编址的工具表，用来建立自定义符号与直接地址间的对应关系，并可附加注释，使得用户可以使用具有实际意义的符号作为编程元件，增加程序的可读性。

（3）状态表

将程序下载至 PLC 之后，可以建立一个或多个状态表，在联机调试时，打开状态表，监视各变量的值和状态。状态表并不下载到可编程控制器，只是监视用户程序运行的一种工具，只需要在地址栏中写入变量地址，在数据格式栏中标明变量的类型，就可以在运行时监视这些变量的状态和当前值。

（4）数据块

"数据块"窗口（Data Block）可以对变量寄存器 V 进行初始数据的赋值或修改，并加注必要的注释说明。

（5）系统块

系统块主要用于系统组态设置。系统组态主要包括设置数字量或模拟量输入系统块滤波、设置脉冲捕捉、配置输出表、定义存储器保持范围、设置密码和通信参数等。

（6）交叉引用

交叉引用表列出在程序中使用的各操作数所在的 POU、网络或行位置，以及每次使用各操作数的语句表指令。通过交叉引用表还可以查看哪些内存区域已经被使用，作为位还是作为字节使用，使得 PLC 资源的使用情况一目了然。在运行方式下编辑程序时，可以查看程序当前正在使用的跳变信号的地址。交叉引用表不下载到可编程控制器，只有在程序编辑完成后，才能看到交叉引用表的内容。在交叉引用表中双击某个操作数时，可以显示含有该操作数的那一部分程序。

（7）通信

通信可用来建立计算机与 PLC 之间的通信连接，以及通信参数的设置和修改。在浏览条中单击"通信"浏览图标，则会出现一个"通信"对话框，双击其中的"PC/PPI"电缆图标，将出现"PG/PC"接口对话框，此时可以安装或删除通信接口，检查各参数设置是否正确，其中波特率的默认值是 9600。

设置好参数后，就可以建立与 PLC 的通信联系。双击"通信"对话框中的"刷新"图标，STEP7-Micro/WIN 将检查所有已连接的 S7-200 的 CPU 站，并为每一个站建立一个 CPU 图标。建立计算机与 PLC 的通信联系后，可以设置 PLC 的通信参数。单击浏览条中"系统块"图标，将出现"系统块"对话框，单击"通信口"选项，检查和修改各参数，确认无误后，单击"确认"按钮。最后单击工具条的"下载（Download）"按钮，即可把确认后的参数下载到 PLC 主机。

4. 指令树

指令树以树形结构提供编程时用到的所有命令和 PLC 指令的快捷操作，可分为项目分支和指令分支。可以用视图菜单的"指令树"选项来决定其是否打开。打开指令文件夹并选择指令，通过拖放或双击插入到用户窗口。指令树中红色标记×是表示对该 PLC 无效的指令。

项　　目

项目　CPU224 的使用

项目描述：

利用 CPU224 PLC 实现一盏灯的亮灭控制。按下按钮灯亮，松开按钮灯熄灭。

本项目实训材料如表 2-22 所示。

表 2-22　材料表

序号	分 类	名　　称	型号规格	数量	备　　注
1	配线工具	常用电工工具		1 套	
2		万用表	MF47	1 个	
3		电脑		1 台	
4		PLC	CPU224	1 台	
5		编程器	STEP7 Micro/WIN32 V4.0		
6		空气开关	DZ47-15	1 个	
7	低压电器	实验平台	THPFC-A	1 套	
8		按钮	LA4-3H	1 个	
9		灯		1 个	利用发光二极管代替
10		端子	TD-1520	2 条	
11		电源插头	16A	1 个	
12	电源	开关电源			24V

任务一　初识 CPU224 PLC

1. 任务目标

① 认识 PLC 的外形。

② 掌握 PLC 的接线方法，包括电源、输入、输出。

③ 掌握 PLC 的结构、类型。

2. 认识 PLC

① 识读 PLC（从结构上）的类型并填写表 2-23。

表 2-23 PLC 的类型

序号	型号	类型	I/O 点数

② 识读西门子 PLC 的组成并填写表 2-24。

表 2-24 识读西门子 PLC 的组成

序　号	识读任务	型　号	功　能	备　注
1	基本单元			
2	扩展单元			
3	编程器			

③ 识读接线端子并填写表 2-25。

表 2-25 接线端子

序　号	识读任务	端子功能	备　注
1	基本单元电源输入端子		
2			
3			
4	基本单元端子		
5			
6			
7			
8	基本单元电源输出端子		
9			
10	扩展单元端子		
11			
12			
13			
14	扩展单元电源输入端子		
15			

④ 识读指示灯（见图 2-31）并填写表 2-26。

表 2-26 指示灯的功能

序　号	识读任务	功能表示	备　注
1	输入指示灯		
2	输出指示灯		
3	RUN 指示灯		根据 LED 的亮灭可以判定故障类型
4	SF/DIAG 指示灯		
5	STOP 指示灯		

图 2-31 指示灯与接口

⑤ 识读外部接口并填写表 2-27。

表 2-27 外部接口

序号	识读任务	功 能	备 注
1	外部存储卡接口		
2	扩展连接口		
3	通讯接口 RS-485		

⑥ 识读外部设定并填写表 2-28。

表 2-28 外部开关

序号	识读任务		功 能	备 注
1		RUN		
2	工作方式选择	STOP		改变工作方式时注意指示灯的状态
3		TERM		
4	外部电位器	R1		
5		R2		

3. 输入接线

选择一个常开按钮,将按钮与 PLC 连接起来。

方法:

① 利用导线将按钮的一个端子和 PLC 的任意一个输入端子连接(这里选 I0.0)。

② 取一根导线将按钮的另一个端子与 PLC 提供的 24 V 电源(L+,M)的一个电极相连。

③ 取一根导线将 PLC 的公共端 1M 与 PLC 的 24V 电源的另一个电极相连。

④ 检验接线。按下按钮,其对应的 I0.0 的指示灯点亮,接线正确,否则错误。

4. 输出接线

在实验面板上选择一个指示灯,将指示灯与 PLC 的输出连接起来。

方法:

① 在实验中使用的是发光二极管,因此在接线中应区分指示灯的阴极和阳极,阴极接电源的负极,阳极接电源的正极。

② 利用导线将指示灯的一个端子和 PLC 的任意一个输出端子连接(这里选 Q0.0)。

③ 取一根导线将指示灯的另一个端子与 PLC 提供的 24 V 电源 L+或开关电源的 24V+电极相连。

④ 取一根导线将 PLC 的公共端 1L 与 PLC 的 24V 电源的另一个电极相连。

⑤ 检验接线。由于灯的亮灭由程序控制,因此接线的正确性只能由编写程序后再检验。

5. 评价标准

评价标准见表 2-29。

表 2-29　评价标准

评价项目	要　　求	配　分	评分标准	得　分			
				自评	互评	教师	专家
电源接线	正确识别电源接线、电源特点	5 分	每处 2 分				
PLC 结构	能正确指出 PLC 的结构、名称、功能	10 分	错一处扣 2 分				
输入识别	正确识别输入位置、输入电路的结构	10 分	每处 1 分				
输出识别	正确识别输出位置、输出电路的结构	10 分	每处 1 分				
指示灯识别	能正确说明 PLC 的指示灯功能	10 分	每处 2 分				
PLC 类型	能依据 PLC 的结构判定 PLC 的类型	5 分	不能分辨扣 5 分				
I/O 分配	I/O 分配完整	10 分	每处 5 分				
输入接线	输入接线正确	20 分	第一次接错扣 2 分 第二次接错扣 5 分 第三次接错扣 10 分				
输出接线	输出接线正确	20 分	第一次接错扣 2 分 第二次接错扣 5 分 第三次接错扣 10 分				
安全生产	不符安全生产操作规范扣 20 分						
日期		地点		总分			

6. 总结与提高

① 选择常闭按钮与 PLC 输入端相连，观察输入指示灯与常开按钮输入指示灯的区别。

② 完成多个按钮和多个指示灯输出的接线。

③ 完成接触器与 PLC 的接线。

④ 画出输入、输出接线图。

<h1 align="center">任务二　编程器的使用</h1>

1. 任务目标

① 掌握 PLC 的编程器的使用。

② 熟练使用编程器完成梯形图的编辑。

③ 熟悉 PLC 编程语言的相互转换。

2. 任务描述

利用 STEP7 Micro/WIN32 V4.0 完成下面梯形图、语句表、功能块图的输入和相互转换。

（1）梯形图

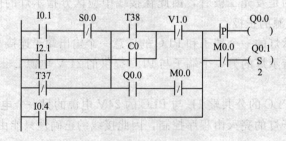

（2）语句表

A	B	C	
LD C22	LDN I0.2	LD I0.0	= Q0.3
LD M2.1	AN I0.0	A I0.1	LRD
LD I0.2	O Q0.3	LPS	= M0.0
AN I2.7	LD Q2.1	AN Q0.0	LPP
OLD	A M2.0	= Q0.1	A M0.1
O Q2.4	OLD	LPP	R S0.0,7
ALD	AN I1.5	= Q0.0	S M1.0,8
LPS	LPS	LD I0.2	
EU	EU	LPS	
S Q0.3,1	= M3.7	A M0.0	
LPP	LPP	= Q0.2	
A M2.2	AN I0.4	LRD	
TON T37,100	S Q0.0,1	AN T37	

（3）功能块图

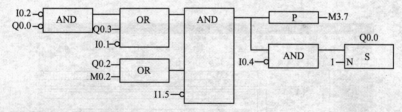

3. 利用编程器编写梯形图

以图 2-32 为例介绍编程器的使用方法。

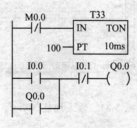

图 2-32　梯形图

① 单击程序块图标，打开程序编辑器，如图 2-33 所示。

注意指令树和程序编辑器。可以用拖拽的方式将梯形图指令插入到程序编辑器中。

② 输入程序。

输入网络一：

常闭触点 M0.0 输入步骤如下：

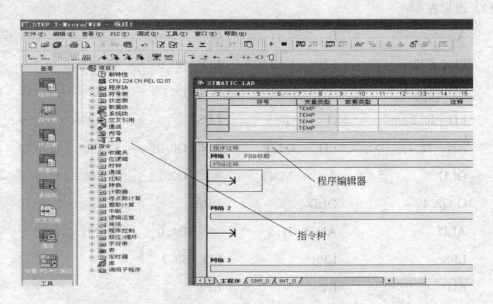

图 2-33   STEP7-Micro/WIN 项目窗口

a. 双击位逻辑图标或者单击其左侧的加号可以显示出全部逻辑指令。

b. 选择常闭触点。

c. 按住鼠标左键将出典拖到第一个程序中。

d. 单击??? 并输入地址 M0.0

e. 按回车键确认。如图 2-34 所示。

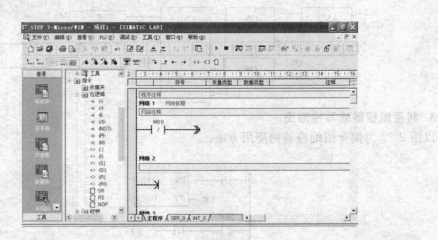

图 2-34   输入地址 M0.0

定时器指令 T33 的输入步骤如下：

a. 双击定时器图标，显示定时器指令。

b. 选择延时接通定时器 TON。

c. 按住鼠标左键将定时器拖到第一个程序段中。

d. 单击定时器上方的??? 输入定时器号 T33。

e. 按回车键确认后，光标会自动移动到预置时间值（PT）参数。

f. 输入预置时间值 100。

g. 按回车键确认。如图 2-35 所示。

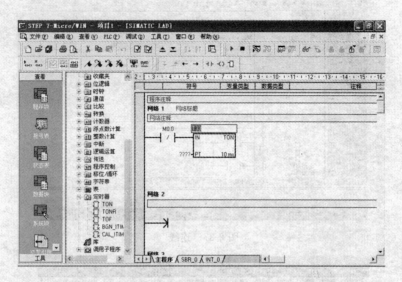

图 2-35 定时器输入

输入网络二：

a. 按照 M0.0 的输入方法，依次输入 I0.0、Q0.0 触点，如图 2-36 所示。

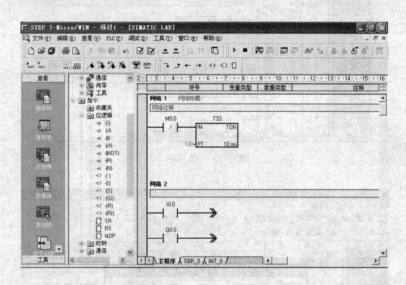

图 2-36 I0.0 和 Q0.0 触点输入

b. 单击连线工具条实现 Q0.0 和 I0.0 的连线，如图 2-37 所示。

c. 触点 I0.1 和线圈 Q0.0 的输入，完成梯形图的输入。如图 2-38 所示。

③ 保存程序。单击"文件"选择"保存"出现图 2-39 对话框，输入文件名，单击保存按钮完成文件的保存。

④ 单击"查看"选择"STL"可将梯形图转换成语句表，如图 2-40 所示。在转换时同时完成了编译，如果梯形图中有错误，会在编译窗口给出错误信息，对应的错误网络显示无效网络。

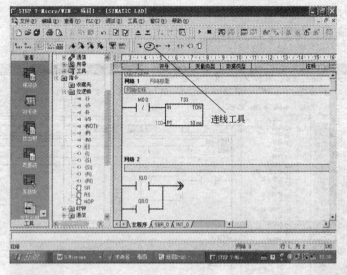

图 2-37　连线

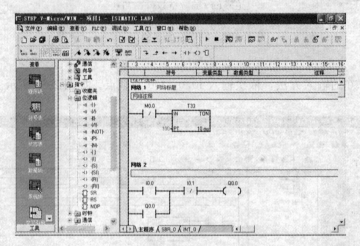

图 2-38　梯形图

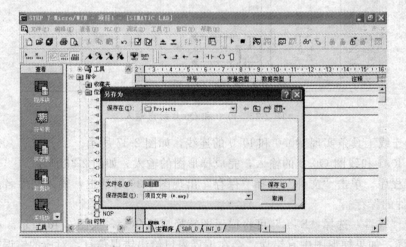

图 2-39　文件保存

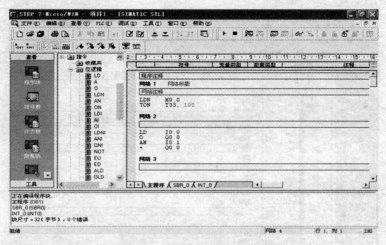

图 2-40 梯形图转换成指令表

⑤ 单击"查看"选择"FBD"可将梯形图转换成功能块图,如图 2-40 所示。在转换时同时完成了编译,如果梯形图中有错误,会在编译窗口给出错误信息,对应的错误网络显示无效网络。

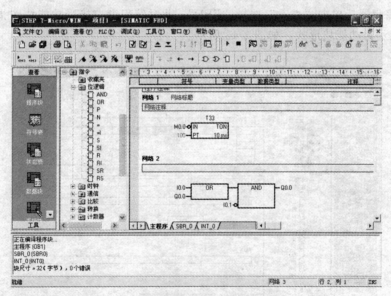

图 2-41 梯形图转换成功能块图

4. 利用编程器编写指令表

在利用编程器编写指令表时注意以下几点:

① 打开编程器后单击"查看"选择"STL",此时编程窗口接受语句表指令,对应的指令树指令显示为语句表形式,如图 2-42 所示。

② 在输入语句表时,如果输入的语句表不正确,会在相应的语句表的最左边出现红色的"×"标记。

③ 在输入语句表时,要注意划分网络,如果划分网络不正确,通常编译无效。

④ 在输入语句表时,在指令树中比用梯形图多出块指令和堆栈指令,但无置位优先和复位优先指令。

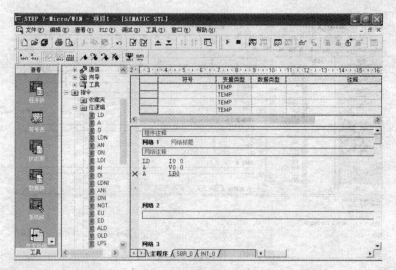

图 2-42　语句表编程

5. 利用编程器编写功能块图

在利用编程器编写功能块图时注意以下几点：

① 打开编程器后单击"查看"选择"FBD"，此时编程窗口接受功能块图指令，对应的指令树指令显示为功能块形式，如图 2-43 所示。

图 2-43　功能块编程

② 在输入功能块图时，一定区分好编程软元件的前后逻辑关系，功能块图的逻辑关系是从左到右。但功能块图不能占用第一列。

在指令树选择相应的功能块图拖到编程窗口，在显示 "????" 的地方输入操作数，在显示 "≪" 的地方根据需要输入操作数，或完成不同功能块的连接。当前后功能块的 "≪" 对正时，功能块自动连接。

功能块图的编辑如图 2-44 所示，图中从左到右工具栏的含义 "增加输入"、"删除输入"、"输入取反"、"输入为立即"。对具有多个 "≪" 的功能块，用鼠标点击，对应的输入短线为红色，此时可增加功能块的输入个数，可在输入短线的右侧增加非号，也可使输入变为立即输入，也可删除输入，删除输入时只能选中最下面的输入。对输入端的取反是对输入操作数取反。

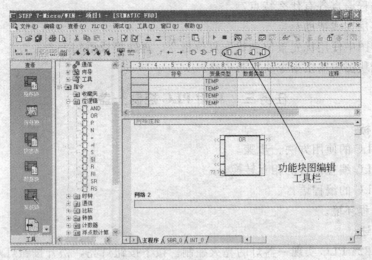

图 2-44 功能块图的编辑

③ 在输入功能块图时，要注意划分网络，如果划分网络不正确，通常编译无效。

④ 在输入功能块图时，在指令树中无开始指令。如图 2-45 所示，图（a）中用 LD 指令而在功能块中无 LD 指令，对应的功能块，如图（b）所示。

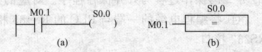

图 2-45 梯形图与功能块图

6. 评价标准

评价标准见表 2-30。

表 2-30 评价标准

评价项目	要 求	配 分	评分标准	得 分			
				自评	互评	教师	专家
梯形图的输入	操作熟练、正确无误 出现错误能排除	40 分	一次完成得 40 分 二次完成扣 5 分 三次完成扣 10 分 多次完成得 20 分				
指令表的输入	操作熟练、正确无误 出现错误能排除	30 分	一次完成得 30 分 二次完成扣 5 分 三次完成扣 10 分 多次完成得 20 分				
功能块图的输入	操作熟练、正确无误 出现错误能排除	30 分	一次完成得 30 分 二次完成扣 5 分 三次完成扣 10 分 多次完成得 20 分				
日期		地点		总分			

7. 总结与提高

① 编程器的打开有几种方法？

② 几种编程语言各有什么特点？

③ 如何使用在线帮助？

④ 在梯形图中使用优先置位和优先复位指令，再转换成语句表。

⑤ 在功能块图中输出指令块可否省略？

任务三　利用 PLC 控制一盏灯

1. 任务目标

① 掌握 PLC 的使用方法、步骤。

② 熟悉 PLC 编程语言的相互转换。

③ 熟悉 PLC 的编程语言。

④ 熟悉编程环境。

2. 任务描述

利用 CPU224 PLC 实现一盏灯的亮灭控制。按下按钮灯亮，松开按钮灯熄灭。

3. 任务步骤

① 确定输入、输出。从任务描述中可知按钮时输入信号，灯是输出信号。因此 I0.0 作为按钮的输入，Q0.0 作为灯的输出。

② 系统接线。按照任务一的操作过程接好输入、输出信号。

③ 编写程序。按照任务二的操作过程写好并保存程序。对应的梯形图如图 2-46 所示。

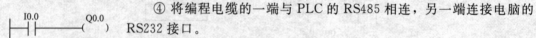

④ 将编程电缆的一端与 PLC 的 RS485 相连，另一端连接电脑的 RS232 接口。

图 2-46　控制梯形图

⑤ 打开 PLC 的电源。

⑥ 使 PLC 的工作方式开关在 "RUN" 或 "TERM" 位置。

⑦ 在 STEP7-Micro/WIN32 运行时单击通信图标，会出现一个通信对话框，如图 2-47 所示。

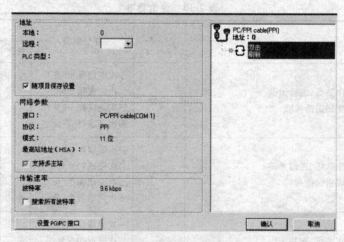

图 2-47　通信对话框

⑧ 在对话框中点击设置 PG/PC 接口按钮，将出现 PG/PC 接口的设置对话框，如图 2-48 所示。

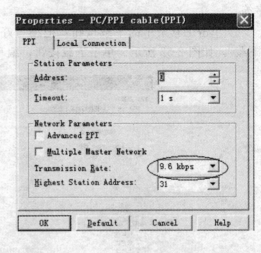

图 2-48　PG/PC 接口设置　　　　　　　图 2-49　设置接口属性

⑨ 单击 Properties（属性）按钮，将出现接口属性对话框，如图 2-49 所示。设置各参数的属性。

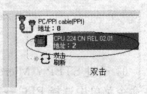

⑩ 依次点击"OK"，返回到图 2-47 对话框。双击"刷新"则会出现一个通信对话框，显示是否连接了 CPU 主机，如图 2-50 所示。

图 2-50　刷新结果

⑪ 双击要进行的站，在通信对话框中可以显示所选的 PLC 通信参数，如图 2-51 所示。

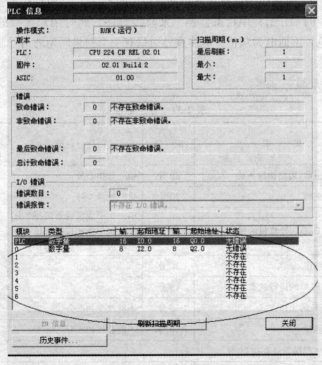

图 2-51　通信参数显示

这就建立了 PLC 与编程器的在线联系，可以显示主机组态、上传、下载监控用户程序等。

⑫ 单击工具条中的下载按钮，把编写好的程序下载到 PLC 主机，点击"文件"中的"下载"，如图 2-52 所示。单击下载按钮，编写的程序写入 PLC。

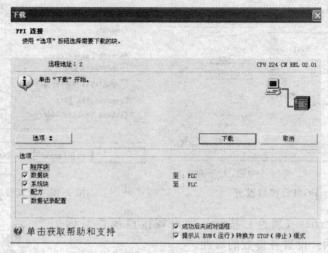

图 2-52　下载对话框

⑬ 通过 STEP 7-Micro/WIN 软件将 S7-200 转入运行模式，单击工具条中的运行，或者在命令菜单中选择 PLC→RUN。PLC 运行程序。

⑭ 当 S7-200 转入运行模式后，按下对应的 I0.0 的指示灯 Q0.0 的 LED 指示灯亮，与 Q0.0 接的灯也点亮。当松开手后，Q0.0 的指示灯和与之相连的灯也熄灭。

⑮ 程序监控。为了解程序的运行状态和复杂程序的调试，在 PLC 处于运行模式，可以通过选择"调试"菜单中的"开始程序状态监控"来监控程序。此时用户窗口的程序为不可编辑状态，通电显示为蓝色，不通电为灰色。但注意导通只有一个扫描周期的信号监控不到。

4. 评价标准

评价标准见表 2-31。

表 2-31　评价标准

评价项目	要　求	配　分	评分标准	得　分			
				自评	互评	教师	专家
I/O接线	输入接线正确、输出接线正确	20分	错一处扣2分				
程序编制	编写程序正确	20分	错一处扣2分				
通信建立	正确建立 PLC 与计算机的通信	20分	第一次不能实现通信扣2分 第二次不能实现通信扣5分 三次以上实现通信得5分				
程序下载	正确下载程序	10分					
程序运行	正确改变 PLC 的运行状态	10分					
工作方式	能改变 PLC 的工作方式	10分	不能改变扣5分				
程序监控	正确监控程序	10分	不能监控扣5分				
安全生产	不符安全生产操作规范扣20分						
日期		地点		总分			

5. 总结与提高

① 总结 PLC 的使用步骤。

② 利用一个按钮控制一盏灯的亮灭，按下按钮灯亮，松手后灯仍亮，再次按下按钮灯熄灭。

③ 如何改变 PLC 的工作方式？

④ PLC 与继电器逻辑控制有何区别？

模块三 S7-200PLC 的使用

预备知识

知识一 根据继电器电路图设计梯形图

可编程序控制器是在继电器控制系统基础上，综合计算机技术、自动控制技术和通信技术发展起来的工业自动化控制装置。因此利用设计继电器控制系统的方法可以设计简单的逻辑控制系统程序，也可以在典型控制系统梯形图的基础上，根据控制对象的控制要求和特点，通过进行修改或增加中间编程元件完善梯形图来达到控制要求。这种设计方法叫做经验设计法，没有可以遵循的规律，具有很大的试探性和随意性，最后的结果不是唯一的，与设计者的经验有很大的关系。

PLC 的梯形图语言与继电器电路图极为相似，如果用 PLC 改造继电器控制系统，可以根据继电器电路图来设计梯形图。原有的继电器控制系统经过长期使用已经被证明能完成系统要求的控制功能，而继电器电路图又与梯形图有很多相似之处，因此可以将继电器电路图"翻译"成梯形图，这种设计程序的方法简单，调试容易，但只适合简单系统设计。

将继电器电路图转换为功能相同的 PLC 的外部接线图和梯形图的步骤如下：

① 了解和熟悉被控设备的工艺过程和机械的动作情况，根据继电器电路图分析和掌握控制系统的工作原理。

② 保持系统的主电路，通常不需要修改，去除控制系统。

③ 确定 PLC 输入信号（通常为主令电器，如按钮、行程开关、接近开关、空气开关的辅助触点、热继电器的触点、方式选择开关）和输出负载（通常为接触器、继电器、电磁铁、电磁阀等执行电器），以及与它们对应的梯形图中的输入位和输出位的地址。

④ 画出 PLC 的外部接线图。即依据 PLC 系统接线要求将输入信号和输出负载与 PLC 的对应的输入位（I）和输出位（Q）相连。（注意输出负载对应的电源要求）

⑤ 确定与继电器电路图的中间继电器、时间继电器对应的梯形图中的存储器位（M）和定时器（T）的地址。通过④和⑤建立了继电器电路图中的元件和梯形图中的位地址之间的对应关系。

⑥ 根据上述对应关系将继电器电路图转换画出梯形图。

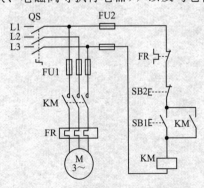

图 3-1 单向运转继电器控制电路

下面以利用 PLC 改造三相笼型异步电动机单向运转继电器控制电路为例，介绍如何用 PLC 改造继电器控制系统，如何利用翻译法设计程序，如何使用 PLC 调试系统。

图 3-1 是三相笼型异步电动机单向运转继电器控制电路。

1. 分析工作原理

工作原理如下：先合上电源开关 QS。

启动：按下 SB1 →KM 线圈得电，KM 自锁触头闭合自锁，KM 主触头闭合→电动机 M 启动连续运转。

停止：按下 SB2 或电机过载→KM 线圈失电→ KM 自锁触头分断解除自锁，KM 主触头分断→电动机 M 失电停转。

2. 确定输入、输出信号

所谓输入信号就是改变线路通电状态的主令电器和起保护作用的电器，输出信号就是执行电器。SB1、SB2、FR 为输入信号，KM 是输出信号。输入信号用 I 继电器代替，输出信号用 Q 继电器代替。

3. 保留主电路，画出接线图分配 I/O 地址

如图 3-2 所示。

4. 编写梯形图

利用翻译法编写程序。在继电器控制电路中的电源线对应梯形图中的左、右母线，梯形图中的常开触点、常闭触点、线圈与继电器控制电路一一对应，可得到如图 3-3 梯形图。

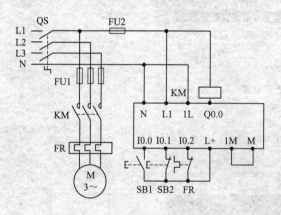

图 3-2　系统接线图

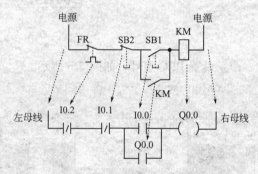

图 3-3　翻译法得到的梯形图

从翻译方法可以看出梯形图中的常开触点、常闭触点、线圈与继电器控制电路的形式不同，含义相同电源线变成了左右两条母线。

打开编程软件输入梯形图程序。

5. 保存程序

文件名："文件名 . mwp"。

6. 用仿真程序验证程序的正确性

① 在使用仿真程序前，先将保存的程序利用编程器导出"文件名 . awl"，如图 3-4 所示。

"文件"菜单→"导出"→"文件名 . awl"→"save"。

② 打开仿真环境，如图 3-5 所示。

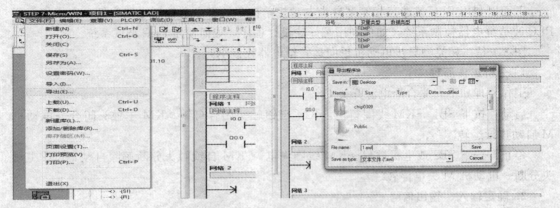

图 3-4　编辑保存程序

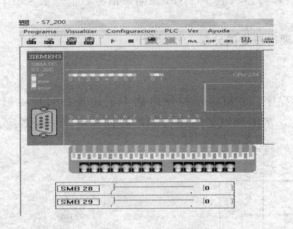

图 3-5　仿真环境

③ 设置 PLC 型号，如图 3-6 所示。

"configuracion" → "tipe de cpu" → "选择 cpu 类型" → "accepter"

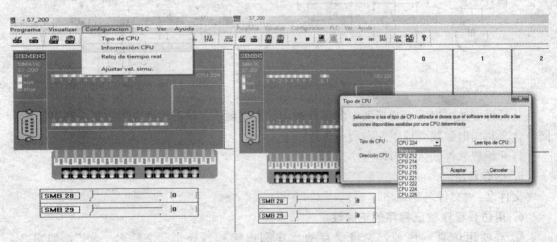

图 3-6　设置 PLC 型号

④ 导入程序，如图 3-7 所示。

⑤ 运行程序，如图 3-8 所示。

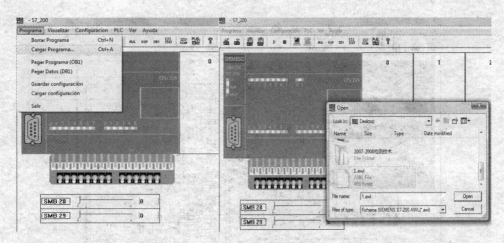

图 3-7 导入程序

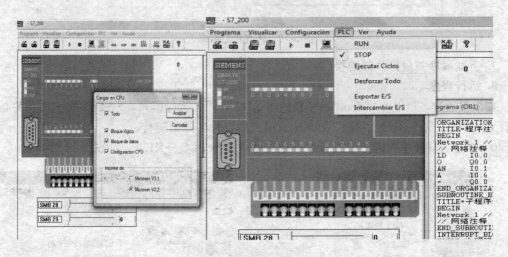

图 3-8 运行程序

⑥ 仿真结果。当按下启动按钮时，对应的 Q0.0 无输出，分析原因是由于停止、过载保护输入信号是常闭触点时，由于外电路已经通电，因此程序中对应的 I0.1 和 I0.2 常闭触点是断开的，常开触点是闭合的，因此在按下启动按钮 SB1 Q0.0 不会得电，接触器 KM 也不会吸合，电机也不能启动。为了让电机启动，必须在按下 SB1 时使 Q0.0 得电，可以有两种方法：方法一是停止、过载保护输入信号是常开触点，程序不变；方法二是停止、过载保护输入信号不变，将程序中对应的常闭触点变成常开触点。这里用方法二修改程序，如图 3-9 所示。

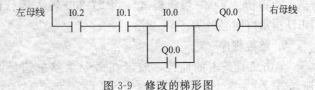

图 3-9 修改的梯形图

在使用翻译法时，还应特别注意输入信号（I）的处理，用常闭触点做输入，将梯形图中相应的输入位的触点改为相反的触点，即常开触点改为常闭触点，常闭触点改为常开触点。

用常开触点做输入，梯形图中的触点状态不变。

重复上述过程得到仿真结果，如图 3-10 所示。

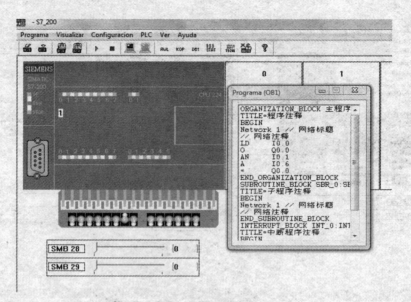

图 3-10　仿真最后结果

7. 下载程序并做好外部连接

8. 运行程序

如果想通过 STEP 7-Micro/WIN 软件将 S7-200 转入运行模式，S7-200 的模式开关必须设置为 TERM 或者 RUN。当 S7-200 转入模式后，程序开始运行。

① 单击工具条中的运行，或者在命令菜单中选择 PLC→RUN，如图 3-11 所示。

图 3-11　PLC→RUN

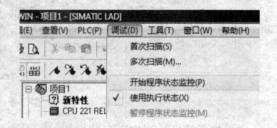

图 3-12　监控

② 单击 "Yes" 切换模式。当 S7-200 转入运行模式后，CPU 将执行程序使 Q0.0 的 LED 指示灯时亮时灭。

9. 监控程序

单击工具条中的监控，或者在命令菜单中选择调试→开始程序状态监控，如图 3-12 所示。

知识二　顺序控制设计法

顺序控制设计法很容易被初学者接受，程序的调试，修改和阅读也很容易并且大大提高了设计效率。顺序控制设计法最基本的思想是分析被控对象的工作过程及控制要求，根据控制系统输出状态的变化将系统的一个工作周期划分为若干个顺序相连的阶段。

1. 顺序控制的概念

顺序控制就是按照生产工艺预先规定的顺序，在各个输入信号的作用下，根据内部状态和时间的顺序，使生产过程中各个执行机构自动而有序的进行工作。使用顺序控制设计法时，就是要根据生产工艺画出顺序功能图，再转换成梯形图或语句表。

2. 顺序功能图

顺序功能图是描述控制系统的控制过程、功能和特性的一种图形。顺序功能图并不涉及所描述的控制功能的具体技术，而是一种通用的技术语言，可以供进一步设计和在不同专业的人员之间进行技术交流。多数品牌的 PLC 都支持顺序功能图编程语言。

3. 顺序功能图的组成要素

顺序功能图主要由步、有向连线、转换条件和动作（或命令）等要素组成。

（1）步及其划分

根据控制系统输出状态的变化将系统的一个工作周期划分为若干个顺序相连的阶段，称为步（Step），可以用编程元件（例如辅助继电器 M 和状态继电器 S）来代表各步。步是根据 PLC 输出量的状态变化来划分的，在每一步内，各输出量的 ON/OFF 状态均保持不变，但是相邻两步输出量总的状态是不同的。只要系统的输出量发生变化，系统就从原来的步进入新的步。即步的划分应以 PLC 输出量的状态来划分。如果 PLC 输出状态没有变化，就不存在程序的变化，步的这种划分方法使代表各步的编程元件的状态与各输出量的状态之间有着极为简单的逻辑关系。

初始步：与系统的初始状态相对应的步称为初始步，初始状态一般是系统等待启动命令的相对静止的状态。初始步用双线方框表示，每一个顺序功能图至少应该有一个初始步。

活动步：当系统处于某一步所在的阶段时，该步处于活动状态，称该步为活动步，也可以叫激活步。步处于活动状态时，相应的动作被执行；步处于活动状态时，相应的非存储型命令被停止执行。

（2）动作

步并不是 PLC 的输出触点动作，步只是控制系统中的一个稳定状态。在这个状态，可以有一个 PLC 的输出触点动作，但是也可以没有任何输出触点动作。动作是指某步活动时，PLC 向被控系统发出的指令。

动作用矩形框中的文字或符号表示，该矩形框应与相应步的矩形框相连接。如果某一步有几个动作，但是并不隐含这些动作之间的任何顺序。

当步处于活动状态时，相应的动作被执行。但是应注意表明动作是保持型还是非保持型的。保持型的动作是指该步活动时执行该动作，该步变为不活动后继续执行该动作。非保持型动作是指该步活动时执行该动作，该步变为不活动后停止执行该动作。一般保持型的动作在顺序功能图中应该用文字或指令助记符标注，而非保持型动作不要标注。

（3）有向连线、转换

步与步之间用有向连线连接，并且用转换将步分隔开。步的活动状态进展是按有向连线规定的路线进行。有向连线上无箭头标注时，其进展方向是从上到下、从左到右。如果不是上述方向，应在有向连线上用箭头注明方向。

步的活动状态进展是由转换来完成的。转换是用与有向连线垂直的短画线来表示，步与步之间不允许直接相连，必须有转换隔开，而转换与转换之间也同样不能直接相连，必须有步隔开。

（4）转换条件

转换条件是与转换相关的逻辑关系。转换条件可以用文字语言、布尔代数表达式或图形符号标注在表示转换的短画线旁边。

　　在顺序功能图中，步的活动状态的进展是由转换来实现的。转换的实现必须同时满足两个条件：一是该转换所有的前级步都是活动步；二是相应的转换条件得到满足。当同时具备这两个条件时，才能实现步的转换。转换实现时应完成以下两个操作：使所有由有向连线与相应转换符号相连接的后续步都变为活动步；所有有向连线与相应转换符号相连接的前级步都变为不活动步。

　　如果前级步或后续步不止一个，转换的实现称为同步实现，或称为并行结构，为了强调同步实现，有向连线的水平部分用双线表示。

　　例 1　图 3-13（a）是一送料小车，小车开始停在右侧限位开关 X1 处，按下启动按钮 X3，Y2 变为 ON，打开储料斗的闸门，开始装料，同时用定时器 T0 定时，10s 后关闭储料的闸门，Y2 变为 OFF，Y1 变为 ON，开始左行。碰到限位开关 X2 后停下来卸料，Y1 变为 OFF，Y3 变为 ON，同时用定时器 T1 定时；10s 后 Y3 变为 OFF，Y0 变为 ON，开始右行，碰到限位开关 X1 后返回初始状态，Y0 变为 OFF，小车停止运行。

　　根据 Y0～Y3 的状态的变化，显然一个工作周期可以分为装料、左行、卸料和右行这 4 步，另外还应设置等待启动的初始步，分别用 M0～M4 来代表这 5 步。图 3-13（b）是描述该系统的顺序功能图，图中用矩形框表示步，框中可以用数字表示该步的编号，一般用代表该步的编程元件的元件号作为步的编号，例如 M0 等，这样在根据顺序功能图设计梯形图时较为方便。

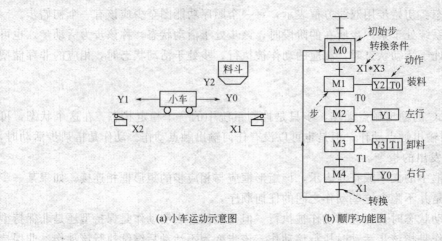

(a) 小车运动示意图　　　　(b) 顺序功能图

图 3-13　送料小车控制过程

4. 顺序功能图的基本结构

　　根据步与步之间转换的不同情况，顺序功能图有三种不同的基本结构形式：单序列结构、选择序列结构、并行序列结构。

　　（1）单序列结构

　　顺序功能图的单序列结构形式没有分支，它由一系列按顺序排列、相继激活的步组成。每一步的后面只有一个转换，每一个转换后面只有一步，如图 3-14 所示。

　　（2）选择序列结构

　　顺序过程进步到某步，若该步后面有多个转移方向，而当该步结束后，只有一个转换条件被满足以决定转移的去向，即只允许选择其中的一个分支执行，这种顺序控制过程的结构就是选择序列结构。

　　选择序列有开始和结束之分。选择序列的开始称为分支，各分支画在水平单线之下，各分支中表示转换的短画线只能画在水平线之下的分支上。选择序列的结束称为合并,选择序列的合并是指几个选择分支合并到一个公共序列上,各分支也有各自的转换条件。各分支画在水平线之上,各分支中表示转换的短画线只能画在水平线之上的分支上。

如图3-15(a)所示为选择序列的分支。假设步4为活动步,如果转换条件a成立,则步4向步5实现转换;如果转换条件b成立,则步4向步7转换;如果转换条件c成立,则步4向步9转换。分支中一般同时只允许选择其中一个序列。

如图3-15(b)所示为选择序列的合并。哪个分支的最后一步称为活动步,当转换条件满足时,都要转向步11。如果步6为活动步,转换条件d成立,则由步6向步11转换;如果步8为活动步,转换条件e成立,则由步8向步11转换;如果步10为活动步,转换条件f成立,则由步10向步11转换。

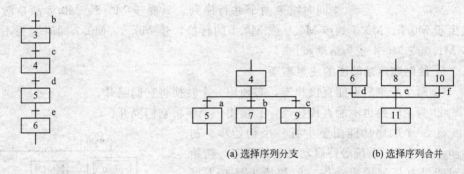

图3-14　单序列　　　　　　　　　　　　　　　　　(a) 选择序列分支　　　　(b) 选择序列合并

图3-15　选择序列

(3) 并行列序列结构

顺序过程进行到某步,若该步后面有多个分支,而当该步结束后,如转换条件满足,则同时开始所有分支的顺序动作,或全部分支的顺序动作同时结束后,汇合到同一状态,这种顺序控制过程的结构就是并行序列结构。

并行序列也有开始和结束之分。并行序列的开始称为分支,并行序列的结束称为合并。

如图3-16(a)所示为并行序列的分支。它是指当转换实现后将同时使多个后续步激活,每个序列中活动步的进展是独立的。为了区别于选择序列顺序功能图,强调转换的同步实现,水平连线用双线表示,转换条件放在水平双线之上。如果步3为活动步,且转换条件e成立,则4、6、8三步同时变成活动步,而步3变为不活动步。当步4、6、8被同时激活后,每一序列接下来的转换将是独立的。

如图3-16(b)所示为并行序列的合并。用双线表示并行序列的合并,转换条件放在双线之下。当直接连在双线上的所有前级步5、7、9都为活动步时,步5、7、9的顺序动作全部执行完成后,且转换条件d成立,才能使转换实现。即步10变活动步,而步5、7、9同时变为不活动步。

例2　图3-17是某剪板机的示意图,开始时压钳和剪刀在上限位置,限位开关I0.0和I0.1为ON。按下启动按钮I1.0,工作过程如下:首先板料右行(Q0.0为ON)至限位开关I0.3动作,然后钳下行。压紧板料后,压力继电器I0.4为ON,压钳保持压紧,剪刀开始

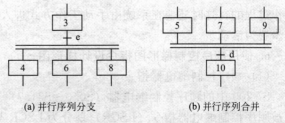

(a) 并行序列分支　　　　　(b) 并行序列合并

图3-16　并行序列

下行（Q0.0 为 ON），剪断板料后 I0.2 变为 ON。压钳和剪刀同时上行（Q0.3 和 Q0.4 为 ON，Q0.1 和 Q0.2 为 OFF），它们分别碰到限位开关 I0.0 和 I0.1 后，分别停止上行。都停止后，又开始下一周期的工作，剪完 10 块料后停止工作并停在初始状态。

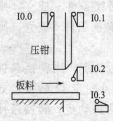

图 3-17　剪板机示意图

系统的顺序控制功能图如图 3-18 所示。图中有选择序列、并行序列的分支与合并。步 M0.0 是初始步，加计数器 C0 用来控制剪料的次数，每次工作循环中 C0 的当前值加 1。没有剪完 10 块料时，C0 的当前值小于设定值 10，其常闭触点闭合，转换条件 C0 满足，将返回步 M0.1，重新开始下一周期的工作。剪完 10 块料后，C0 的当前值等于设定值 10，其常开触点闭合，转换条件 C0 满足，将返回初始步 M0.0，等待下一次启动命令。步 M0.5、M0.7 是等待步，它们用来同时结束两个并行序列。只要步 M0.5、M0.7 都是活动步，就会发生步 M0.5、M0.7 到步 M0.0 或 M0.1 的转换，步 M0.5、M0.7 同时变为不活动步，而步 M1.0 或 M0.1 变为活动步。

5. 绘制顺序功能图的注意事项

① 两个步绝对不能直接相连，必须用一个转换将它们隔开。

② 两个转换也不能直接相连，必须用一个步将它们隔开。

③ 一个顺序功能图至少有一个初始步。初始步一般对应于系统等待启动的初始状态，初始步可能没有任何输出动作，但初始步是必不可少的。

④ 自动控制系统应多次重复执行同一工艺过程，因此在顺序功能图中一般应有由步和有向连线组成的闭环，即在完成一次工艺过程的全部操作之后，应从最后一步返回初始步，系统停留在初始状态，在连续循环工作方式时，将从最后一步返回下一工作周期开始运行的第一步。

⑤ 在顺序功能图中，只有当某一步的前级步是活动步时，该步才有可能变成活动步。如果用没有断电保持功能的编程元件代表各步，进入 RUN 工作方式时，它们均处于 OFF 状态，必须用初始化脉冲 SM0.1 的动合触点作为转换条件，将初始步预置为活动步，否则因顺序功能图中没有活动步，系统将无法工作。如果系统有自动、手动两种工作方式，顺序功能图是用来描述自动工作过程的，这时还要在系统由手动工作方式进入自动工作方式时，用一个适当的信号将初始步置为活动步。

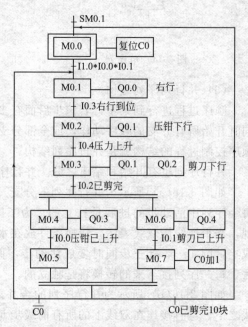

图 3-18　顺序控制功能图

6. 使用顺序控制梯形图指令设计梯形图

（1）顺序控制继电器指令

S7-200 中的顺序控制继电器（S0.0～S31.7）专门用于编制顺序控制程序。顺序控制程序被顺序控制继电器指令（LSCR）划分为 LSCR 与 SCRE 指令之间的若干个 SCR 段，一个 SCR 段对应于顺序功能图中的一步。西门子 S7-200 顺序控制指令见表 3-1。梯形图如图 3-

19 所示。

表 3-1　顺序控制指令

梯 形 图	语 句 表	描　　述
S_bit SCR	LSCR　S_bit	SCR 程序段开始
S_bit (SCRT)	SCRT　S_bit	SCR 转换
(SCRE)	SCRE	SCR 程序段条件结束
	CSCRE	SCR 程序段结束

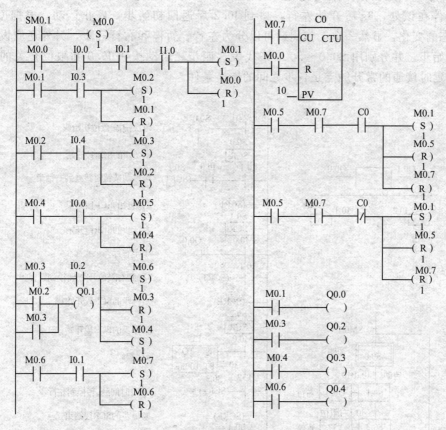

图 3-19　梯形图

① LSCR 指令。装载顺序控制继电器（Load Sequence Control Relay）指令 "LSCR S_bit" 用来表示一个 SCR 段（即顺序功能图中的步）的开始。指令中的操作数 S_bit 为顺序控制继电器 S(BOOL 型) 的地址，顺序控制继电器为 1 状态时，执行对应的 SCR 段中的程序，反之则不执行。

② SCRE 指令。顺序控制继电器结束（Sequence Control Relay End）指令 SCRE 用来表示 SCR 段的结束。

③ SCRT 指令。顺序控制继电器转移（Sequence Control Relay Transition）指令 "SCRT S_bit" 用来表示 SCR 之间的转换，即步的活动状态的转换。当 SCRT 线圈 "得电" 时，SCRT 指令中指定的顺序功能图中的后续步对应的顺序控制继电器变为 1 状态，同

时当前活动步对应的顺序控制继电器被系统程序复位为0状态，当前步变为不活动步。

LSCR指令中指定的顺序控制继电器（S）被放入SCR堆栈和逻辑堆栈的栈顶，SCR堆栈中S位的状态决定对应的SCR段是否执行。由于逻辑堆栈的栈顶装入了S位的值，所以将SCR指令直接连接到左侧母线上。

使用SCR时有以下的限制：不能在不同的程序中使用相同的S位；不能在SCR段之间使用JMP及LBL指令，即不允许用跳转的方法跳出SCR段；不能在SCR段中使用FOR、NETX和END指令，在同一程序中不能使用同一线圈输出指令。

（2）单序列的编程方法

例3　图3-20是小车运动的示意图和顺序功能图。设小车在初始位置时停在左边，限位开关I0.2为1状态。按下启动按钮I0.0后，小车向右运动（简称右行），碰到限位开关I0.1后，停在该处，3s后开始左行，碰到I0.2后返回初始步，停止运动。根据Q0.0和Q0.1状态的变化，显然一个工作周期可以分为左行、暂停和右行三步，另外还应设置等待启动的初始步，并分别用S0.0～S0.3来代表这四步。启动按钮I0.0和限位开关的常开触点，T37延时接通的常开触点是各步之间的转换条件。

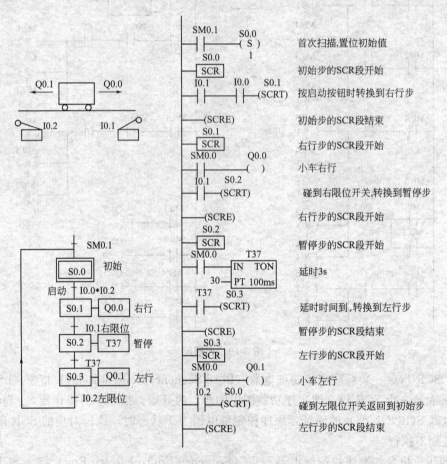

图3-20　小车运动的示意图和顺序功能图

在设计梯形图时，用LSCR（梯形图中为SCR）和SCRE指令表示SCR段的开始和结束。在SCR段中用SM0.1的常开触点来驱动在该步中应为1状态的输出点（Q）线圈，并用转换条件对应的触点或电路来驱动转换到后续步的SCRT指令。

首次扫描时，SM0.1 的常开触点接通一个扫描周期，使顺序控制继电器 S0.0 置位，初始步变为活动步，只执行 S0.0 对应的 SCR 段。如果小车在最左边，I0.2 为 1 状态，此时按下启动按钮 I0.0，指令"SCRT S0.1"对应的线圈得电，使 S0.1 变为 1 状态，操作系统使 S0.0 变为 0 状态，系统从初始步转换到右行步，只执行 S0.1 对应的 SCR 段。在该段中，SM0.0 的常开触点闭合，Q0.0 的线圈得电，小车右行。在操作系统没有执行 S0.1 对应的 SCR 对应的 SCR 段时，Q0.0 的线圈不会通电。

右行碰到右限位开关时，I0.1 的常开触点闭合，将实现右行步 S0.1 到暂停步 S0.2 的转换。定时器 T37 用来使暂时停步持续 3s。延时时间到时 T37 的常开触点接通，使系统由暂停步转到左行步 S0.3，直到返回初始步。

（3）选择序列与并行序列编程方法

① 选择序列的编程方法。

图 3-21 中步 S0.0 之后有一个选择序列的分支，当它是活动步，并且转换条件 I0.0 得到满足，后续步 S0.1 将变为活动步，S0.0 变为不活动步。如果步 S0.0 为活动步，并且转换条件 I0.2 得到满足，后续步 S0.2 将变为活动步，S0.0 变为活动步。

当 S0.0 为 1 时，它对应的 SCR 段被执行，此时若转换条件 I0.0 为 1，该程序段中的指令"SCRT S0.1"被执行，将转换到步 S0.1。若 I0.2 的常开触点闭合，将执行指令"SCRT S0.2"转换到步 S0.2。

图 3-21 中，步 S0.3 之前有一个选择序列的合并，当步 S0.1 为活动步（S0.1 为 1 状态），并且转换条件 I0.1 满足，或步 S0.2 为活动步，并且转换条件 I0.3 满足，步 S0.3 都应变为活动步。在步 S0.1 和步 S0.2 对应的 SCR 段中，分别用 I0.1 和 I0.3 的常开触点驱动指令"SCRT S0.3"，就能实现选择系列的合并。

② 并行序列的编程方法。

图 3-21 中步 S0.3 之后有一个并行序列的分支，当步 S0.3 是活动步，并且转换条件 I0.4 满足，步 S0.4 与步 S0.6 应同时变为活动步，这是用 S0.3 对应的 SCR 段中 I0.4 的常开触点同时驱动指令"SCRT S0.4"和"SCRT S0.6"来实现的。与此同时，S0.3 被自动复位，步 S0.3 变为不活动步。

步 S1.0 之前有一个并行序列的合并，因为转换条件为 1（总是满足），转换实现的条件是所有的前级步（即步 S0.5 和 S0.7）都是活动步。此时应将 S0.5、S0.7 的常开触点串联，来控制 S1.0 的置位和 S0.5、S0.7 的复位，从而使步 S1.0 变为活动步，步 S0.5 和步 S0.7 变为不活动步。

例4 图 3-22 为电机正反转顺序功能图。在步 S0.0 之后有一个选择序列的分支，当它是活动步，并且转换条件 I0.0 得到满足，后续步 S0.1 将变为活动步，S0.0 变为不活动步。如果步 S0.0 为活动步，并且转换条件 I0.1 得到满足，后续步 S0.2 将变为活动步，S0.0 变为不活动步，此时电机反转。当 S0.0 为 1 时，它对应的 SCR 段被执行，此时若转换条件 I0.0 为 1，该程序段中的指令"SCRT S0.1"被执行，将转换

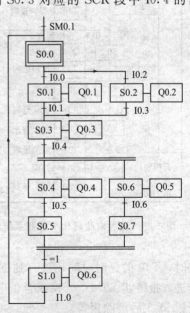

图 3-21 选择序列与并行序列的
顺序功能图和梯形图

到步 S0.1。若 I0.1 的常开触点闭合，将执行指令"SCRT S0.2"转换到步 S0.2。在 S0.1 为 1 时，它对应的 SCR 段被执行，此时电机正转，在 S0.2 为 1 时，它对应的 SCR 段被执行，此时电机反转。在 S0.1 为 1 时或在 S0.2 为 1 时，如果 I0.2 为 1，则回到步 S0.0，等待启动信号。

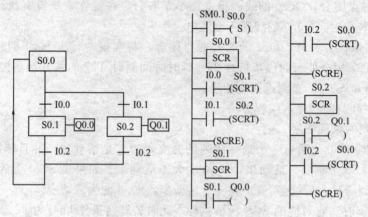

图 3-22 电机正反转顺序功能图

例 5 某轮胎内胎硫化机 PLC 控制系统的顺序功能图如图 3-23 所示，梯形图如图 3-24 所示。一个工作周期由初始合模、反料、硫化、放汽和开模这 6 步组成，它们与 S0.0～S0.5 相对应。

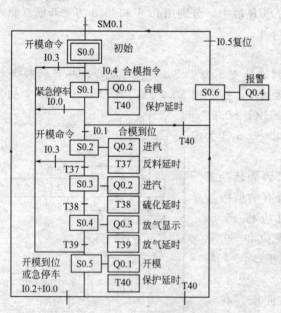

图 3-23 轮胎内胎硫化机控制系统的顺序功能图

首次扫描时，用 SM0.1 的常开触点将初始步对应的 S0.0 置位，将其余各步对应的 S0.1～S0.6 复位。在反料和硫化阶段，Q0.2 为 1 状态，单线圈电磁阀通电，蒸汽进入模具。在放汽阶段 Q0.2 为 0 状态，单线圈电磁阀断电，放出蒸汽，同时 Q0.3 使"放汽"指示灯亮。反料阶段允许打开模具，硫化阶段则不允许。紧急停车按钮 I0.0 可以停止开模，也可以将合模改为开模。

在运行中发现"合模到位"和"开模到位"限位开关（I0.2 和 I0.2）的故障率较高，容易出现合模，开模已到位，但是相应电机不能启停机的现象，甚至可能损坏设备。为了解决这个问题，在程序中设置了诊断和报警功能，在开模或合模时，用 T40 延时，在正常情况下，开、合模到位时，T40 的延时时间还没有到位就复位，所以不起作用。限位开关出现故障时，T40 使系统进入报警步 S0.6，开模或合模电机自动断电，同时 Q0.4 接通报警装置，操作人员按复位按钮 I0.5 后解除报警。

Q0.2 在步 S0.2 和 Q0.3 均应为 1，不能在这两步的 SCR 区内分别设置一个 Q0.2 的线圈；必须用 S0.2 和 S0.3 的常开触电的并联电路来控制一个 Q0.2 的线圈。

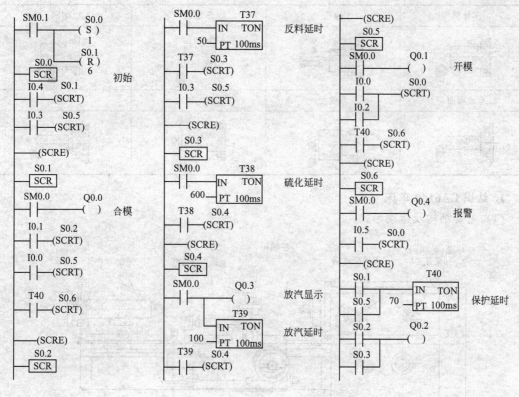

图 3-24　某轮胎内胎硫化机梯形图

项　目

项目一　利用 PLC 改造 CA6140 车床控制系统

项目描述：

CA6140 是一种应用非常广泛的卧式车床，它能完成外圆、螺纹、端面、锥面、钻孔等加工工艺，车床的加工工艺见表 3-2。要想对车床电气系统利用 PLC 进行改造，需要先了解车床的结构、运动形式，各种操作手柄、按钮的位置、功能，并在此基础上能操作车床。在此基础上分析 CA6140 的电气控制系统，提出改造方案，并进行安装、调试，达到车床的控制要求。

表 3-2　车床加工工艺

钻中心孔	钻孔	铰孔	攻丝

续表

车外圆	镗孔	车端面	切断
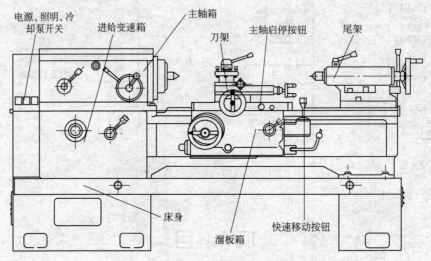			
车成形面	车锥面	滚花	车螺纹

1. 认识 CA6140 车床

（1）主要结构及运动形式

图 3-25　车床结构

普通车床主要由床身、主轴变速箱、进给箱、溜板箱、刀架、尾架等部分组成，以 CA6140 普通车床为例，如图 3-25 所示。CA6140 普通车床有两种主要运动，一种是主轴上的卡盘带着工件的旋转运动，称为主运动；另一种是溜板箱带着刀架的直线运动，称为进给运动。车床的主轴只需要运转方向由机械结构实现，主轴速度的变化也由机械变速实现。

（2）电力拖动特点和控制要求

① 主拖动电动机采用一般三相笼型异步电动机，主轴采用机械调速，其正反转采用机械方式实现。

② 主拖电动机容量较小，采用直接启动方式。

③ 车削加工时，需要冷却液冷却，因此需要一台冷却泵电机，其单方向旋转与主拖电动机有联锁关系。

④ 主拖电动机和冷却泵电动机部分应具有短路和过载保护。

⑤ 应具有局部安全照明装置。

⑥ 为了提高工作效率，刀架可由快速移动电机拖动，其移动方向由进给操作手柄配合机械装置实现。

2. 读图

CA6140 普通车床电气控制线路图，如图 3-26 所示。

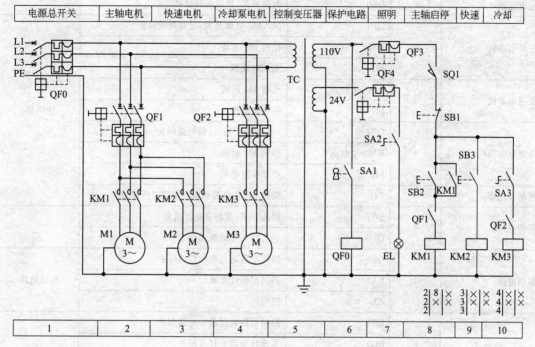

图 3-26 CA6140 电气控制线路图

（1）识图知识

为了正确识图，注意表 3-3 的内容。

表 3-3 识图知识

序号	内 容	标 记	功 能
1	图幅分区	文字区	对应电路的功能
		数字区	便于检索读图
2	画电路的顺序	从左到右	主电路、控制电路、辅助电路
3	电源线的画法	水平画	从上到下依次是 L1、L2、L3、N、PE
4	主电路和控制电路画法	与电源线垂直	
5	图形符号的画法	按照国家标准规定绘制	水平绘制时逆时针旋转 90°
6	接触器、继电器触点画法	分开绘制在线圈下方集中绘制触点位置	×表示未使用。数字表示在相应的数字区，接触器从左到右是主触点、辅助常开、辅助常闭，继电器从左到右是辅助常开、辅助常闭

（2）认识电路组成

按照表 3-4 读图。

3. 机床的操作

（1）开车前的准备

① 认识 CA6140 车床结构。

② 找到机床上操作电气控制操作电器的位置，明确功能。如图 3-27 所示。

表 3-4 读图

识图顺序	区号	组成电路的电器	电器功能	备注
电源电路	1	QF0	电源开关,过载短路保护	
主轴电动机	2	QF1	M1、M2 电源开关,过载短路保护	主电路
		KM1 主触点	控制 M1 运转	
		M1	主轴电动机	
快速电动机	3	KM2 主触点	控制 M2 运转	
		M2	快速电动机	
冷却泵电动机	4	QF2	M3 电源开关,过载短路保护	
		KM3 主触点	控制 M3 运转	
		M2	冷却泵电动机	
控制变压器	5	TC	提供 110V 电源和照明电路 24V 电源	辅助电路
保护电路	6	SA1	钥匙开关,控制总电源通断	
		QF0	空气开关分励脱扣器	
照明电路	7	QF4	照明电路的过载和短路保护	
		SA2	控制照明灯亮灭	
		EL	照明灯	
主轴启停电路	8	QF3	控制电路的过载和短路保护	控制电路
		SQ1	实现挂轮箱盖打开断电	
		SB1、SB2	主轴电机启动停止	
		KM1 辅助常开	接触器 KM1 自锁	
		QF1 辅助常开	主轴电机的过载保护	
		KM1 线圈	控制 KM1 吸合与释放	
快速电路	9	SB3	实现快速电机的点动控制	
		KM2 线圈	控制 KM2 吸合与释放	
冷却	10	SA3	控制冷却泵的启停	
		QF2 辅助常开	冷却泵电机的过载保护	
		KM3 线圈	控制 KM3 吸合与释放	

图 3-27 操作主令电器

③ 用专用工具，打开电箱门，检查 QF1、QF2 及空气开关 QF3、QF4 是否接通，检查各接线端子及接地端子是否连接可靠，将有松动的端子紧固。检查完毕，关好电箱门。电气控制箱如图 3-28 所示。

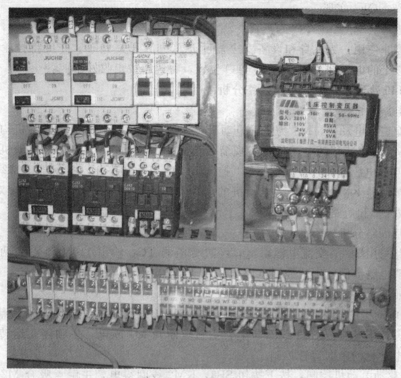

图 3-28　电气控制箱

④ 关好前防护罩。

⑤ 将操作手柄处于中间位置。

（2）开机

将挂轮保护罩前侧面上开关面板上的电源开关锁 SA1 旋至 I 位置，向上扳动总电源开关 QF0 至 ON 位置接通电源。

（3）主电机的启动及停止

按床鞍按钮板上绿色启动按钮 SB2，接触器 KM1 得电吸合；主电机旋转，按红色急停按钮 SB1，KM1 失电释放，主电机 M1 停止旋转。

（4）冷却泵的启动及停止

将挂轮保护罩前侧面上开关面板上的黑色旋钮 SA3 旋至 I 位置，KM3 得电吸合，冷却泵 M3 旋转。旋至 OFF 位置，KM3 失电释放，冷却泵 M3 停止旋转。

（5）快速电机的启动及停止

将快速进给手柄扳到所需方向，按住快速进给手柄内的快速按钮 SB3，KM2 得电吸合，快速电机旋转。即可向该方向快速移动。松外按钮 SB3，KM2 失电释放，快速电机 M2 停止旋转。

为防止快速电机短路，电路中设置 QF1，进行短路保护。

（6）机床照明

按挂轮保护罩前侧面上开关面板上的白色按钮 SA2 照明灯亮，再按下，照明灯灭。照明电路短路保护通过空气开关 QF4 实现。

（7）控制回路及变压器的保护

控制变压器 TC 一次侧的短路保护由总电源开关 QF0 实现，二次侧电路的短路保护由空气开关 QF3、QF4 实现。

（8）关机

如机床停止使用，为人身和设备安全需断开总电源开关 QF0。并应将挂轮保护罩前侧面上开关面板上的电源开关锁 SA1 旋至 O 位置，将钥匙拔出收好。

4. CA6140 普通车床电气控制线路分析

（1）主电路分析

主电路有三台电动机，M1 为主轴电动机，拖动主轴旋转，并通过进给机构实现车床的进给运动；M2 为快速移动电动机，实现溜板箱的快速移动；M3 冷却泵电动机，拖动冷却泵输出。QF0 为电源开关，接触器 KM1 控制 M1 的启动和停止，接触器 KM2 控制 M2 的工作状态，接触器 KM3 控制 M3 电动机的启动和停止。QF1、QF2 分别实现对 M1、M2、M3 进行过载保护和短路保护。

（2）控制电路分析

控制电路采用 380V 交流电源供电，经过变压器 TC，输出 110V 和 24V 两种电压为控制电路和照明电路提供电压。控制电路电压为 110V，照明电路为 24V。QF3、QF4 分别为控制电路和照明电路的过载和短路保护。

① 主轴电动机的控制：按下启动按钮 SB2，KM1 线圈得电并自锁，主触点吸合 M1 得电直接启动。按下 SB1，KM1 线圈断电，主触点断开 M1 断电，主轴停止运转。显然主轴电动机就是电动机的单向运转控制。

② 快速移动电动机控制：按下按钮 SB3，KM2 线圈得电，主触点吸合 M2 得电直接启动。松开 SB3，KM2 线圈断电，主触点断开 M2 断电，快速移动电动机停止运转。显然快速电动机就是电动机的点动运转控制。

③ 冷却泵电动机的控制：冷却泵电动机的控制由转换开关 SA3 控制来实现，当 SA3 闭合，KM3 线圈得电，主触点吸合 M3 得电直接启动。断开 SA3，KM3 线圈断电，主触点断开 M3 断电，冷却泵电动机停止运转。

（3）辅助照明电路分析

机床局部照明采用 24V 电源，照明由转换开关 SA2 控制。SA2 闭合照明灯 EL 亮，SA2 断开照明灯 EL 熄灭。

（4）机床电气控制的保护

① 电机的保护：电机的过载保护没有用热继电器，而是利用空气开关提供的辅助常开触点串联在电动机接触器线圈的控制电路中作过载保护，当电动机发生过载时，空气开关断开，同时串联在电动机接触器线圈控制电路的辅助常开触点也断开，接触器线圈断电，接触器主触点断开，电动机停止运转。

② 供电电源的保护：机床的供电电源用钥匙开关 SA1 控制，当无钥匙，闭合机床空气开关 QF0，此时 QF0 的分励脱扣器线圈电路得电，使 QF0 脱扣断开电源，因此系统不能得电，必须用钥匙插入 SA1 使 QF0 的分励脱扣器线圈电路断开，此时闭合机床空气开关 QF0，由于 QF0 的分励脱扣器线圈电路断电，因此系统能得电。

③ 挂轮箱的防护：车床可以加工螺纹，在加工螺纹时，必须用挂轮改变传动比，实现主轴和刀架的联动，来加工不同螺距的螺纹，为了防止在更换挂轮时人为启动机床，在挂轮

箱上安装了行程开关 SQ1，并把 SQ1 串在控制电路中，当挂轮箱盖打开时，SQ1 断开，控制电路不能得电，只有当安装好挂轮箱盖，此时 SQ1 闭合，才能使控制电路得电。

5. CA6140 元件表

CA6140 元件见表 3-5。

表 3-5　CA6140 元件

序号	名　称	元件代号	型　号	备　注
1	主轴电动机	M1	Y132M-4-B3 TH	7.5kW 1450r/min 380V
2	快速移动电动机	M2	YSS2-5634 TH	250W 1500r/min 380V
3	冷却泵	M3	YSB-25 TH	125W 3000r/min 380V
4	电源总开关	QF0	ABS53a/30	30A
5	主轴电动机保护	QF1	GV2-RS21-C	13～18A
6	冷却泵保护	QF2	GV2-RS04-C	0.4～0.63A
7	控制电路保护	QF3	DZ47-63 1P	1A
8	照明电路保护	QF4	DZ47-63 1P	3A
9	主轴电动机接触器	KM1	100-C16KD10 或 LC1-D1810	380V　110V
10	快速、冷却电动机接触器	KM2 KM3	100-C09KD10 或 LC1-D0910	
11	变压器	TC	JBK5-160	160V·A 200～600/110V/24V/6V
12	主轴停止按钮	SB1	XB2-BS542C	
13	主轴启动按钮	SB2	LA39-10/G	
14	快移按钮	SB3	XB2-EA121	
15	冷却泵开关	SA3	XB2-BD217C	
16	钥匙开关	SA1	XB2-BG217C	

6. CA6140 普通车床电气控制线路的常见故障

CA6140 普通车床电气控制线路的常见故障见表 3-6。

表 3-6　CA6140 普通车床电气控制线路的常见故障

故障现象	故障分析
主轴电动机不启动	(1)电源是否缺相 (2)QF1 是否断开 (3)挂轮防护门是否关好。防护门开关 SQ1 常开触点是否正常 (4)启动按钮 SB2 常开触点是否正常，接线是否正确 (5)停止按钮 SB4 常闭触点是否正常，接线是否正确 (6)接触器触点吸合和断开是否正常 (7)电路中接线端子是否有松动 (8)导线是否有断开
冷却泵不旋转	(1)电源是否缺相 (2)QF2 是否断开 (3)旋钮开关 SA1 触点是否正常，接线是否正确 (4)接触器触点吸合和断开是否正常 (5)电路接线端子是否有松动
快速电动机不旋转	(1)电源是否缺相 (2)QF1 是否断开 (3)旋钮开关 SA1 触点是否正常，接线是否正确 (4)接触器触点吸合和断开是否正常 (5)电路接线端子是否有松动

续表

故 障 现 象	故 障 分 析
主轴电动机缺相运行(主轴电动机转速慢,并发出"嗡嗡"声)	(1)供电电源缺相 (2)接触器有一相接触不良 (3)电动机损坏,接线脱落或绕组断线
主轴电动机不能停转按 SB1 电动机不停转	(1)接器主触点熔焊,接触器衔铁卡死 (2)接触器铁芯面有油污灰尘使衔铁粘住
照明灯不亮	(1)QF4 是否断开 (2)照明灯泡损坏 (3)SB5 触点松动 (4)变压器一、二次绕组断线或松脱、短路

7. 利用 PLC 改造 CA6140 控制系统

利用 PLC 改造 CA6140 控制系统后 PLC 控制器在控制系统中起逻辑运算的功能,即根据操作者对主令电器(按钮等)的操作,使接触器得电或断电,满足 CA6140 的加工要求。

原有控制系统是利用继电器逻辑控制电路来实现。因此利用 PLC 时要去掉原系统的继电器逻辑控制电路,找到主令电器和执行电器。执行电器的得电通过程序实现。对原有系统保留主电路和电源电路。由于照明电路简单,所以保留照明电路。其余用 PLC 实现相应的功能。

(1)确定输入信号与输出信号

CA6140 的输入、输出信号如表 3-7、表 3-8 所示。

表 3-7   输入信号

输 入 信 号	功 能	输 入 信 号	功 能
SB1	主轴停止按钮	QF1	主轴电动机的过载保护
SB2	主轴启动按钮	QF2	冷却泵电动机的过载保护
SB3	快移按钮	SQ	挂轮箱盖检测开关
SA3	冷却泵开关		

表 3-8   输出信号

输 出 信 号	功 能	输 出 信 号	功 能
KM1	主轴电动机接触器	KM3	冷却电动机接触器
KM2	冷却电动机接触器		

(2)分配 I/O 资源

输入、输出信号占用的 PLC 地址如表 3-9 所示。

表 3-9   输入、输出信号地址分配

输 入 信 号	输入信号地址	输 出 信 号	输入信号地址
QF1、QF2、SQ	I0.0	KM1	Q0.0
SB1	I0.1	KM2	Q0.1
SB2	I0.2	KM3	Q0.2
SB3	I0.3		
SA3	I0.4		

（3）绘制电气原理图

改造后的系统电气原理图如图 3-29 所示。

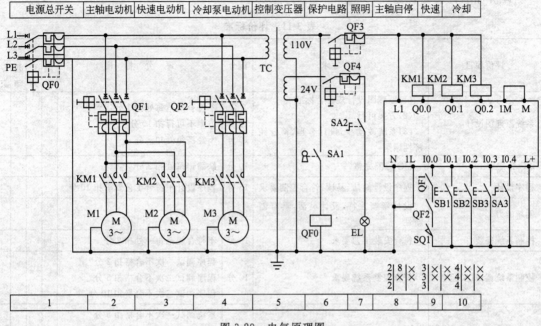

图 3-29 电气原理图

（4）编写程序

依据继电器控制系统的要求编写梯形图如图 3-30 所示。

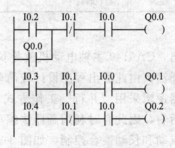

图 3-30 控制梯形图

（5）写入程序

利用编程软件将程序写入 PLC，在实验台上安装调试并填写调试记录表 3-10。

表 3-10 调试记录表

序　　号	出现的问题	问题分析	如何解决	心得体会
1				
2				
3				
4				

注：可根据调试问题的多少增加或删减表格行数。

（6）现场调试

按照改造后的控制系统，在实训车间接线，接好后运行系统。

8. 评价标准

评价标准见表 3-11。

表 3-11　评价标准

评价项目	要　　求	配分	评 分 标 准	得分 自评	互评	教师	专家
系统原理图设计	(1)原理图设计规符合标准 (2)方案可行 (3)系统改动少,设计合理,符合经济性原则	5分 10分 10分	不符合规范每处扣1分 方案不可行扣10分 不经济每处扣2分				
I/O 分配	I/O分配完整	10分	缺漏错每处扣2分				
程序设计	程序设计简洁、易读、符合控制要求	15分	程序设计不符合工艺要求扣10分				
创新能力	设计新颖独特,设计灵活,具有创新性	10分					
控制系统安装	符合安装工艺要求	10分	不符合规范每一处扣2分				
控制系统调试(实验室)	符合控制系统要求	10分	程序调试一次不合格扣2分 程序调试二次不合格扣5分 程序调试三次不合格扣10分				
现场安装调试	符合系统要求	20分	系统调试一次不合格扣5分 系统调试二次不合格扣10分 系统调试三次不合格扣20分				
安全生产	不符安全生产操作规范扣20分						
日期		地点		总分			

9. 项目总结与提高

从这个改造系统中可以看出，CA6140 主轴电动机就是长动控制，快速电动机就是点动控制。在编写程序时利用了翻译法。由此看出程序设计较简单，但应该注意，继电器逻辑和梯形图的工作特点不同，继电器逻辑采用"并行"工作方式，而梯形图采用串行工作方式，执行程序按照先上后下，先左后右，因此有时利用翻译法编写程序会失败。下面举例说明在继电器逻辑中有的电动机具有点动和长动混合控制，如图 3-31 所示。

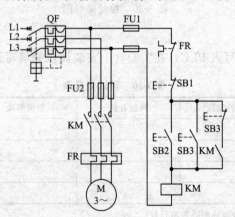

图 3-31　点动与长动混合控制

工作原理分析：

先合上电源开关 QF。

（1）长动控制

启动：

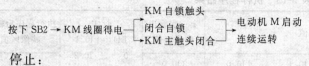

按下 SB2 → KM 线圈得电 ┬→ KM 自锁触头
                        │   闭合自锁   ┐
                        └→ KM 主触头闭合 ┴→ 电动机 M 启动
                                           连续运转

停止：

按下 SB1 → KM 线圈失电 ┬→ KM 自锁触头
                        │   分断解除自锁 ┐
                        └→ KM 主触头断开 ┴→ 电动机 M 失电
                                           停止运转

（2）点动控制

启动：

按下 SB3 ┬→ SB3 常闭触头先分断切断自锁电路
         └→ SB3 常开触头闭合 → KM 线圈得电 ┬→ KM 自锁触头闭合
                                           └→ KM 主触头闭合 → M 启动运转

停止：

松开 SB3 ┬→ SB3 常闭触头后闭合
         └→ SB3 常开触头先断开 → KM 线圈断电 ┬→ KM 自锁触头断开
                                            └→ KM 主触头断开 → M 停止运转

利用 PLC 实现电机的点动和长动混合控制，输入、输出信号占用的 PLC 地址如表 3-12 所示。

表 3-12 输入、输出信号地址分配

输入信号	输入信号地址	输出信号	输出信号地址
SB1 常闭	I0.0	KM1	Q0.0
SB2 常开	I0.1		
SB3 常开	I0.2		
FR 常闭	I0.3		

保持主电路不变，去掉控制电路，依据翻译法编写梯形图如图 3-32 所示。

注意：由于 SB1、FR 采用常闭触点作输入，因此在用翻译法编写梯形图时程序中的常闭实际是常开，常开是常闭。所以在梯形图中 I0.0、I0.3 是闭合的。

按照翻译规则编写好的程序在运行时，只有长动而没有点动。原因是 PLC 工作原理是按循环扫描，串行方式工作。执行程序按照从上到下，从左到右的顺序，如图 3-33 所示。

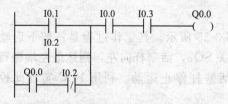

图 3-32 点动与长动混合控制梯形图

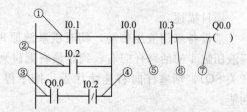

图 3-33 程序执行顺序

在程序执行的一个扫描周期内，在执行逻辑运算时，读取的编程元件的值在执行指令前编程元件的值如果没有改变，则用上一次扫描周期内程序执行的结果，如果读取的编程元件的值在执行指令前编程元件的值已经改变且扫描周期没有完成，则在后继程序中读取的编程元件的值为本次扫描周期执行的新值。在图 3-30 中程序按照图示顺序依次执行。在按下 SB2 时程序执行的长动，没有问题。但在按下 SB3 点动时却是长动，分析如表 3-13 所示。

表 3-13　执行程序结果

操　作	输入映像区值				上一次输出映像区值	程序		执行程序后输出映像区值
	I0.3	I0.2	I0.1	I0.0	Q0.0	LD　　I0.1 O　　I0.2 LD　　Q0.0 AN　　I0.2 OLD		Q0.0
按下 SB3	1	1	0	1	0			1
松开 SB3	1	0	0	1	1	A　　I0.0 A　　I0.3 =　　Q0.0		1

没有点动的主要原因就是自锁不能切除，只要切除自锁就行了。修改后的程序如图 3-34 所示。

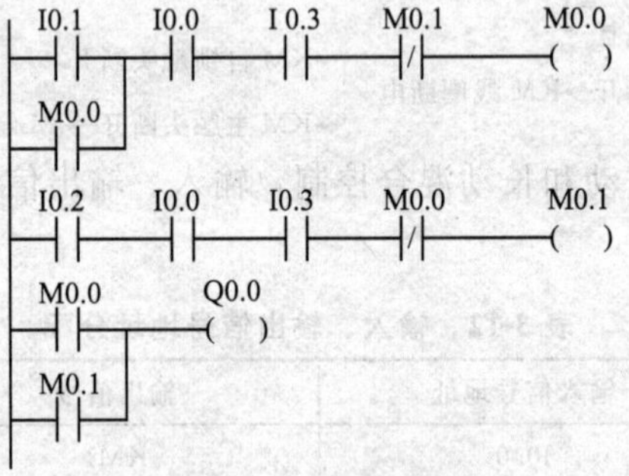

图 3-34　正确的梯形图

从这个例子可以看出梯形图和继电器逻辑执行的工作原理是不同的。

思　考　题

1. 利用置位、复位指令实现电动机的长动控制。

2. 利用单按钮实现电动机的启动和停止，即按下按钮电动机启动，再按下按钮电动机停止。

项目二　利用 PLC 实现液压系统的控制

项目描述：

某设备采用液压传动，其液压系统原理图如图 3-35 所示。其工作过程是：按下启动按钮液压缸 4 的活塞杆向右，到达最右端碰到行程开关 SQ2，活塞杆向左，到达最左端碰行程开关 SQ1，活塞杆向右连续往返。按下停止按钮活塞杆停止运动。利用 PLC 实现此控制功能。

1. 液压系统概述

（1）什么是液压传动

液压传动控制是工业中经常用到的一种控制方式，它采用液压完成传递能量的过程。因为液压传动控制方式的灵活性和便捷性，液压控制在工业上受到广泛的重视。液压传动是研究以有压流体为能源介质，来实现各种机械和自动控制的学科。液压传动利用液压元件来组成所需要的各种控制回路，系统是以电机提供动力基础，带动液压泵旋转，液压泵将机械能转化为压力，推动液压油。通过控制各种阀门改变液压油的流向，从而推动液压缸做出不同行程、不同方向的动作，完成各种设备不同的动作需要。

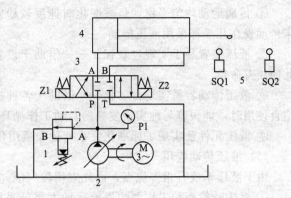

图 3-35　液压系统原理图
1—溢流阀；2—液压泵；3—电磁阀；
4—液压缸；5—行程开关

（2）液压传动的工作原理

液压传动所基于的最基本的原理就是帕斯卡原理，就是说，液体各处的压强是一致的，这样，在平衡的系统中，比较小的活塞上面施加的压力比较小，而大的活塞上施加的压力比较大，这样能够保持液体的静止。所以通过液体的传递，可以得到不同端上的不同的压力，这样就可以达到一个变换的目的。

（3）液压传动系统的组成

一个完整的、能够正常工作的液压系统中所需要的元件主要有动力元件、执行元件、控制元件、辅助元件、工作介质。其中液压动力元件是为液压系统产生动力的部件，主要包括各种液压泵。液压泵依靠容积变化原理来工作，所以一般也称为容积液压泵。齿轮泵是最常见的一种液压泵，它通过两个啮合的齿轮的转动使得液体进行运动。其他的液压泵还有叶片泵、柱塞泵。在选择液压泵的时候主要需要注意的问题包括消耗的能量、效率、降低噪声。

液压执行元件是用来执行将液压泵提供的液压能转变成机械能的装置，主要包括液压缸和液压马达。液压马达是与液压泵做相反的工作的装置，也就是把液压的能量转换为机械能，从而对外做功。液压缸是将液体的流量、流向的变化转变为活塞杆的左右移动。

液压控制元件用来控制液体流动的方向、压力的高低以及对流量的大小进行预期的控制，以满足特定的工作要求。正是因为液压控制元器件的灵活性，使得液压控制系统能够完成不同的活动。液压控制元件按照用途可以分成压力控制阀、流量控制阀、方向控制阀。按照操作方式可以分成人力操纵阀、机械操纵阀、电动操纵阀等。由于电气控制简单、易于实现自动化，电动操控阀应用较多。

除了上述的元件以外，液压控制系统还需要液压辅助元件。这些元件包括管路和管接头、油箱、过滤器、蓄能器和密封装置。通过以上的各个器件，加上传递能量的流体就能够建设出一个液压回路。所谓液压回路就是通过各种液压器件构成的相应的控制回路。根据不同的控制目标，能够设计不同的回路，比如压力控制回路、速度控制回路、多缸工作控制回路等。

（4）液压传动特点

① 由于液压传动是油管连接，所以借助油管的连接可以方便灵活地布置传动机构，这是比机械传动优越的地方。例如，在井下抽取石油的泵可采用液压传动来驱动，以克服长驱动轴效率低的缺点。由于液压缸的推力很大，又加之极易布置，在挖掘机等重型工程机械上，已基本取代了老式的机械传动，不仅操作方便，而且外形美观大方。

② 液压传动装置的重量轻、结构紧凑、惯性小。

③ 借助阀或变量泵、变量马达可在大范围内实现无级调速。

④ 传递运动均匀平稳，负载变化时速度较稳定。正因为此特点，金属切削机床中的磨床传动现在几乎都采用液压传动。

⑤ 液压装置易于实现过载保护——借助于设置溢流阀等，同时液压件能自行润滑，因此使用寿命长。

⑥ 液压传动容易实现自动化——借助于各种控制阀，特别是采用液压控制和电气控制结合使用时，能很容易地实现复杂的自动工作循环，而且可以实现遥控。

⑦ 液压元件已实现了标准化、系列化和通用化，便于设计、制造和推广使用。

（5）液压传动应用

由于液压系统有很多优点，因此应用较广泛。

① 磨床砂轮架和工作台的进给运动大部分采用液压传动。如车床、六角车床、自动车床的刀架或转塔刀架；铣床、刨床、组合机床的工作台等的进给运动也都采用液压传动。这些部件有的要求快速移动，有的要求慢速移动。有的则既要求快速移动，也要求慢速移动。这些运动多半要求有较大的调速范围，要求在工作中无级调速；有的要求持续进给，有的要求间歇进给；有的要求在负载变化下速度恒定，有的要求有良好的换向性能等等。所有这些要求都是可以用液压传动来实现的。

② 往复运动传动装置如龙门刨床的工作台、牛头刨床或插床的滑枕，由于要求做高速往复直线运动，并且要求换向冲击小、换向时间短、能耗低，因此都可以采用液压传动。

③ 仿形装置如车床、铣床、刨床上的仿形加工可以采用液压伺服系统来完成。其精度可达 $0.01\sim0.02$mm。此外，磨床上的成形砂轮修正装置亦可采用这种系统。

④ 辅助装置如机床上的夹紧装置、齿轮箱变速操纵装置、丝杆螺母间隙消除装置、垂直移动部件平衡装置、分度装置、工件和刀具装卸装置、工件输送装置等，采用液压传动后，有利于简化机床结构，提高机床自动化程度。

⑤ 静压支承如重型机床、高速机床、高精度机床上的轴承、导轨、丝杠螺母机构等处采用液体静压支承后，可以提高工作平稳性和运动精度。

2. 液压系统图的绘制

① 我国已经制定了一种用规定的图形符号来表示液压原理图中的各元件和连接管路的国家标准，即"液压系统图图形符号（GB786—2007）"。我国制定的液压系统图图形符号（GB 786—2007）中，对于这些图形符号有基本规定。符号只表示元件的职能，连接系统的通路，不表示元件的具体结构和参数，也不表示元件在机器中的实际安装位置。

② 元件符号内的油液流动方向用箭头表示，线段两端都有箭头的，表示流动方向可逆。

③ 符号均以元件的静止位置或中间零位置表示。

图 3-35 所示系统用国标《GB 786—2007 液压系统图图形符号》绘制的工作原理图。使用这些图形符号可使液压系统图简单明了，且便于绘图。

3. 液压系统图中的液压元件功能

① 液压缸：是液压传动系统中的执行元件，是将液压能转换为机械能的能量转换装置，主要用来实现往复直线运动，其结构简单、工作可靠，与杠杆、连杆、齿轮齿条、棘轮棘爪、凸轮等机构配合能实现多种机械运动，在各种机械的液压系统中得到广泛的应用。液压缸按其作用方式的不同分单作用缸和双作用缸两类。在压力油作用下只能作单方向运动的液压缸称为单作用缸。单作用缸的回程须借助于运动件的自重或其他外力（如弹簧力）的作用实现。往两个方向的运动都由压力油作用实现的液压缸称为双作用缸。

② 液压动力元件：起着向系统提供动力源的作用，是系统不可缺少的核心元件。液压

系统是以液压泵作为系统提供一定的流量和压力的动力元件，液压泵将原动机（电动机或内燃机）输出的机械能转换为工作液体的压力能，是一种能量转换装置。

③ 方向控制阀：是用于控制液压系统中油路的接通、切断或改变液流方向的液压阀（简称方向阀），主要用以实现对执行元件的启动、停止或运动方向的控制。常用的方向控制阀有单向阀和换向阀。

单向阀是保证通过阀的液流只向一个方向流动而不能反向流动的方向控制阀。换向阀通过改变阀芯和阀体间的相对位置，控制油液流动方向，接通或关闭油路，从而改变液压系统的工作状态的方向。

a. 换向阀的名称。换向阀的"位"：为了改变液流方向，阀芯相对于阀体应有不同的工作位置，这个工作位置叫做"位"。换向阀有几个工作位置就相应的有几个格数，即位数。

换向阀的"通"：当阀芯相对于阀体运动时，可改变各油口之间的连通情况，从而改变了液流的流动方向。通常把换向阀与液压系统油路相连的油口数（主油口）叫做"通"。

图形符号：油口连接情况，用箭头表示液流方向。

换向阀的各油口在阀体上的位置表示：通常，进油口 P 在阀体中间；回油口 T 在 P 口的侧面；工作油口 A、B 在 P 口的上面；Y 为泄油口。

b. 换向阀图形符号的规定和含义。

一个换向阀的完整图形符号应具有表明工作位置数、油口数和在各工作位置上油口的连通关系、控制方法以及复位、定位方法的符号。

用方框表示阀的工作位置数，有几个方框就是几位阀。

在一个方框内，箭头"↑"或堵塞符号"⊤"或"⊥"与方框相交的点数就是通路数，有几个交点就是几通阀，箭头"↑"表示阀芯处在这一位置时两油口相通，但不一定是油液的实际流向，"⊤"或"⊥"表示此油口被阀芯封闭（堵塞）不通流。

三位阀中间的方框、两位阀画有复位弹簧的那个方框为常态位置（即未施加控制号以前的原始位置）。在液压系统原理图中，换向阀的图形符号与油路的连接，一般应画在常态位置上。工作位置应按"左位"画在常态位的左面，"右位"画在常态位右面的规定。同时在常态位上应标出油口的代号。控制方式和复位弹簧的符号画在方框的两侧。

c. 控制滑阀移动的方法常用的有人力、机械、电气、直接压力和先导控制等。

d. 常见换向阀，见表 3-14。

表 3-14　常见换向阀

二位二通		二位三通		二位四通	二位五通
三位三通	三位五通		三位四通	三位六通
---	---	---	---	---

e. 三位四通换向阀的中位滑阀机能。

三位换向阀的滑阀在阀体中有左、中、右三个工作位置。左、右工作位置是使执行元件获得不同的运动方向；中间位置则可利用不同形状及尺寸的阀芯结构，得到多种不同的油口连接方式，除使执行元件停止运动外，还具有其他一些功能。三位阀在中间位置时油口的连接关系称为滑阀机能。常用的几种滑阀机能特点见表 3-15。

表 3-15　常见三位四通阀

图形符号	中位机能	结构特点	机　能　特　点
AB / PT	O型	在中位时,各油口全封闭,油不流通	(1)工作装置的进、回油口都封闭,工作机构可以固定在任何位置静止不动,即使有外力作用也不能使工作机构移动或转动,因而不能用于带手摇的机构 (2)从停止到启动比较平稳,因为工作机构回油腔中充满油液,可以起缓冲作用,当压力油推动工作机构开始运动时,因油阻力的影响而使其速度不会太快,制动时运动惯性引起液压冲击较大 (3)油泵不能卸载 (4)换向位置精度高
AB / PT	H型	在中位时,各油口全开	(1)进油口 P、回油口 T 与工作油口 A、B 全部连通,使工作机构成浮动状态,可在外力作用下运动,能用于带手摇的机构 (2)液压泵可以卸荷 (3)从停止到启动有冲击。因为工作机构停止时回油腔的油液已流回油箱,没有油液起缓冲作用。制动时油口互通,故制动较 O 型平稳 (4)对于单杆双作用油缸,由于活塞两边有效作用面积不等,因而用这种机能的滑阀不能完全保证活塞处于停止状态
AB / PT	Y型	在中位时,进油口 P 关闭,工作油口 A、B 与回油口 T 相通	(1)因为工作油口 A、B 与回油口 T 相通,工作机构处于浮动状态,可随外力的作用而运动,能用于带手摇的机构 (2)从停止到启动有些冲击,从静止到启动时的冲击、制动性能介于 0 型与 H 型之间 (3)油泵不能卸荷
AB / PT	P型	在中位时,回油口 T 关闭,进油口 P 与工作油口 A、B 相通	(1)对于直径相等的双杆双作用油缸,活塞两端所受的液压力彼此平衡,工作机构可以停止不动。也可以用于带手摇装置的机构。但是对于单杆或直径不等的双杆双作用油缸,工作机构不能处于静止状态而组成差动回路 (2)从停止到启动比较平稳,制动时缸两腔均通压力油故制动平稳 (3)油泵不能卸荷 (4)换向位置变动比 H 型的小,应用广泛
AB / PT	M型	在中位时,工作油口 A、B 关闭,进油口 P、回油口 T 直接相连	(1)由于工作油口 A、B 封闭,工作机构可以保持静止 (2)液压泵可以卸荷 (3)不能用于带手摇装置的机构 (4)从停止到启动比较平稳 (5)制动时运动惯性引起液压冲击较大 (6)可用于油泵卸荷而液压缸锁紧的液压回路中

　　f. 电磁换向阀。简称电磁阀,是用电气控制方法改变阀芯工作位置的换向阀。

　　图 3-36 所示为二位三通电磁换向阀。当电磁铁通电时,衔铁通过推杆 1 将阀芯 2 推向右端,进油口 P 与油口 B 接通,油口 A 被关闭。当电磁铁断电时,弹簧 3 将阀芯推向左端,油口 B 被关闭,进油口 P 与油口 A 接通。

　　图 3-37 所示为三位四通电磁换向阀,当右侧的电磁线圈 4 通电时,吸合衔铁 5 将阀芯 2 推向左位,这时进油口 P 和油口 B 接通,油口 A 与回油口 T 相通;当左侧的电磁铁通电时(右侧电磁铁断电),阀芯被推向右位,这时进油口 P 和油口 A 接通,油口 B 经阀体内部管路与回油口 T 相通,实现执行元件换向;当两侧电磁铁都不通电时,阀芯在两侧弹簧 3 的

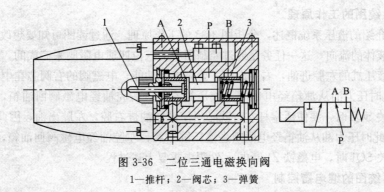

图 3-36　二位三通电磁换向阀
1—推杆；2—阀芯；3—弹簧

作用下处于中间位置，这时 4 个油口均不相通。

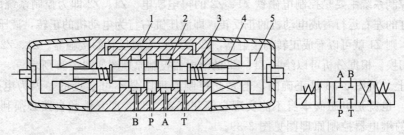

图 3-37　三位四通电磁换向阀
1—阀体；2—阀芯；3—弹簧；4—电磁铁线圈；5—衔铁

电磁换向阀的电磁铁可用按钮开关、行程开关、压力继电器等电气元件控制，无论位置远近，控制均很方便，且易于实现动作转换的自动化，因而得到广泛的应用。根据使用电源的不同，电磁换向阀分为交流和直流两种。

④ 溢流阀。溢流阀在液压系统中的功用主要有两个方面：一是起溢流和稳压作用，保持液压系统的压力恒定；二是起限压保护作用，防止液压系统过载。溢流阀通常接在液压泵出口处的油路。

4. 读图

通过上面的介绍读图 3-35 液压系统原理图，填写表 3-16、表 3-17。

表 3-16　读图 1

序　号	名　称	符　号	功　能	序　号	名　称	符　号	功　能
1	溢流阀			5	行程开关		
2	液压泵			6	电机		
3	双作用缸			7	油箱		

表 3-17　读图 2

符　号	名　称	中位机能	特点	换向方式

5. 液压系统图的工作原理

按照上面介绍的液压系统概述，分析图 3-35 的工作原理。通过读图可知要想改变液压缸的位置，就是改变液体的流向，这一任务是通过控制图中的三位四通电磁阀来完成的，要想使液压缸右行就应该使液压缸的左腔进油，右腔出油，要完成此功能，电磁阀的右阀芯在中间位置即电磁铁 Z2 得电，此时压力油从油箱经电磁阀进液压缸左腔，右腔油经电磁阀回油箱，活塞杆右行，当碰到行程开关 SQ2 时，要使活塞杆左行就必须使液压油进右腔，左腔出油，因此电磁铁 Z2 断电，Z1 得电，此时压力油从油箱经电磁阀进液压缸右腔，左腔油经电磁阀回油箱，活塞杆左行，当碰到行程开关 SQ1 时，电磁铁 Z1 断电，Z2 得电重复上述过程。

6. 液压系统图的继电器控制

通过分析工作原理可以知道，此液压系统主要控制电磁铁 Z1、Z2 的得电断电就可以，因此系统的电气控制系统主要是控制电磁铁 Z1、Z2 的得电断电。Z1、Z2 即为控制系统的控制对象。如果把液压缸的左右运行看成电动机的正反转，即液压缸右行为电动机的正转，液压缸左行为电动机的反转，则 Z1 就可以看成正转的接触器，Z2 就可以看成反转的接触器。Z1、Z2 利用行程开关的通断来切换。根据分析可以绘制 Z1、Z2 的继电器控制原理图如图 3-38 所示。

从原理上分析图 3-38 是正确的，但是此控制原理图是不可实现的，因为电磁阀只有线圈而无触点，也就是电磁阀本身不能实现自锁和互锁。要实现互锁和自锁必须利用中间继电器，改正后的继电器控制原理图见图 3-39。

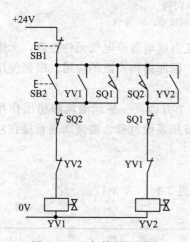

图 3-38　电气控制原理图

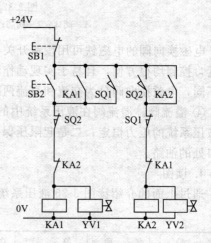

图 3-39　正确的电气控制原理图

7. 利用 PLC 设计控制系统

对于此系统要想正常工作除了控制电磁阀按照生产工艺要求得电断电，还要启动油泵，为系统提供压力油，因此在控制程序中把液压泵也作为控制对象。

（1）确定输入信号与输出信号

系统输入输出信号如表 3-18、表 3-19 所示。

表 3-18　输入信号

输入信号	功　　能	输入信号	功　　能
SB1	油泵电动机停止按钮	QF1	油泵电动机的过载保护
SB2	油泵电动机启动按钮	SQ1	左限位
SB3	系统启动按钮	SQ2	右限位
SB4	系统停止按钮		

表 3-19　输出信号

输出信号	功　　能	输出信号	功　　能
KM1	冷却泵电动机接触器	Z1	电磁阀线圈
Z2	电磁阀线圈		

（2）分配 I/O 资源

输入、输出信号占用的 PLC 地址如表 3-20 所示。在输出分配时特别注意，虽然电磁阀自锁、互锁触点，但是电磁铁的得电断电由程序控制，而不在使用继电器逻辑，因此可以直接分配触点，不用增加中间继电器。电磁阀的互锁、自锁由程序实现。另外由于油泵电动机使用三相 380V 电源，而电磁阀使用+24V 直流电，因此在分配输出时，应分配不同的输出组。

表 3-20　输入、输出信号地址分配

输入信号	输入信号地址	输出信号	输出信号地址
QF1	I0.0	KM	Q0.0
SB1	I0.1	Z2	Q0.4
SB2	I0.2	Z1	Q0.5
SB3	I0.3		
SB4	I0.4		
SQ1	I0.5		
SQ2	I0.6		

（3）绘制电气控制原理图

系统电气控制原理图如图 3-40 所示。

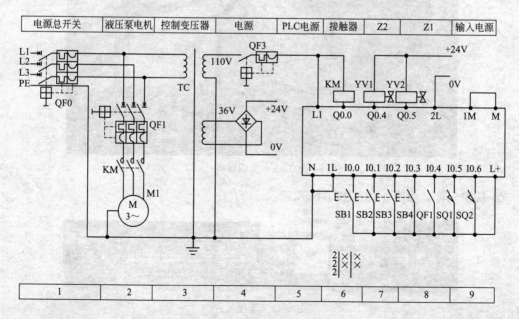

图 3-40　系统电气控制原理图

（4）编写程序

依据要求编写梯形图如图 3-41 所示。

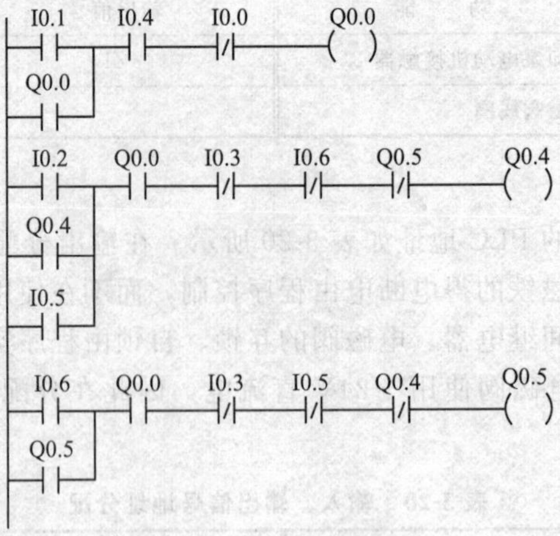

图 3-41　控制梯形图

8. 现场调试

① 熟悉实训设备。实训设备如图 3-42 所示。

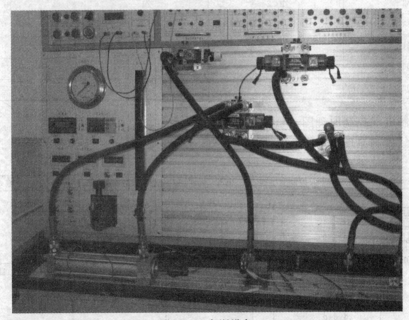

图 3-42　实训设备

② 认识元件，如图 3-43、图 3-44 所示。

图 3-43　液压元件

③ 连接管路。

④ 按照接线图进行电器连接。

图 3-44　液压泵

⑤ 写入程序。

利用编程软件将程序写入 PLC，在实验台上安装调试并填写调试记录表 3-21。

表 3-21　调试记录表

序　号	出现的问题	问题分析	如何解决	心得体会
1				
2				
3				
4				

注：可根据调试问题的多少增加或删减表格行数。

9. 评价标准

评价标准见表 3-22。

表 3-22　评价标准

评价项目	要　求	配分	评　分　标　准	得分			
				自评	互评	教师	专家
系统原理图设计	(1)原理图设计规符合标准	5 分	不符合规范每处扣 1 分				
	(2)方案可行	10 分	方案不可行扣 10 分				
	(3)系统设计合理,符合经济性原则	10 分	不经济每处扣 2 分				
I/O 分配	I/O 分配完整	10 分	缺漏错每处扣 2 分				
程序设计	程序设计简洁、易读、符合控制要求	15 分	程序设计不符合工艺要求扣 10 分				
创新能力	设计新颖独特,设计灵活具有创新性	10 分					
控制系统安装	符合安装工艺要求	10 分	不符合规范每一处扣 2 分				
控制系统调试(实验室)	程序符合控制系统要求	10 分	程序调试一次不合格扣 2 分 程序调试二次不合格扣 5 分 程序调试三次不合格扣 10 分				
现场安装调试	符合系统要求	20 分	系统调试一次不合格扣 5 分 系统调试二次不合格扣 10 分 系统调试三次不合格扣 20 分				
安全生产	不符合安全生产操作规范扣 20 分						
日期		地点		总分			

10. 项目总结与提高

在这个项目中可以了解到液压控制系统实际是根据设备要求通过控制电磁阀的得电断电来实现的。因此在液压控制系统中通常会依据生产设备要求给出电磁阀得电断电的一个表格，这个表格叫动作表，由于本系统只有一个电磁阀，其动作表省掉了。在较复杂系统中都会给出动作表，依据动作表就可以写出控制程序。在本项目中的电磁阀采用的三位四通电磁阀，在控制中电磁线圈使用了自锁，有的电磁阀由于特点不同，在控制线圈时可以用点动，编成是用自锁还是点动，一定要根据阀的特点决定。

例　图 3-45 所示依然是自动往复控制回路，但是电磁阀是二位四通，按下启动按钮，Z1 得电，活塞杆左行，遇到 SQ1，Z1 断电，电磁阀在弹簧的作用下，阀芯回到原位，液压缸左腔进油，右腔出油，活塞杆右行，碰到行程开关 SQ2 左行，按下停止按钮，活塞杆停在最右端。依此设计继电器电气控制图如图 3-46 所示。可用翻译法设计梯形图。

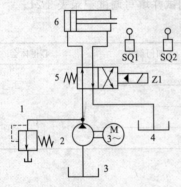

图 3-45　液压原理图

1—溢流阀；2—液压泵；3—油箱；
4—电机；5—电磁阀；6—液压缸

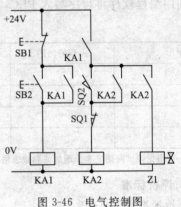

图 3-46　电气控制图

思 考 题

1. 利用 PLC 实现电动机的正反转控制。

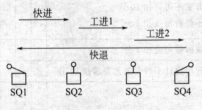

图 3-47　机床动力头进给动作示意
图和动作表

2. 某组合机床动力头如图 3-47 所示，初始位置停在最左边，行程开关 SQ1 接通，系统控制要求如下：

（1）系统启动后，动力头的进给动作如图 3-47 所示。工作一个循环后，返回初始位置延时 10s 后，进入下一个循环的运行。

（2）若断开控制开关，必须将当前的运行过程结束（即退回初始位置）后才能自动停止运行。

（3）动力头的运行状态取决于电磁阀线圈的通、断电，对应关系如表 3-23 所示。表中的"＋"表示该电磁阀线圈通电，"－"表示该电磁阀线圈不通电。

表 3-23　动作表

动作	YV1	YV2	YV3	YV4	动作	YV1	YV2	YV3	YV4
快进	－	＋	＋	－	工进 2	－	＋	－	－
工进 1	＋	＋	－	－	快退	－	－	＋	＋

项目三　三相异步电动机的星-三角降压启动控制

项目描述：

在模块二中学习了三相异步电动机的星-三角降压启动控制，它是利用继电器逻辑实现的，本项目是利用 PLC 实现三相异步电动机的星-三角降压启动控制。

1. 系统分析，确定控制方案

从电气控制原理图中可以分析出三相异步电动机的星-三角降压启动控制过程，分为两个步骤：首先电动机采用星形接法降压启动并开始延时，当延时时间到，星形接法结束，转入第二步，电动机采用三角形接法电动机全压运行。在控制过程中使用的元件见表 3-24，其工作过程如图 3-48 所示。

在控制过程中，先 KM_Y 通电将电机接成星形，然后电源接触器 KM1 通电接通电源即先实现接法后通电，这样 KM_Y 的容量可以选择小一点。当延时时间到了实现星形三角形转换时 KM1 始终得电，KM_Y 容量小，在频繁启动的控制系统中，在触点分断时不能可靠灭弧引发三相电源短路，这是这种控制电路的缺点。为了避免这种现象的出现，通过程序对其控制过程进行调整，改进的控制工作过程如图 3-49 所示。改进的工作过程分为四个阶段，按下启动按钮电动机首先接成星形，然后接通电源，电动机降压启动，然后电源断电，电动机惯性运行，改变接法再接通电源，电动机全压运行，启动完成。这样就避免了电动机启动过程中的电源短路，同时延长改变电机接法的接触器的寿命。

表 3-24　星-三角降压启动元件表

名 称	符号	功 能	名 称	符号	功 能
交流接触器	KM1	接通电源	时间继电器	KT	延时控制接法转换
交流接触器	KM_Y	星形接法	停止按钮	SB1	停止控制
交流接触器	$KM_\triangle$	三角形接法	启动按钮	SB2	启动控制

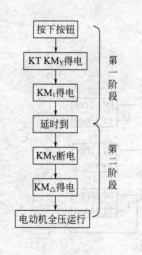

图 3-48　工作过程

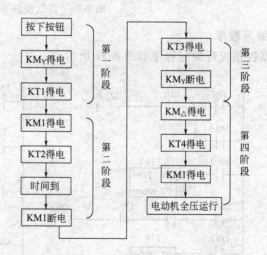

图 3-49　改进工作过程

2. 确定输入输出信号

根据控制系统的工作过程分配 I/O 地址。在分配时时间继电器不用分配物理地址，而是由可编程序控制器的软时间继电器来实现时间继电器的功能。因此分配后的输入、输出地址如表 3-25 所示。

表 3-25 输入、输出信号地址分配

编程地址	电气元件	功能	备 注	编程地址	电气元件	功能	备 注
I0.0	SB1	停止	输入信号	Q0.0	KM1	电源	输出信号
I0.1	SB2	启动		Q0.1	KM_Y	星形	
				Q0.2	KM△	三角形	

3. 绘制电气控制原理图

依据控制要求绘制电气控制原理图如图 3-50 所示。

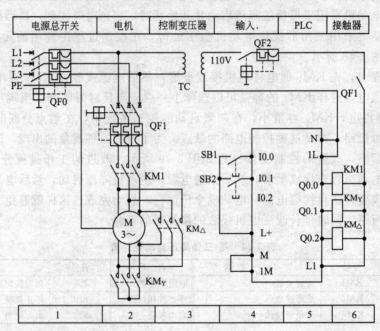

图 3-50 电气控制原理图

4. 编写程序

根据控制流程编写程序如图 3-51 所示。

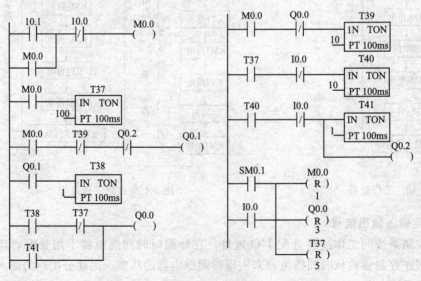

图 3-51 控制程序

5. 实训材料

实训材料见表 3-26。

表 3-26 材料表

序号	分类	名 称	型 号 规 格	数量	备 注
1	配线	常用电工工具		1套	自备
2	工具	万用表	MF47	1个	自备
3		电脑		1台	
4		PLC	CPU224、F1-40、JH120H	各1台	任选
5		编程器	STEP7 MICRO/WIN32 V4.0		
6		手持编程器	F1-20P		
7		熔断器	RT1-15	5个	5A/2A
8		实验平台	THPFC-A	1套	
9	低压	接触器	CJT1-20	3个	
10	电器	按钮	LA4-3H	1个	
11		笼型电动机	0.75kW,380V,三角/星形	1个	
12		端子	TD-1520	2条	
13		安装板	600×800		
14		三相电源插头	16A	1个	
15		空气开关	DZ47-15 3P	2个	10A
16		空气开关	DZ47-63 1P	1个	3A
17		变压器	JBK5-160	1个	
18		编码管		1,1.5	
19		编码笔	ZM-0.75 双芯编码笔	1支	红、黑、蓝
20		铜导线	BV-0.75mm²,BV-1mm²,BV-1.5mm²	5,3,2	多种颜色
21	配线	紧固件	M4 螺钉(20)和螺母	若干	
22	材料	线槽	TC 3025,两边打φ3.5mm孔		
23		线扎和固定座	PHC-4/PHC-8	若干	最大线径50
24		缠绕管	CG-4	若干	最大线径50
25		黄蜡管		若干	1.5
26		软套管		若干	1.5
27	电源	直流开关电源	10～30V	1个	

6. 现场调试

① 按照原理图选择电气元件接线。

② 将程序写入 PLC，在实验台调试，填写调试记录表 3-27。

表 3-27 调试记录表

序 号	出现的问题	问题分析	如何解决	心得体会
1				
2				
3				
4				

注：可根据调试问题的多少增加或删减表格行数。

7. 评价标准

评价标准见表 3-28。

表 3-28　评价标准

评价项目	要　求	配分	评 分 标 准	得　分			
				自评	互评	教师	专家
系统原理图设计	(1)原理图设计规符合标准	5分	不符合规范每处扣1分				
	(2)方案可行	10分	方案不可行扣10分				
	(3)系统设计合理,符合经济性原则	10分	不经济每处扣2分				
I/O 分配	I/O 分配完整	10分	缺漏错每处扣2分				
程序设计	程序设计简洁、易读、符合控制要求	15分	程序设计不符合工艺要求扣10分				
创新能力	设计新颖独特,设计灵活,具有创新性	10					
控制系统安装	符合安装工艺要求	10分	不符合规范每一处扣2分				
控制系统调试（实验室）	程序符合控制系统要求	10分	程序调试一次不合格扣2分 程序调试二次不合格扣5分 程序调试三次不合格扣10分				
现场安装调试	符合系统要求	20分	系统调试一次不合格扣5分 系统调试二次不合格扣10分 系统调试三次不合格扣20分				
安全生产	不符安全生产操作规范扣20分						
日期		地点		总分			

8. 项目总结与提高

通过本项目的实践,可以知道利用 PLC 来控制三相异步电动机的星-三角降压启动控制比继电器控制更可靠,在不增加硬件数量和种类的基础上,通过编写程序来改变控制过程,使系统运行安全可靠。

在本项目中还使用了定时器指令,通过程序的调试可以知道定时器的特点。定时器在使用时要设定三要素:一是选择定时器编号;二是确定定时时间也就是设定值;三是定时条件也就是在什么条件下开始定时。在选择定时器编号时注意应选择分辨率是 100ms 的定时器,这种定时器使用中通常不会出问题。

对于定时器有两个变量,一是用于存放设定值的寄存器,一个是存放当前值的寄存器。当定时条件满足了定时的当前值开始计数,当前值等于或大于设定值,该定时器为被置1,条件依然满足,当前值继续计数,直到计数器当前值寄存器计满。

在调试中如果有中断程序的运行时,中断程序返回后再次运行程序,如果此时计数器的条件依然满足,计数器的当前值从程序中断时的值开始继续计数,此时本次程序运行定时器的定时时间就缩短了,为了避免这种情况,在程序中利用初始化脉冲（SM0.1）来复位定时器,使当前值清零,这样在任何时候定时器的定时时间不变。

在使用复位、置位定时器时应注意:复位通电延时定时器仅复位当前值和定时器位,置位指令无效。断电延时定时器仅能置定时器位,复位指令无效。

思 考 题

1. 比较图 3-52 中图（a）和图（b）的不同。

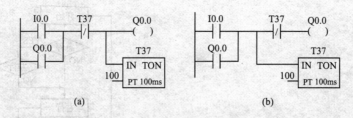

图 3-52　程序

2. 执行图 3-53 中的 (a)、(b) 程序有何不同。

3. 执行图 3-54 中的 (a)、(b) 程序有何不同。

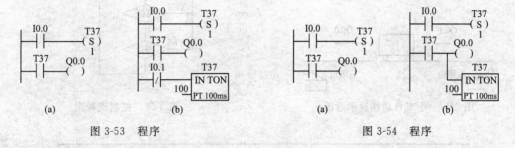

图 3-53　程序　　　　　　　　　　　图 3-54　程序

4. 执行图 3-55 中的 (a)、(b) 程序有何不同。

5. 将图 3-56 梯形图转换成语句表。

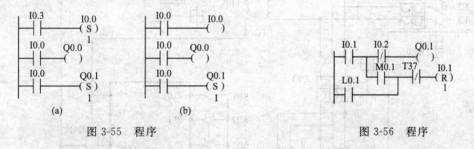

图 3-55　程序　　　　　　　　　　图 3-56　程序

项目四　利用 PLC 实现小车系统的控制

项目描述：

图 3-57 所示为小车自动往返示意图。按下启动按钮小车前进（右行），小车运行到终端碰到行程开关自动改变方向，当按下停止按钮小车停在最左端。当按下急停按钮小车立即停止运行，当按下启动按钮小车按照原方向运行。要求有停止按钮、急停按钮、启动按钮，终端设有限位开关。

1. 系统分析，确定控制方案

在模块二中学习了自动往复的继电器逻辑控制电路的安装和调试，它的实质是电动机的正反转控制，在本项目中从描述上可知小车的自动控制和模块二中的类似，因此控制实质是控制电动机的正反转，并在此基础上增加部分功能。因此主电路和模块二中的一样。依据控制要求，画出控制系统的控制流程图如图 3-58 所示。

2. 确定输入信号、输出信号

根据控制系统的控制要求分配 I/O 地址，因此分配后的输入、输出地址如表 3-29 所示。

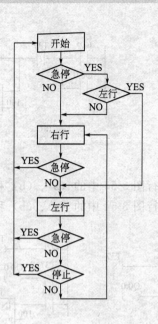

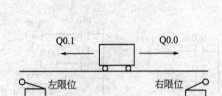

图 3-57　小车自动往返示意图

图 3-58　控制流程图

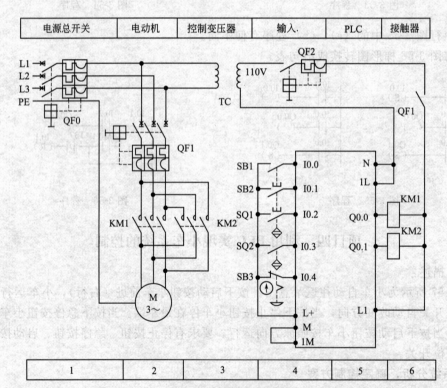

图 3-59　电气控制原理图

表 3-29　输入、输出信号地址分配

编程地址	电气元件	功能	备 注	编程地址	电气元件	功能	备 注
I0.0	SB1	启动	输入信号	I0.4	SB3	急停	输入信号
I0.1	SB2	停止		Q0.0	KM1	右行	输入信号
I0.2	SQ1	右限位					
I0.3	SQ2	左限位		Q0.1	KM2	左行	

3. 绘制电气控制原理图

依据控制要求绘制电气控制原理图如图 3-59 所示。

4. 编写程序

通过分析可以知道程序有小车正常自动往复程序、正常停止程序、急停程序三个部分。

(1) 正常运行程序

(2) 正常停止程序

图 3-60 所示为自动往复程序中的 I0.1 是停止信号，按下停止按钮 I0.1 断开，无论小车是在左行还是右行，小车都停下来而不能停在最左端，也就是程序不满足控制系统要求，也就是说程序中不应使用 I0.1 来断开 Q0.1 和 Q0.0。当按下停止按钮 I0.1 同时小车又运行到最左端才能断开 Q0.0 和 Q0.1。当按下停止按钮，小车又不一定运行到最左端，为了能够产生停止信号，按下停

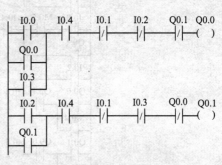

图 3-60　自动往复程序

止按钮时需要对此信号进行记忆，与小车运行到最左端 I0.3 共同产生停止信号。程序如图 3-61 所示。

从图 3-62 中可以看出 M0.0 是停止信号，用 M0.0 去断开 Q0.0、Q0.1 才能使小车停在最左端。

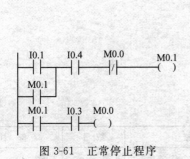

图 3-61　正常停止程序

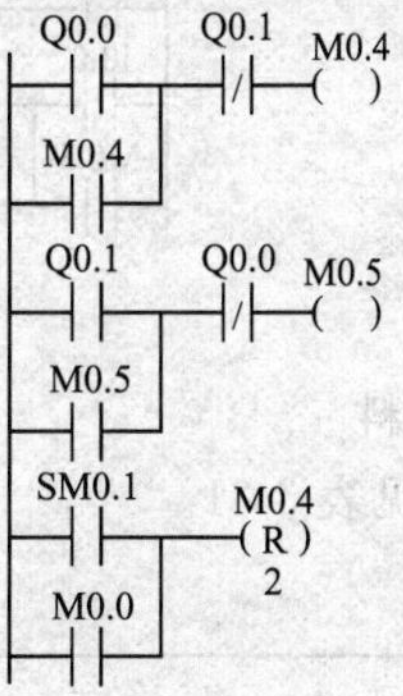

图 3-62　急停程序

(3) 急停程序

从图 3-61 中可知 I0.4 为急停按钮，当按下急停按钮时小车停下，但是再按下启动按钮 I0.0 后小车不能保证按照急停前的运行方向运行，为了实现这个功能，必须利用辅助继电器来记忆小车运行方向，在按下停止按钮时清除方向记忆，在按下急停按钮时，保持方向记忆，急停程序如图 3-62 所示。

(4) 完整程序

把三部分程序整理，完善修改后程序如图 3-63 所示。程序中辅助继电器的功能见表 3-30。

表 3-30　辅助继电器的功能

编程地址	功　能	编程地址	功　能
M0.0	停止信号	M0.4	右行记忆
M0.1	停止记忆	M0.5	左行记忆
M0.3	启动记忆		

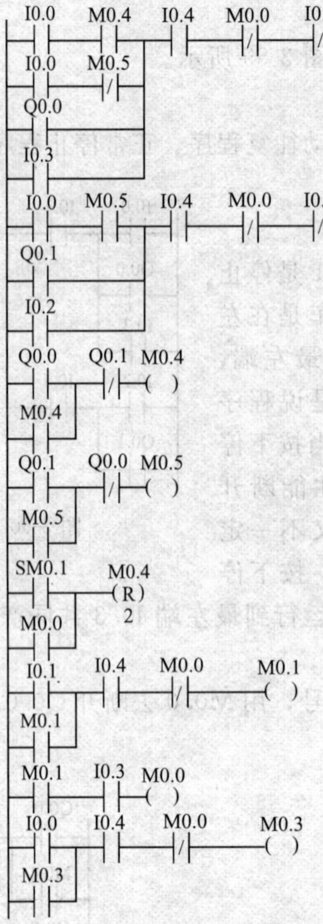

```
 I0.0  M0.4  I0.4  M0.0  I0.2  Q0.1  M0.3  Q0.0
──┤├───┤/├───┤/├───┤/├───┤/├───┤/├───┤/├──( )
 I0.0  M0.5
──┤├───┤/├
 Q0.0
──┤├
 I0.3
──┤├

 I0.0  M0.5  I0.4  M0.0  I0.3  Q0.0  M0.3  Q0.1
──┤├───┤├───┤/├───┤/├───┤/├───┤/├───┤/├──( )
 Q0.1
──┤├
 I0.2
──┤├

 Q0.0  Q0.1  M0.4
──┤├───┤/├──( )
 M0.4
──┤├

 Q0.1  Q0.0  M0.5
──┤├───┤/├──( )
 M0.5
──┤├

 SM0.1       M0.4
──┤├────────(R)
 M0.0         2
──┤├

 I0.1  I0.4  M0.0  M0.1
──┤├───┤├───┤/├──( )
 M0.1
──┤├

 M0.1  I0.3  M0.0
──┤├───┤/├──( )
 I0.0
──┤├

 I0.0  I0.4  M0.0  M0.3
──┤├───┤/├───┤/├──( )
 M0.3
──┤├
```

图 3-63　完整程序

5. 实训材料

实训材料见表 3-31。

表 3-31　材料表

序号	分类	名 称	型 号 规 格	数 量	备 注
1	配线工具	常用电工工具		1 套	自备
2		万用表	MF47	1 个	自备
3		电脑		1 台	
4		PLC	CPU224、F1-40、JH120H	各 1 台	任选
5		编程器	STEP7 MICRO/WIN32 V4.0		
6		手持编程器	F1-20P		
7		熔断器	RT1-15	5 个	5A/2A
8		实验平台	THPFC-A	1 套	
9		接触器	CJT1-20	3 个	
10	低压电器	按钮	LA4-3H	1 个	
11		笼型电动机	0.75kW,380V,三角/星形	1 个	
12		端子	TD-1520	2 条	
13		安装板	600×800		
14		三相电源插头	16A	1 个	
15		空气开关	DZ47-15 3P	2 个	10A
16		空气开关	DZ47-63 1P	1 个	3A
17		接近开关		2 个	电感式
18		变压器	JBK5-160	1 个	

序号	分类	名 称	型 号 规 格	数量	备 注
19		编码管			1,1.5
20		编码笔	ZM-0.75 双芯编码笔	1 支	红、黑、蓝
21		铜导线	BV-0.75mm², BV-1mm², BV-1.5mm²	5,3,2	多种颜色
22	配线材料	紧固件	M4 螺钉(20)和螺母	若干	
23		线槽	TC 3025，两边打 φ3.5mm 孔		
24		线扎和固定座	PHC-4/PHC-8	若干	最大线径 50
25		缠绕管	CG-4	若干	最大线径 50
26		黄蜡管		若干	1.5
27		软套管		若干	1.5
28	小车系统			1 套	
29	电源	直流开关电源	10～30V	1 个	

6. 现场调试

① 按照原理图选择电气元件接线。

在本项目中使用了接近开关，在使用接近开关时注意：接近开关有三根线对应与可编程序控制器连接，连接见表 3-32。

表 3-32 接近开关接线

接近开关	线标记	颜色	功能	对应 PLC 接线
1 号线	BN	棕色	电源正极	L+
2 号线	BU	蓝色	电源负极	M
3 号线	BK	黑色	输出	I

由于接近开关的 2 号线和 3 号线输出，且 2 号线接电源负极，因此其余同组输入信号的公共端在接线时也只能接电源负极，即 1M 接 M 和 2 号线，3 号线接对应的输入端子，1 号线接 L+。

② 将程序写入 PLC 在实验台调试，填写调试记录表 3-33。

表 3-33 调试记录表

序 号	出现的问题	问题分析	如何解决	心得体会
1				
2				
3				
4				

注：可根据调试问题的多少增加或删减表格行数。

7. 评价标准

评价标准见表 3-34。

8. 项目总结与提高

本项目在程序设计时，使用辅助继电器来完成控制要求，在不改变接线时依然可以完成不同控制功能的系统要求，体现了 PLC 控制的灵活性。在本项目中停止按钮按下去，小车并不停车，而是运行到最左端小车才能停下来。这种控制要求经常在过程控制中使用，比如制药、制剂、饮料生产中，这些生产过程中的控制特点和本项目要求类似。

表 3-34　评价标准

评价项目	要　　求	配分	评 分 标 准	得　分			
				自评	互评	教师	专家
系统原理图设计	(1)原理图设计规符合标准	5分	不符合规范每处扣1分				
	(2)方案可行	10分	方案不可行扣10分				
	(3)系统设计合理,符合经济性原则	10分	不经济每处扣2分				
I/O分配	I/O分配完整	10分	缺漏错每处扣2分				
程序设计	程序设计简洁、易读、符合控制要求	15分	程序设计不符合工艺要求扣10分				
创新能力	设计新颖独特,设计灵活,具有创新性	10分					
控制系统安装	符合安装工艺要求	10分	不符合规范每一处扣2分				
控制系统调试(实验室)	程序符合控制系统要求	10分	程序调试一次不合格扣2分 程序调试二次不合格扣5分 程序调试三次不合格扣10分				
现场安装调试	符合系统要求	20分	系统调试一次不合格扣5分 系统调试二次不合格扣10分 系统调试三次不合格扣20分				
安全生产	不符合安全生产操作规范扣20分						
日期		地点		总分			

思 考 题

1. 控制要求：小车自动往返要求有停止按钮、急停按钮，正、反向启动按钮，终端设有限位开关，小车运行到终端碰到行程开关自动改变方向，按下停止按钮自动停车，按下急停按钮立即停车，按下启动按钮按照原运行方向运行。

2. 图 3-64 所示为一液体混合搅拌机示意图。在图中，H 为高液面，ST1 为高液位传感器；M 为中液面，ST2 为中液位传感器；L 为低液面，ST3 为低液位传感器；YV1，YV2，YV3 为电磁阀。当液面到达相应位置时，相应的传感器送出 ON 信号，否则为 OFF。

控制要求：

初始状态下，容器为空容器，电磁阀 YV1、YV2、YV3 为关闭状态，传感器 ST1、ST2、ST3 为 OFF 状态，搅拌器 M 未启动。

（1）按下启动按钮 SB1，电磁阀 YV1 打开，液体 A 开始注入容器内，经过一定的时间。液体到达低液面（L）处，低液位传感器 ST3＝ON。

（2）当液面到达中液面 M 处，中液位传感器 ST2＝ON，此时电磁阀 A 关闭，电磁阀 B 打开，液体 A 停止注入，液体 B 开始注入容器中。

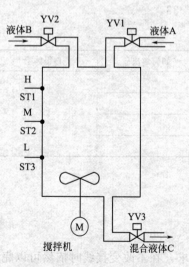

图 3-64　液体混合装置

（3）当液面到达高液面 H 处，高液位传感器 ST1＝ON，此时电磁阀 B 关闭，液体 B 停止注入，同时搅拌电动机 M 启动运转，对液体进行搅拌。

（4）经过 1min 后，搅拌机停止搅拌，电磁阀 YV3 打开，放出液体。

（5）当液面低于低液面位时，低液位传感器 ST3＝OFF，延时 8s 后，容器中的液体放完，电磁阀 YV3 关闭，搅拌机又开始执行下一个循环。

（6）若在中途按下停止按钮 SB2，搅拌机不能立即停止工作，只有待工作一个完整的工作周期后，即容器中的液体放完后，搅拌才停止在初始状态下。

项目五　利用 PLC 实现交通红绿灯的控制

项目描述：

图 3-65 为交通红绿灯的控制示意图，系统工作受开关控制，启动开关"ON"则系统开始工作，系统 24 小时循环运行，启动开关"OFF"则系统停止工作，所有灯关闭。

1. 系统分析，确定控制方案

思路一：

图 3-65 表明了输出之间的时间关系，因此可以将图 3-65 叫控制时序图，从图中分析可知，两个方向的灯点亮完成一个周期需要 50s。当系统工作时首先东西绿灯、南北红灯点亮，同时启动时间继电器 T37 开始延时，延时时间到关断东西绿灯点亮东西黄灯，同时启动时间继电器 T38 开始延时，延时时间到关断东西黄灯、南北红灯点亮南北绿灯、东西红灯，同时启动时间继电器 T39 开始延时，延时时间到关断南北绿灯点亮南北黄灯，同时启动时间继电器 T40 开始延时，延时时间到关断南北黄灯、东西红灯点亮东西绿灯南北红灯，由于此时已经完成一个控制周期，因此当 T40 延时时间到时关断 T37，则重新开始循环，满足控制要求，可以得到图 3-66 控制时序图。这种思路实质是利用定时器的串联来完成灯的亮灭切换。

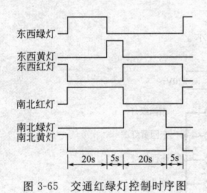

图 3-65　交通红绿灯控制时序图

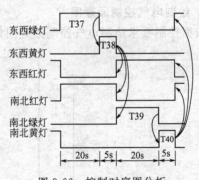

图 3-66　控制时序图分析

思路二：

通过分析图 3-65 可以看到东西红灯和南北红灯的是两个互补的波形，每个波形按照周期 60s 占空比为 50％的连续波形，实质就是振荡电路。在振荡电路触电控制东西红灯、南北红灯。在利用 T37 控制东西绿灯，T39 控制南北绿灯就可以。

思路三：

可以利用顺序功能图的方法来编写程序，通过分析图 3-65 可以得到图 3-67 输出过程。根据步的概念，只要输出不同，就是不同的步，由图可知分为四步，由此得到顺序功能图如图 3-68 所示。

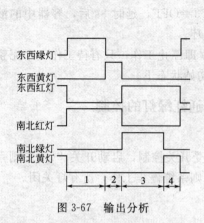

图 3-67 输出分析

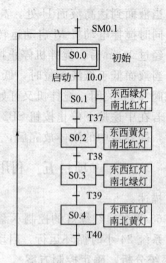

图 3-68 顺序功能图

2. 确定输入信号、输出信号

根据根据控制系统的控制要求分配 I/O 地址，因此分配后的输入、输出地址如表 3-35 所示。

表 3-35 输入、输出信号地址分配

编程地址	电气元件	功能	备 注	编程地址	电气元件	功能	备 注
I0.0	SB1	启动、停止控制	输入信号	Q0.3	HL4	南北红灯	
Q0.0	HL1	东西绿灯	输出信号	Q0.4	HL5	南北绿灯	输出信号
Q0.1	HL2	东西黄灯		Q0.5	HL6	南北黄灯	
Q0.2	HL3	东西红灯					

3. 绘制电气控制原理图

依据控制要求绘制电气控制原理图如图 3-69 所示。

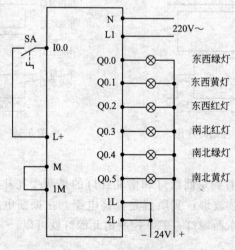

图 3-69 电气控制原理图

4. 编写程序

根据思路分析分别给出对应的程序：

程序一（图 3-70）

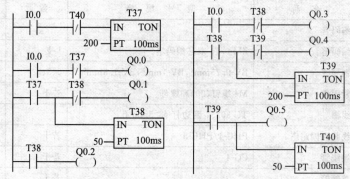

图 3-70　梯形图（一）

程序二（图 3-71）

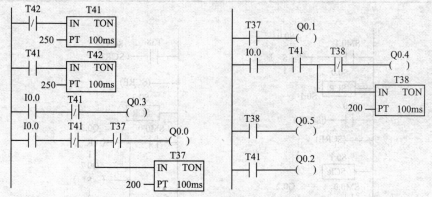

图 3-71　梯形图（二）

程序三（图 3-72）

5. 实训材料

实训材料见表 3-36。

表 3-36　材料表

序号	分类	名　称	型　号　规　格	数量	备　注
1	配线	常用电工工具		1套	自备
2	工具	万用表	MF47	1个	自备
3		电脑		1台	
4		PLC	CPU224、F1-40、JH120H	各1台	任选
5		编程器	STEP7 MICRO/WIN32 V4.0		
6		手持编程器	F1-20P		
7		熔断器	RT1-15	5个	5A/2A
8		实验平台	THPFC-A	1套	
9		接触器	CJT1-20	3个	
10	低压	按钮	LA4-3H	1个	
11	电器	LED灯		6个	24V
12		端子	TD-1520	2条	
13		安装板	600×800		
14		三相电源插头	16A	1个	
15		空气开关	DZ47-15 3P	2个	10A
16		空气开关	DZ47-63 1P	1个	3A
17		接近开关		2个	电感式
18		变压器	JBK5-160	1个	

序号	分类	名　称	型　号　规　格	数量	备　注
19	配线材料	编码管			1、1.5
20		编码笔	ZM-0.75 双芯编码笔	1 支	红、黑、蓝
21		铜导线	BV-0.75mm², BV-1mm², BV-1.5mm²	5、3、2	多种颜色
22		紧固件	M4 螺钉(20)和螺母	若干	
23		线槽	TC 3025，两边打 φ3.5mm 孔		
24		线扎和固定座	PHC-4/PHC-8	若干	最大线径 50
25		缠绕管	CG-4	若干	最大线径 50
26		黄蜡管		若干	1.5
27		软套管		若干	1.5
28	电源	直流开关电源	10～30V	1 个	

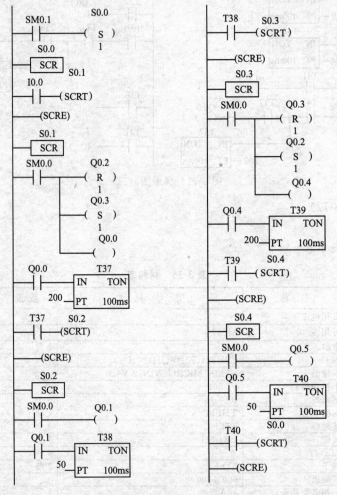

图 3-72　梯形图（三）

6. 现场调试

① 按照原理图选择电气元件接线。

② 将程序写入 PLC 在实验台调试，填写调试记录表 3-37。

表 3-37　调试记录表

序　号	出现的问题	问题分析	如何解决	心得体会
1				
2				
3				
4				

注：可根据调试问题的多少增加或删减表格行数。

7. 评价标准

评价标准见表 3-38。

表 3-38　评价标准

评价项目	要　求	配分	评分标准	得　分			
				自评	互评	教师	专家
系统原理图设计	(1)原理图设计规符合标准 (2)方案可行 (3)系统设计合理,符合经济性原则	5分 10分 10分	不符合规范每处扣1分 方案不可行扣10分 不经济每处扣2分				
I/O分配	I/O分配完整	10分	缺漏错每处扣2分				
程序设计	程序设计简洁、易读、符合控制要求	15分	程序设计不符合工艺要求扣10分				
创新能力	设计新颖独特,设计灵活,具有创新性	10分					
控制系统安装	符合安装工艺要求	10分	不符合规范每一处扣2分				
控制系统调试(实验室)	程序符合控制系统要求	10分	程序调试一次不合格扣2分 程序调试二次不合格扣5分 程序调试三次不合格扣10分				
现场安装调试	符合系统要求	20分	系统调试一次不合格扣5分 系统调试二次不合格扣10分 系统调试三次不合格扣20分				
安全生产	不符安全生产操作规范扣20分						
日期		地点		总分			

8. 项目总结与提高

本项目在程序设计时，使用了多种程序设计方法，每种方法都不同，体现了 PLC 程序设计的灵活性。在本项目中除了这三种程序设计方法外还有其他方法。

下面介绍方法四：

在 S7-200 指令系统中还提供了比较指令，比较指令可以认为是有条件接通的触点，即在条件满足时触点接通，在条件不满足时触点断开。根据比较指令的特点，对控制系统图重新分析，如图 3-73 所示。可以利用定时器的当前值与红绿灯状态保持时间进行比较，来控制输出状态的变换，程序如图 3-74 所示。

还可以用数据传送指令输出占用 QB0 字节的 Q0.0～Q0.5 六位在不同状态步对应的数值，如表 3-39 所示。程序如图 3-75 所示。

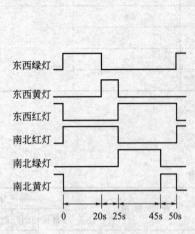

图 3-73 控制波形图

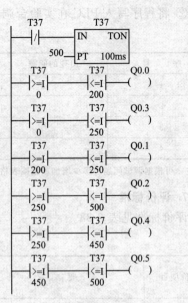

图 3-74 梯形图（四）

表 3-39 交通灯输出状态值

步	QB0						状 态
	Q0.5	Q0.4	Q0.3	Q0.2	Q0.1	Q0.0	
1	0	0	1	0	0	1	东西绿南北红
2	0	0	1	0	1	0	东西黄南北红
3	0	1	0	1	0	0	南北绿东西红
4	1	0	0	1	0	0	南北黄东西红

注：1 表示点亮，0 表示熄灭。

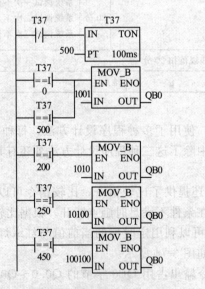

图 3-75 梯形图（五）

思　考　题

1. 利用并行顺序功能图编写本项目程序。
2. 根据图 3-76 编写程序。

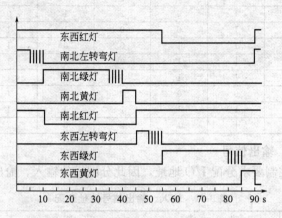

图 3-76　交通灯控制时序图

（1）控制要求：系统 24 小时循环运行，系统工作受开关控制，启动开关"ON"则系统开始工作，启动开关"OFF"则系统停止工作，所有灯关闭，工作规律按时序图图 3-77 运行。绿灯闪烁时按 0.5s 间隔运行。

（2）控制对象：东西方向红灯两个，南北方向红灯两个，东西方向左转弯绿灯两个，东西方向黄灯两个，南北方向黄灯两个，南北方向左转弯绿灯两个，东西方向绿灯两个，南北方向绿灯两个。

项目六　车辆出入库管理

项目描述：

编制一个用 PLC 控制的车辆出入库管理梯形图控制程序，控制要求如下：

① 入库车辆前进时经过 1#→2# 传感器后计数器加 1，单经过一个传感器则计数器不动作。

② 出库车辆前进时经过 2#→1# 传感器后计数器减 1，单经过一个传感器则计数器不动作。

③ 设计由 1 位数码管及相应的辅助元件组成的显示电路，显示车库内车辆的实际数量（最大存储量 9）。

1. 系统分析，确定控制方案

从控制要求看控制要求分两个部分，一是计数部分完成车辆的进出计算，二是将计数器的计数值通过数码管显示。对于计数部分根据项目要求，选用可逆计数器。对于数码管的显示，首先了解数码管的结构和显示原理。数码管外形如图 3-77 所示。它由七段发光二极管组成，分别是 a、b、c、d、e、f、g，7 个二极管通常有一个电极连在一起，其余分开形成 8 个输入端，因此就有共阴极和共阳极之分，数码管 7 个输入端，输入不同的高低电平，就会点亮或熄灭，形成不同的形状，此时对应的 7 个输入端的高低电平叫段码。数码管的段码表并不是二进制数，因此必须把要显示的数值转换成对应的段码。数码管的编码表如表 3-40 所示。

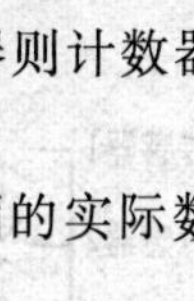

图 3-77　数码管外形

表 3-40　编码表

十进制数	段显示	段　　码						
		g	f	e	d	c	b	a
0	◻	0	1	1	1	1	1	1
1	I	0	0	0	0	1	1	0
2	⊇	1	0	1	1	0	1	1
3	∃	1	0	0	1	1	1	1
4	↳	1	1	0	0	1	1	0
5	⊆	1	1	0	1	1	0	1
6	⊟	1	1	1	1	1	0	1
7	⊓	0	0	0	0	1	1	0
8	⊟	1	1	1	1	1	1	1
9	⁋	1	1	0	0	1	1	1

2. 确定输入信号、输出信号

根据控制系统的控制要求分配 I/O 地址，因此分配后的输入、输出地址如表 3-41 所示。

表 3-41　输入、输出信号地址分配

编程地址	电气元件	功能	备注
I0.0		传感器 1	
I0.1		传感器 2	输入信号
I0.2	SA	启动、停止控制	
Q0.0	a		
Q0.1	b		
Q0.2	c		
Q0.3	d	数码管的段	输出信号
Q0.4	e		
Q0.5	f		
Q0.6	g		

3. 绘制电气控制原理图

依据控制要求绘制电气控制原理图如图 3-78 所示。

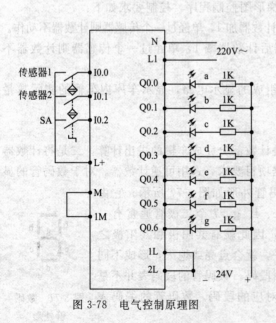

图 3-78　电气控制原理图　　　　图 3-79　计数梯形图

4. 编写程序

根据思路分析分别给出对应的程序。

计数程序（图 3-79）：

显示程序一：

根据编码表可得到不同编码时对应的输出得电断电逻辑表达式，比如 a 段对应的 Q0.0 在显示 0、2、3、5、6、7、8、9 时都得电，依此设计程序如图 3-80 所示。

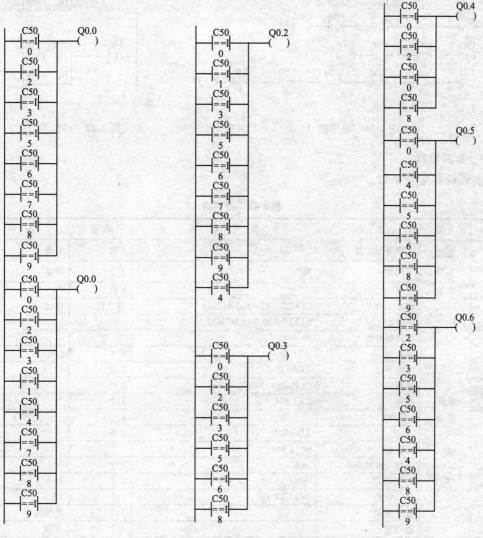

图 3-80 梯形图（一）

显示程序二：

显然图 3-80 梯形图复杂，观察表 3-40，利用取反逻辑则可以使程序简化。编写的程序如图 3-81 梯形图所示。

显示程序三：

西门子 S7-200 指令系统中提供了七段数码显示指令，利用此指令可将程序大大简化，但在使用时该指令输入为字节型，而计数器是数字型，在使用前应将计数器值转换为字节型数据，程序如图 3-82 所示。将计数程序与显示程序合在一起就是本项目的完整程序。

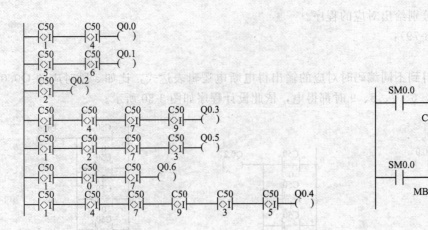

图 3-81 梯形图（二）

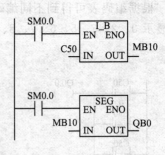

图 3-82 梯形图（三）

5. 实训材料

实训材料见表 3-42。

表 3-42 材料表

序号	分类	名 称	型 号 规 格	数量	备 注
1	配线工具	常用电工工具		1 套	自备
2		万用表	MF47	1 个	自备
3	低压电器	电脑		1 台	
4		PLC	CPU224、F1-40、JH120H	各 1 台	任选
5		编程器	STEP7 MICRO/WIN32 V4.0		
6		手持编程器	F1-20P		
7		熔断器	RT1-15	5 个	5A/2A
8		实验平台	THPFC-A	1 套	
9		接触器	CJT1-20	3 个	
10		按钮	LA4-3H	1 个	
11		LED 灯		6 个	
12		端子	TD-1520	2 条	
13		安装板	600×800		
14		三相电源插头	16A	1 个	
15		空气开关	DZ47-15 3P	2 个	10A
16		空气开关	DZ47-63 1P	1 个	3A
17		接近开关		2 个	电感式
18		数码管		1 个	共阳
19	配线材料	编码管			1,1.5
20		编码笔	ZM-0.75 双芯编码笔	1 支	红、黑、蓝
21		铜导线	BV-0.75mm²，BV-1mm²，BV-1.5mm²	5、3、2	多种颜色
22		紧固件	M4 螺钉（20）和螺母	若干	
23		线槽	TC 3025，两边打 φ3.5mm 孔		
24		线扎和固定座	PHC-4/PHC-8	若干	最大线径 50
25		缠绕管	CG-4	若干	最大线径 50
26		黄蜡管		若干	1.5
27		软套管		若干	1.5
28	电源	直流开关电源	10～30V	1 个	

6. 现场调试

① 按照原理图选择电气元件接线。

② 将程序写入 PLC 在实验台调试，填写调试记录表 3-43。

表 3-43　调试记录表

序　号	出现的问题	问题分析	如何解决	心得体会
1				
2				
3				
4				

注：可根据调试问题的多少增加或删减表格行数。

7. 评价标准

评价标准见表 3-44。

表 3-44　评价标准

评价项目	要　　求	配分	评分标准	得　分			
				自评	互评	教师	专家
系统原理图设计	(1)原理图设计规符合标准 (2)方案可行 (3)系统设计合理,符合经济性原则	5 分 10 分 10 分	不符合规范每处扣 1 分 方案不可行扣 10 分 不经济每处扣 2 分				
I/O 分配	I/O 分配完整	10 分	缺漏错每处扣 2 分				
程序设计	程序设计简洁、易读、符合控制要求	15 分	程序设计不符合工艺要求扣 10 分				
创新能力	设计新颖独特,设计灵活,具有创新性	10 分					
控制系统安装	符合安装工艺要求	10 分	不符合规范每一处扣 2 分				
控制系统调试(实验室)	程序符合控制系统要求	10 分	程序调试一次不合格扣 2 分 程序调试二次不合格扣 5 分 程序调试三次不合格扣 10 分				
现场安装调试	符合系统要求	20 分	系统调试一次不合格扣 5 分 系统调试二次不合格扣 10 分 系统调试三次不合格扣 20 分				
安全生产	不符安全生产操作规范扣 20 分						
日期		地点		总分			

8. 项目总结与提高

本项目中的程序编制，用了不同的思路，显然利用高级指令可以大大简化程序，而且使程序结构简单、易懂。因此在程序编制时，不要局限一种思路，多用高级指令。

举例：

在本模块的开始部分介绍了利用翻译法设计电动机单向运转控制电路，下面通过其他不同的编程指令来设计控制程序。

法一：

利用置位、复位指令，显然启动就是置位，停止或过载就是复位，程序如图 3-83 所示。

法二：

利用数据传送指令，程序如图 3-84 所示。

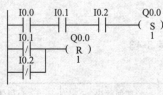

图 3-83　置位、复位程序　　　　　　　　　图 3-84　数据传送指令

思 考 题

1. 利用一个按钮控制电动机的启动和停止，即按下按钮电动机启动，再按下此按钮电动机停止。

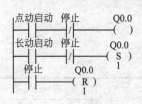

图 3-85　点动与长动程序

(1) 利用置位、复位指令编写程序。

(2) 利用取反指令编写程序。

(3) 利用移位指令编写程序。

(4) 利用计数器指令编写程序。

2. 输入程序如图 3-85 所示，观察执行结果。

3. 项目五中如果增加红绿灯时间显示，如何设计程序。（注意时间是倒计时）。

4. 某控制设备的控制要求是，按下启动按钮，电机运转 5min，反转 5min，反复三次，停止运行，在运行中按下停止按钮无效。试编写程序。

项目七　利用 PLC 改造 XA5032 铣床控制系统

项目描述：

铣床主要用来加工机械零件的平面、斜面、沟槽等型面，在装上分度头后还可以加工齿轮。由于用途广，在金属切屑机床中使用数量仅次于车床。利用 PLC 进行改造铣床电气系统，需要先了解铣床的结构、运动形式，各种操作手柄、按钮的位置、功能，并能简单操作铣床。在分析 XA5032 的电气控制系统后，提出改造方案，并进行安装、调试，达到控制要求。

1. 认识 XA5032 铣床

(1) 主要结构及运动形式

如图 3-86 所示，XA5032 型万能铣床主要由床身、主轴、工作台、升降台、底座等部分组成。床身内装有主轴变速箱和主轴传动机构，升降台内装有进给变速箱和进给传动机构。

铣床的主轴通过主轴电动机拖动并带动刀具旋转，工作台通过进给电动机拖动实现三个垂直方向上的直线运动，工作台还可以旋转一定角度。

(2) 电力拖动特点和控制要求

① 铣床在铣削加工时，进给量小时用高速，反之用低速铣削。这要求主传动系统能够调速而且在各种铣削速度下保持功率不变。主轴电动机采用三相笼型异步电动机。

② 为了能进行顺铣和逆铣加工，要求主轴能够实现正反转。

③ 铣床主轴电动机采用直接启动，且具有正反转控制。但停车时，由于传动系统惯性大，为此设有电气制动环节。

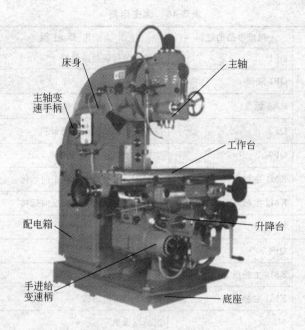

图 3-86　XA5032 铣床结构

④ 主轴变速时，为使变速箱内齿轮易于咬合，要求主轴电动机变速时有变速冲动。

⑤ 铣床工作台有前后、左右、上下 6 个方向的进给运动和快速移动，要求进给电动机实现正反转，并通过操作手柄和机械离合器配合来实现。

⑥ 为防止刀具、床体的损坏，要求只有主轴启动后才允许有进给运动和进给方向的快速移动。

⑦ 要求有冷却系统、36V 或 24V 照明安全电压；交流控制回路采用变压器 110V 供电控制。

2. 读图

(1) 识图知识

为了正确识图注意表 3-45 的内容。

表 3-45　识图知识

序号	内　容	标　记	功　能
1	图幅分区	文字区	对应电路的功能
		数字区	便于检索读图
2	画(读)电路的顺序	从左到右	主电路、控制电路、辅助电路
3	电源线的画法	水平画	从上到下依次是 L1、L2、L3、N、PE
4	主电路和控制电路画法	与电源线垂直	
5	图形符号的画法	按照国家标准规定绘制	水平绘制时逆时针旋转 90°
6	接触器、继电器触点画法	分开绘制在线圈下方集中绘制触点位置	×表示未使用。数字表示在相应的数字区，接触器从左到右是主触点、辅助常开、辅助常闭，继电器从左到右辅助常开、辅助常闭

(2) 认识电路组成

按照表 3-46～表 3-48 读图。

表 3-46 读主电路

识图顺序	区号	组成电路的电器	电器功能	备注
电源电路	1	QF1	电源开关过载短路保护	
冷却泵电动机	2	QF1 线圈	安全保护	主电路
		KA3 触点	控制 M3 冷却泵电动机的运转	
		QF3	冷却泵电动机过载短路保护	
主轴电动机	3	QF2	主轴电动机过载短路保护	
		KM1 主触点	控制 M1 主轴的电动机正向运转	
		KM2 主触点	控制 M1 主轴的电动机反向运转	
	4	M1	主轴电动机	
进给电动机	5	QF4	M2 过载短路保护	
		KM3 主触点	控制 M2 正向运转	
		KM4 主触点	控制 M2 正向运转	
		M2	进给电动机	
控制变压器	7	TC	提供控制电路 110V 电源和直流电源	
照明电路	9	QF6	照明电路的过载和短路保护	辅助电路
		SA6	控制照明灯亮灭	
		EL	照明灯	

表 3-47 读制动、快速控制电路

识图顺序	区号	组成电路的电器	电器功能	备注
主轴制动	10	QF11	直流电路的过载和短路保护	直流控制电路
	11	SB1、SB2	主轴电动机停止	
		KM1、KM2 辅助常闭	制动与正常运行的互锁	
		YC1 线圈	主轴制动离合器	
	12	SB7、SB8	急停按钮	
		KT1	通电延时断开的常闭触点,用于制动延时控制	
正常进给电路电磁离合器	13	KA2	实现进给电动机的快速进给、正常进给互锁	
		YC2 线圈	正常进给电动机的电磁离合器	
	14	KM3、KM4 辅助常开	进给电动机正、反转控制接触器辅助触点	
		KA2 常开	实现进给电动机的快速进给继电器辅助常开	
		YC3 线圈	快速进给电磁离合器线圈	
快速进给	15	SB1、SB2	主轴电动机停止时进给快速停车	
		SB7、SB8	主轴电动机急停时进给快速停车	
	16	KA2 常闭	实现进给电动机的快速进给继电器辅助常闭	
		KT1	通电延时断开的常闭触点,用于制动延时控制	
		KT1 线圈	时间继电器触点	

表 3-48　读主轴、进给控制电路

识 图 顺 序	区号	组成电路的电器	电 器 功 能	备 注
主轴电动机	18	SB7、SB8	主轴电动机急停	
		SB1、SB2	主轴电动机停止	
		SA2	主轴换刀开关	
		SQ5	主轴变速冲动控制	
		SA4	主轴顺铣、逆铣选择	
		KM1、KM2 辅助常闭	主轴顺铣、逆铣的互锁	
		KM1 线圈	主轴顺铣接触器	
	19	QF2、QF3	主轴电动机、冷却泵电动机的过载保护	
		KA1 常开	主轴启动控制继电器	
		KM2 线圈	主轴逆铣接触器	
冷却泵	20	SA1	冷却泵控制开关	
		KA3 线圈	控制冷却泵启停继电器线圈	
主轴启动	21	SB3、SB4	主轴电动机的启动	
		KA1 常开	实现进给电动机的顺序控制和自锁	
		KA1 线圈	主轴电动机的启动继电器线圈	交流控制电路
进给电机	22	SQ7	右门防护联锁	
		SQ8	垂直联锁	
		QF4	进给电动机过载保护	
		KA2 常开触点	快速继电器触点	
		SB5、SB6	快速进给按钮	
		KA2 线圈	快速进给继电器线圈	
	23	SQ6	主轴电机停止时进给快速停车	
		SA3	圆工作台选择开关	
		SQ2、SQ4	工作台的纵、横向联锁	
		SQ1、SQ3	工作台的纵、横向联锁	
		SQ1、SQ3	工作台的纵、横向、垂直控制	
		KM4 常闭	进给电机的互锁	
		KM3 线圈	进给接触器线圈	
	24	SQ2、SQ4	工作台的纵、横向、垂直控制	
		KM3 常闭	进给电机的互锁	
		KM4 线圈	进给接触器线圈	

3. 机床的操作

（1）开车前的准备

① 认识 XA5032 铣床结构。如图 3-86 所示。

② 找到机床上操作电气控制操作电器的位置，明确功能。如图 3-87～图 3-89 所示。

③ 找到机床操作手柄，如图 3-90、图 3-91 所示。

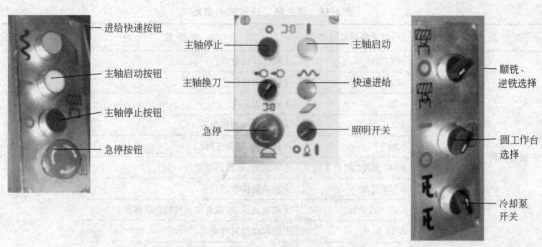

图 3-87　工作台侧操作按钮　　　图 3-88　机床立柱侧操作按钮　　　图 3-89　电控箱上开关

图 3-90　纵向操作手柄

图 3-91　垂直、横向操作手柄

④ 用钥匙打开电控箱门，如图 3-92、图 3-93 所示，检查 QF1、QF2 及空气开关 QF3、QF4、QF5、QF6、QF7、QF8、QF9、QF10 是否接通，检查各接线端子及接地端子是否连接可靠，将有松动的端子紧到牢。检查完毕，关好电控箱门。

图 3-92　左电控箱

图 3-93　右电控箱

⑤ 将操作手柄处于中间位置。

（2）开机

向上扳动总电源开关 QF1 至 ON 位置接通电源。

（3）主电动机的启动及停止

在操作主轴之前，选好主轴速度，如果需要换刀，把立柱上的换刀开关 SA2 旋到相应位置，装好刀具后，再把 SA2 旋回初始位置，把电控箱的主轴换向开关 SA4 旋到选定的方向，按床身或工作台按钮板上白色启动按钮 SB3、SB4，接触器 KM1 或 KM2 得电吸合；主电动机旋转，主轴带动刀具旋转，按黑色按钮 SB1、SB2 或按下红色按钮 SB7、SB8，KM1 失电释放，主电动机 M1 停止旋转。

（4）冷却泵的启动及停止

将电控箱面板上的黑色旋钮 SA1 旋至相应位置，KA3 得电吸合，冷却泵 M3 旋转。旋至另一位置，KA3 失电释放，冷却泵 M3 停止旋转。

（5）进给电动机的启动及停止

主轴电动机启动后，将进给手柄扳到所需方向，KM3 或 KM4 接触器线圈得电，进给电动机旋转，通过机械结构和电气系统的互锁实现某一个方向的运动。当把操作手柄推回中间位置，电气系统断电，接触器断电，电动机停止运动。

当按下床身或工作台侧的快速按钮 SB5、SB6 时通过 YC3 电磁离合器改变机械传动路线，实现进给方向的快速移动。

（6）机床照明

旋转立柱上的黑色旋钮 SA6 照明灯亮，旋回，照明灯灭。

（7）控制回路及变压器的保护

控制变压器 TC1 为电磁离合器提供直流电，TC2 为交流控制回路提供 110V 交流电，TC3 为照明电路提供 24V 交流电。

（8）关机

如机床停止使用，为人身和设备安全需断开总电源开关 QF1，将钥匙拔出收好。

4. XA5032 普通铣床电气控制线路分析

XA5032 铣床的电气控制原理图见图 3-94 和图 3-95。

（1）主电路分析

主电路有三台电动机，M1 为主轴电动机，拖动主轴旋转；M2 为进给电动机，实现工作台垂直、横向、纵向、回转运动；M3 冷却泵电动机，拖动冷却泵。QF1 为电源总开关，接触器 KM1、KM2 控制 M1 的启动停止和正反转，接触器 KM3、KM4 控制 M2 的正反转，KA3 控制 M3 电动机的启动和停止。QF2、QF3、QF4 分别实现对 M1、M3、M2 进行过载保护和短路保护。

（2）控制电路分析

控制电路采用 380V 交流电源供电，经过变压器 TC，输出 110V 和 36V 两种电压为控制电路和照明电路提供电压。同时将变压器输出交流电经整流输出直流电为电磁离合器提供电源。QF5、QF6、QF7、QF8、QF9、QF10 分别为控制电路、照明电路、电磁离合器电路的过载和短路保护。

主轴电动机的控制：

为方便操作，主轴电动机 M1 采用两地控制方式，可在两处中的任一处进行操作。主轴电动机启动按钮 SB1、停止按钮 SB3 一组安装在床体上；另一组按钮启动 SB2、停止 SB4 安装在工作台上。KM1 是主轴电动机启动接触器，KM2 是反接制动接触器；SA4 用于改变电

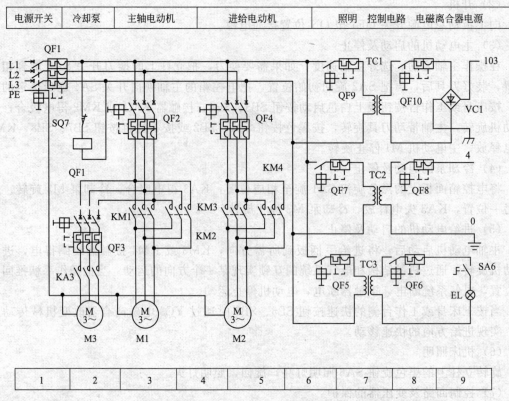

图 3-94　电气控制原理图（一）

动机的转向。SQ5 是与主轴变速手柄联动的瞬动行程开关；启动前，先将换向开关 SA4 旋转到所需旋转方向，然后按下启动按钮 SB3 或 SB4，继电器 KA1 线圈通电并自锁，KM1 接触器得电，主电动机 M1 启动空气开关 QF1、QF2 的动断触点串接于 KM1 控制电路中作过载保护。

　　主电动机制动时，按下停止按钮 SB1 或 SB2，其动断触点断开，切断 KM1 电源，主电动机 M1 的电源被切断，因为惯性，M1 会继续旋转。SB1 或 SB2 的动合触点接通，使电磁离合器 YC1 得电，使主电机制动。

　　当主轴需要变速时，为保证变速齿轮易于啮合，需设置变速冲动装置，它是利用变速手柄和冲动开关 SQ5 通过机械上的联动机构完成的。变速冲动的操作过程是：先将变速手柄拉向前面，然后旋转变速盘选择转速，再把手柄快速退回原位。在手柄推拉过程中，凸轮瞬时压下弹簧杆，冲动开关 SQ5 瞬时动作，使接触器 KM1 短时通电，电动机 M1 正转一下，以利齿轮啮合。为避免 KM1 通电时间过长，手柄的推拉过程操作都应以最快速度进行。

　　进给电动机 M2 的控制：

　　工作台的横向和升降控制：是通过十字复式操作手柄进行的，该手柄有上、下、前、后和中间零位共 5 个位置。在扳动手柄时，通过机械联动机构实现运动方向的联锁，同时压下相应行程开关 SQ3（向下、向前）或 SQ4（向上、向后）。例如欲使工作台向上运动，将手柄扳到向上位置，压下 SQ4，接触器 KM4 线圈通电，M2 电动机反转，工作台向上运动；工作台上、下、前、后运动的终端限位，是利用固定在床身上的挡铁撞击手柄，使其回复到中间零位加以实现的。

　　工作台纵向（左右）运动控制：是通过纵向操作手柄控制。该手柄有左、右、中间 3 个

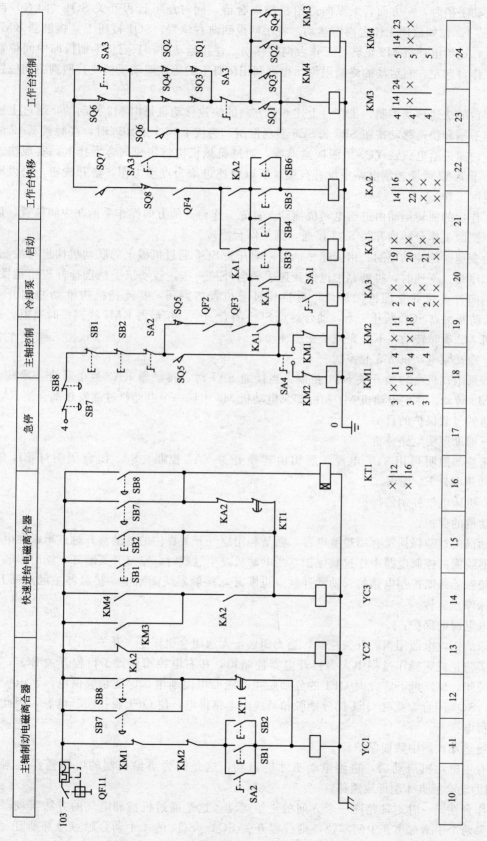

图 3-95 电气控制原理图（二）

位置，扳动手柄时，一方面合上纵向进给机械离合器，同时压下行程开关 SQ1（向右）或 SQ2（向左）。比如欲使工作台向右运动，将手柄扳到向右位置，SQ1 被压下。接触器 KM4 线圈通电，进给电动机 M2 正转，工作台向右移动。停止运动时，只要将手柄扳回中间位置即可。工作台向左、右运动的终端限位，也可利用床身上的挡铁撞动手柄使其回到中间位置实现。

工作台的快速移动控制：工作台上述 6 个方向的快速移动也是由 M2 拖动的，通过上述两个操作手柄和快速移动按钮 SB5 和 SB6 实现控制，当按下 SB5 或 SB6 时，接触器 KA2 线圈通电，快速进给电磁铁 YC3 线圈接通电源，通过机械机构将快速离合器挂上，实现快速进给。由于 KA2 线圈控制电路中没有自锁，所以快速进给为点动工作，松开按钮，仍以原来进给速度工作。

圆工作台的回转运动由进给电动机拖动，首先工作台其他方向操作手柄在中间位置，启动主轴，把圆工作台转换开关 SA3 接通，圆工作台回转。

进给变速时的冲动控制：由变速手柄与冲动开关 SQ6 通过机械上的联动机构进行控制。其操作顺序是：变速时，将蘑菇形进给变速手柄向外拉一些，转动该手柄选择好进给速度，在把手柄向外一拉并立即推回原位，再拉到极限位置的瞬间，其连杆机构推动冲动开关 SQ6。其动断触点 SQ6 断开一下，动合触点 SQ6 闭合一个，接触器 KM4 线圈短时通电，进给电动机 M2 瞬时转动一下，完成了变速冲动。

（3）冷却泵电动机 M3 的控制

冷却泵电动机由转换开关 SA1 控制，当接通 SA1 时，接触器 KA3 通电吸合，冷却泵电动机 M3 转动。在主电动机 M1 和冷却泵电动机 M3 中任一个电动机过载发热都会使 KM1 断电，达到过载保护的目的。

（4）辅助照明电路分析

机床局部照明采用 24V 电源，照明由转换开关 SA2 控制。SA2 闭合照明灯 EL 亮，SA2 断开照明灯 EL 熄灭。

（5）机床电气控制的保护

电动机的保护：

电动机的过载保护没有用热继电器，而是利用空气开关提供的辅助常开触点串联在电动机接触器线圈的控制电路中作过载保护，当电动机发生过载时，空气开关断开，同时串联在电动机接触器线圈控制电路的辅助常开触点也断开，接触器线圈断电，接触器主触点断开，电动机体停止运转。

供电电源的保护：

机床的供电电源用钥匙开关控制，当无钥匙，无法闭合机床空气开关 QF1。

为了防止机床操作过程中人为打开电器控制箱，在右电控箱设置了行程开关 SQ7，当电控箱关闭，SQ7 断开，此时 QF1 的分励脱扣器线圈电路断电，保证系统供电，当电控箱门打开，SQ7 闭合，此时 QF1 的分励脱扣器线圈电路得电，使 QF1 脱扣断开电源，因此系统不能得电。

进给运动控制中联锁保护：

只有主电动机启动后，进给电动机才能启动，这是因为进给控制的电源需经接触器 KA1 辅助动合触点才能形成通路。

工作台在同一时刻只允许一个方向的进给运动，这是通过机械和电气的方法实现联锁的。如果两个手柄都离开中间零位，则行程开关 SQ1～SQ4 的 4 个动合触点全部断开，接触器 KM3、KM4 的线圈电源全部断开。进给电动机 M2 不能转动，达到联锁目的。

　　进给变速时，两个操作手柄都必须在中间零位。即进给变速冲动时，不能有进给运动。
4 个行程开关的 4 个动断触点 SQ1、SQ2、SQ3、SQ4 串联后，与冲动开关 SQ6 的动合触点
SQ6 串联形成进给冲动控制电路。只要有任一手柄离开中间零位，必有一行程开关被压下，
使冲动控制电路断开，接触器 KM4 不能吸合，M2 就不能转动。

5. XA5032 元件表

XA5032 元件见表 3-49。

表 3-49　XA5032 元件

序号	名　称	元件代号	型　号	备　注
1	主轴电动机	M1	Y132M-4-B5	7.5kW　1440r/min 380V
2	快速移动电动机	M2	Y90L-4-B5	1.5kW　1400r/min　380V
3	冷却泵电动机	M3	JCB-22	125W　2790r/min　380V
4	电源总开关	QF1	T0-100BA-3310	30A 分励线圈电压 380V
5	主轴电动机保护	QF2	3VU1340-IMNOO	20A
6	冷却泵保护	QF3	3VU1340-IMEOO	0.6A
7	进给保护	QF4	3VU1340-INJOO	5A
8	空气开关	QF9、QF10、QF11	DZ47-63	6A
9	空气开关	QF5、QF6、QF7、QF8	DZ47-63	3A
10	主轴电机接触器	KM1、KM2	3TB4417	110V
11	进给电机接触器	KM3、KM4	3TB4017	
12	控制变压器	TC1	JBK5-100	380V/110V
13	整流变压器	TC2	JBK5-100	380V/28V
14	照明变压器	TC3	JBK5-63	380V/24V
15	主轴停止按钮	SB1、SB2	LAY11-223-22/K	黑色
16	主轴启动按钮	SB3、SB4	LAY11-226-11/K	白色
17	快速按钮	SB5、SB6	LAY11-227-11/K	灰色
18	急停按钮	SB7、SB8	LAY11-221-22M/ZK	红色蘑菇头自锁
19	转换开关	SA1、SA2、SA3、SA4、SA6	LAY11-223-22X/3K	黑色
20	中间继电器	KA1、KA2、KA3	LCI-D0601F5N	
21	时间继电器	KT1	H3Y-2-PYF08A	直流 24V,0.5～10s
22	整流桥	VC1	2PQIV-1	10A,100V
23	行程开关	SQ1、SQ2	LX1-11K	
24	行程开关	SQ3、SQ4	1LS1-T	
25	行程开关	SQ5、SQ6	LX3-11K	
26	行程开关	SQ7	X2N	
27	行程开关	SQ8	3SE3100-2BA	
28	照明灯	EL1	JC6-1	
29	电磁离合器	YC1、YC2、YC3		直流 24V
30	接线板	XT1、XT2、XT3		带导轨

6. XA5032 电气控制线路的故障

XA5032 万能铣床的主轴运动,是由主轴电动机 M1 拖动,采用齿轮变换实现调速。电气原理上不仅保证了上述要求,而且在变速过程中采用了电动机的冲动和制动。

铣床的辅助运动是工作台导轨的左右、上下及前后进给或快速移动,用手柄选择运动方向,使电动机正反旋转,并通过电气和机械的配合来实现。同样,工作台的进给速度也需要变速,变速也是采用变换齿轮来实现的,电气控制原理与主轴变速相似。

由于万能铣床的机械操纵与电气控制配合十分密切,因此调试与维修,不仅要熟悉电气原理,同时还要对机床的操作与机械结构,特别是机电配合应有足够的了解。

万能铣床常见电气故障分析与处理,见表 3-50。

表 3-50　X62W 万能铣床常见电气故障与处理方法

故 障 现 象	分 析 原 因
主轴停车时没有制动作用	(1)检查空气开关 (2)制动电磁铁线圈断电 (3)时间继电器线圈及触点断开 (4)停止、急停按钮断线 (5)接触器 KM1、KM2 故障
工作台各个方向都不能进给	(1)电动机 M2 不能启动,电动机接线脱落或电动机绕组断 (2)KA1 线圈不得电,触点断开 (3)行程开关 SQ1、SQ2、SQ3、SQ4 位置发生变化或损坏 (4)变速冲动开关 SQ6 在复位时,不能接通或接触不良
主轴电动机不能启动	(1)启动按钮损坏、接线松脱、接触不良或接触器线圈、导线断线 (2)空气开关断开 (3)变速冲动开关 SQ5 的触点接触不良,开关位置移动或撞坏
主轴电动机不能冲动(瞬时转动)	行程开关 SQ5 经常受到频繁冲击,使开关位置改变、开关底座被撞碎或接触不良
进给电动机不能冲动(瞬时转动)	行程开关 SQ6 经常受到频繁冲击,使开关位置改变、开关底座被撞碎或接触不良
工作台能向左、向右进给,但不能向前、向后、向上、向下进给	(1)限位开关 SQ1、SQ2 经常被压合,使螺钉松动、开关位移、触点接触不良、开关机构卡住及线路断开 (2)限位开关 SQ3 或 SQ4 被压开,使进给接触器 KM3、KM4 的通电回路均被断开
工作台能向前、向后、向上、向下进给,但不能向左、向右进给	(1)限位开关 SQ3、SQ4 经常被压合,使螺钉松动、开关位移、触点接触不良、开关机构卡住及线路断开 (2)限位开关 SQ1 或 SQ2 被压开,使进给接触器 KM3、KM4 的通电回路均被断开
工作台不能快速移动	(1)牵引电磁铁 YC3 由于冲击力大,操作频繁,经常造成铜制衬垫磨损严重,产生毛刺划伤线圈绝缘层,引起匝间短路烧毁线圈 (2)线圈受振动,接线松脱 (3)控制回路电源故障 (4)按钮 SB5 或 SB6 接线松动、脱落 (5)KA2 故障

7. 利用 PLC 改造 XA5032 控制系统

利用 PLC 改造 XA5032 控制系统后,根据操作者对主令电器(按钮等)的操作,使接触器得电或断电,满足 XA5032 的加工要求。利用 PLC 时要去掉原系统的继电器逻辑控制电路,找到主令电器和执行电器。执行电器的得电通过程序实现。对原有系统保留主电路和电源电路,即保留图 3-94 去除图 3-95。由于照明电路简单,所以保留照明电路。图 3-95 的功能用 PLC 的程序实现。

（1）确定输入信号与输出信号

XA5032 的输入输出信号见表 3-51、表 3-52。

表 3-51　输入信号

输　入　信　号	功　　　　能	输　入　信　号	功　　　　能
SB1、SB2	主轴停止按钮	QF2、QF3	主轴电动机、冷却泵电动机过载保护
SB3、SB4	主轴启动按钮	QF4	进给电动机的过载保护
SB5、SB6	快移按钮	SQ7	电控箱检测开关
SB7、SB8	急停	SQ6	进给冲动
SQ1、SQ2	左右进给行程开关	SQ5	主轴冲动
SQ3、SQ4	垂直、前后进给行程开关	SQ8	垂直互锁
SA1	冷却泵开关	SA2	换刀制动
SA3	圆工作台选择	SA4	主轴方向选择
SA6	照明开关		

表 3-52　输出信号

输　出　信　号	功　　　　能	输　出　信　号	功　　　　能
KM1、KM2	主轴电动机接触器	KM3、KM4	进给电动机接触器
KA3	冷却泵电动机继电器	YC1	主轴电磁离合器
YC2	正常进给电磁离合器	YC3	快速进给离合器
KA1	启动继电器	KA2	快速继电器
KT1	时间继电器		

（2）分配 I/O 资源

从表 3-51 中可以看到输入信号较多，但有的功能相同，为了节省 PLC 的输入点数将功能相同的输入信号占用一个输入端，过载保护 QF2、QF3、QF4，安全保护 SQ8、SQ7 连接到控制电路，照明灯不用 PLC 控制。输出信号中 KA1、KA2、KT1 用 PLC 的软元件 M0.0、M0.1 和 T37 来替代。在输出分配时注意由于输出的电源特点不同，应根据输出电源的不同对输出地址进行分组。输入、输出信号占用的 PLC 地址如表 3-53 所示。

表 3-53　输入、输出信号地址分配

输入信号	输入信号地址	输出信号	输出信号地址	输入信号	输入信号地址	输出信号	输出信号地址
SB1、SB2	I0.0	KM1	Q0.0	SQ4	I0.7	YC3	Q1.1
SB3、SB4	I0.1	KM2	Q0.1	SQ5	I1.0		
SB5、SB6	I0.2	KA3	Q0.2	SQ6	I1.1		
SB7、SB8	I0.3	KM3	Q0.3	SA1	I1.2		
SQ1	I0.4	KM4	Q0.4	SA2	I1.3		
SQ2	I0.5	YC1	Q0.7	SA3	I1.4		
SQ3	I0.6	YC2	Q1.0	SA4	I1.5		

（3）绘制电气原理图

改造后的系统电气原理图如图 3-96 所示。

（4）编写程序

依据继电器控制系统的要求利用翻译法编写梯形图如图 3-97 所示。

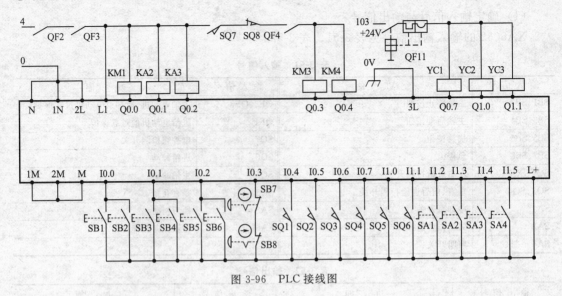

图 3-96   PLC 接线图

（5）写入程序

利用编程软件将程序写入 PLC，在实验台上安装调试并填写调试记录见表 3-54。

表 3-54   调试记录表

序 号	出现的问题	问题分析	如何解决	心得体会
1				
2				
3				
4				

注：可根据调试问题的多少增加或删减表格行数。

（6）现场调试

按照改造后的控制系统，在实训车间接线，接好后运行系统。

8. 评价标准

评价标准见表 3-55。

表 3-55   评价标准

评价项目	要 求	配分	评 分 标 准	得 分			
				自评	互评	教师	专家
系统原理图设计	(1)原理图设计规范符合标准	5 分	不符合规范每处扣 1 分				
	(2)方案可行	10 分	方案不可行扣 10 分				
	(3)系统改动少,设计合理,符合经济性原则	10 分	不经济每处扣 2 分				
I/O 分配	I/O 分配完整	10 分	缺漏错每处扣 2 分				
程序设计	程序设计简洁、易读、符合控制要求	15 分	程序设计不符合工艺要求扣 10 分				
创新能力	设计新颖独特,设计灵活,具有创新性	10 分					
控制系统安装	符合安装工艺要求	10 分	不符合规范每一处扣 2 分				
控制系统调试(实验室)	符合控制系统要求	10 分	程序调试一次不合格扣 2 分 程序调试二次不合格扣 5 分 程序调试三次不合格扣 10 分				

续表

评价项目	要　求	配分	评 分 标 准	得　分			
				自评	互评	教师	专家
现场安装调试	符合系统要求	20分	系统调试一次不合格扣5分 系统调试二次不合格扣10分 系统调试三次不合格扣20分				
安全生产	不符安全生产操作规范扣20分						
日期		地点		总分			

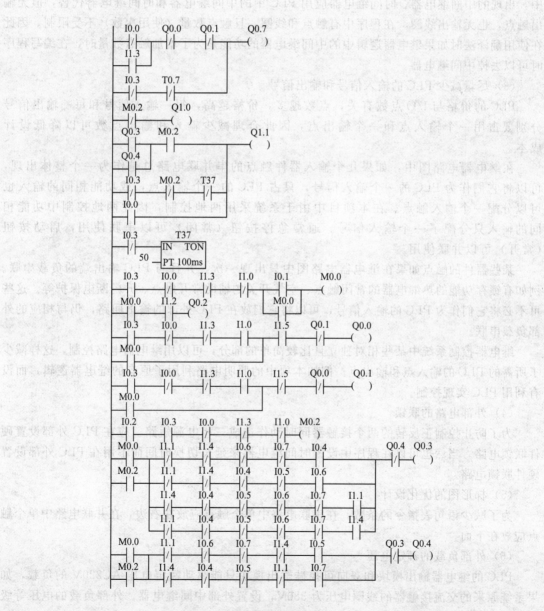

图 3-97　梯形图

9. 项目总结与提高

通过本项目的练习,应更深刻理解梯形图与继电器电路图的区别。梯形图是一种软件,是 PLC 图形化的程序。在继电器电路图中,各继电器可以同时动作,而 PLC 的 CPU 是串行工作的,即 CPU 同时只能处理 1 条指令。在类似控制系统改造中,利用翻译法编写程序时应注意以下问题:

(1) 应尽量遵循梯形图语言中的语法规则

在梯形图中,线圈必须放在电路的最右边。

(2) 设置中间单元

在梯形图中,若多个线圈都受某一触点串并联电路的控制,为了简化电路,在梯形图中可以设置用该电路控制的存储器位,它类似于继电器电路中的中间继电器。在继电器逻辑中,出现的中间继电器、时间继电器应用 PLC 中的中间继电器和时间继电器代替,但无输出触点,也无输出线圈。在程序中有触点和线圈,且触点数量(使用次数)不受限制。因此在使用翻译法时如果继电器逻辑中的中间继电器的功能是为了增加触点数量时,在编写程序时可以去掉中间继电器。

(3) 尽量减少 PLC 的输入信号和输出信号

PLC 的价格与 I/O 点数有关,点数越多,价格越高,每一输入信号和每一输出信号分别要占用一个输入点和一个输出点,因此合理减少输入和输出点数可以降低设计成本。

在继电器电路图中,如果几个输入器件触点的串并联电路总是作为一个整体出现,可以将它们作为 PLC 的一个输入信号,只占 PLC 的一个输入点,或功能相同的输入也可以分配一个输入触点。在本项目中由于系统采用两地控制,因此两地控制中功能相同的输入只分配了一个输入信号。通常急停按钮(常闭)可以串联使用,启动按钮(常开)可以并联使用。

某些器件的触点如果在继电器电路图中只出现一次,并且与 PLC 输出端的负载串联。例如有锁存功能的热继电器的常闭触点、空气开关的辅助常开触点、开门断电保护等。这些可不必将它们作为 PLC 的输入信号,可以将它们放在 PLC 外部的输出回路,仍与相应的外部负载串联。

继电器控制系统中某些相对独立且比较简单的部分,可以用继电器电路控制,这样减少了所需的 PLC 的输入点和输出点。例如本项中的照明电路利用了原有的继电器逻辑,而没有利用 PLC 实现控制。

(4) 外部电路的联锁

为了防止控制正反转的两个接触器同时动作造成三相电源短路,应在 PLC 外部设置硬件联锁电路。当然也可以在程序中设置时间继电器来延长切换时间而不用在 PLC 外部设置硬件联锁电路。

(5) 梯形图的优化设计

为了减少语句表指令的条数,在串联电路中单个触点应放在右边,在并联电路中单个触点应放在下面。

(6) 外部负载的额定电压

PLC 的继电器输出模块和双向可控硅输出模块只能驱动额定电压 AC220V 的负载,如果系统原来的交流接触器的线圈电压为 380V,设置外部中间继电器。外部负载的电压等级不同或性质不同应把相同等级或性质的负载分为一组。

思 考 题

图 3-98 所示的控制线路可以实现以下控制功能：M1、M2 可以分别完成启动和停止，还可以同时启动同时停止，当一台电动机过载，两台同时停止。试分析工作原理，如果用 PLC 实现控制功能，试画出控制电路并设计程序。

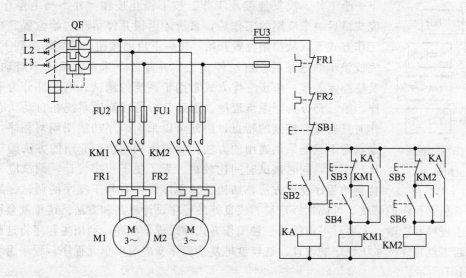

图 3-98　电气控制原理图

项目八　利用 PLC 实现机械手的控制

项目描述：

图 3-99 是一机械手示意图，启动前机械手在原点位置，左限位 SQ4=1，上限位 SQ2=1，按下启动按钮，机械手按照下降→夹紧（延时 1s）→上升→右移→下降→松开（延时 1s）→上升→左移的顺序依次从左向右转送工件。下降/上升、左移/右移、夹紧/松开均使用电磁阀控制。按下停止按钮，机械手完成当前工作过程，停在原点位置。机械手可以设置为自动/手动、单步、回原点几种工作方式。

操作面板如图 3-100 所示。

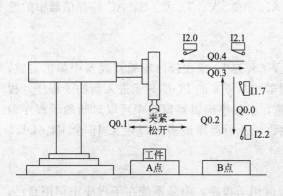

图 3-99　机械手示意图

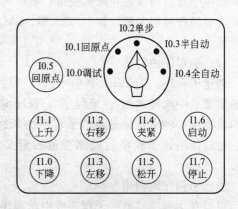

图 3-100　操作面板

1. 系统分析，确定控制方案

从项目描述上看，系统控制要求较复杂，根据控制要求，按照工作方式将控制程序分为 3 部分；其中第一部分为自动程序，包括连续、单周期、单步三种控制方式，单周期工作方式就是按下启动按钮后，机械手按顺序规定完成一个周期的工作后，系统返回并停留在初始位置。连续工作方式是按下启动按钮，机械手从初始位置开始，工作一个周期后又开始搬运下一个工件，反复连续地工作。按下停止按钮，并不马上停止工作，完成最后一个周期的工作后，系统才返回并停留在初始位置。在单步工作方式下，从初始位置开始，按一下启动按钮，系统转换到下一步，完成该步的任务后，自动停止工作并停留下来，再按一下启动按钮，又往前走一步。单步工作方式常用于系统的调试。第二部分为手动程序。第三部分为回原点程序。通过分析可以知道系统在自动状态下工作时具有顺序控制的特点，因此可以采用顺序功能图编写程序，在手动状态下只能采用通用的方法。如果再利用前面介绍的方法编写程序比较困难，同时调试时间比较难。为了便于程序设计、调试应采用结构化的程序设计方法，结构化的程序设计有利于程序的调试、组织和修改，有利于程序的移植、可读性好，易养成良好的程序设计思路和方法。这里就会用到子程序、主程序和中断。本项目可以把每一种工作方式编写成子程序，利用主程序将这些子程序串联起来就可完成系统程序的设计。这样就把复杂程序变成简单单元程序，程序组织结构如图 3-101 所示。

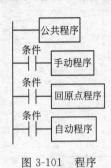

图 3-101　程序组织结构

S7-200PLC 的控制程序由主程序、子程序和中断程序组成。STEP7-Micro/WIN32 在程序编辑器窗口里为每个程序组织单元提供一个独立的页。主程序总是第 1 页，后面是子程序和中断程序。各个程序在编辑器窗口里被分开，编译时，在程序结束的地方会自动加入无条件结束指令 END、MEND、RET 或 RETI。

子程序：

（1）子程序的作用

子程序常用于需要多次反复执行相同任务的地方，只需要写一次子程序，别的程序在需要子程序的时候调用它，而无需重写该程序。子程序的调用是有条件的，未调用它是不会执行子程序的指令，因此使用子程序可以减少扫描时间。

使用子程序可以将程序分成容易管理的小块，使程序结构简单清晰，易于查错和维护。如果程序中有引用参数和局部变量，可以将子程序移植到其他项目。为了移植子程序，应避免使用全局符号和变量，如 I、Q、M、SM、AI、AQ、V、T、C、S、AC 等存储器中的绝对地址。

（2）子程序的创建

创建子程序："编辑"菜单中选择"插入/子程序"，或在程序编辑器视窗中单击右键，从弹出菜单中选择"插入/子程序"。程序编辑器将从原来的 POU 显示进入新的子程序，程序编辑器底部将出现标志新的子程序的新标签，在程序编辑器窗口中可以对新的子程序编程。可以使用该子程序的局部变量表定义参数，各子程序最多可以定义 16 个 IN、OUT 参数。

（3）子程序的调用

可以在主程序、另一子程序或中断程序中调用子程序，但是不能在子程序中调用自己。调用子程序时将执行子程序的全部指令，直至子程序结束，然后返回调用程序中子程序调用指令的下一条指令之处。

创建子程序后，STEP 7-Micro/WIN32 在指令树最下面的"子程序"图标下自动生成刚创建的子程序对应的图标。对于梯形图程序，在子程序局部变量表中为该子程序定义参数后，将生成调用指令块。指令块中自动包含了子程序的输入参数和输出参数。

在梯形图程序中插入子程序调用指令时，首先打开程序编辑器视窗中需要调用子程序的 POU，找到需要调用子程序的地方。在指令树的最下面单击左键打开子程序文件夹，将需要调用的子程序图标从指令树拖到程序编辑器中；或将光标置于程序编辑器视窗中，然后双击指令树中的调用指令。

应为子程序调用指令的各参数指定有效的操作数，有效的操作数为存储器地址、常量、全局符号和调用指令所在的 POU 中局部变量（不是被调用子程序中的局部变量）。

如果在使用子程序调用指令后修改子程序中的局部变量表，调用指令将变为无效。此时，必须删除无效调用，并用能反映正确参数的新的调用指令代替。

（4）调用带参数的子程序

调用带参数的子程序时需要设置调用的参数见表 3-56，参数在子程序的局部变量表中定义，最多可传递 16 个参数。

表 3-56　参数类型

参数类型		说　明
交接参数	IN	传入子程序的输入参数。如果参数是直接寻址（如 VB10），指定地址的值被传入子程序。如果参数是间接寻址（如 *AC1），指针指定地址的值被传入子程序。如果参数是常数（如 DW#12345）或地址（如 &VB100），它们的值被传入子程序，"#"为常数描述符
	IN_OUT	将参数的初始值传给子程序，子程序的执行结果返回给同一地址。常数和地址不能作输入/输出参数
	OUT	子程序的执行结果，它被返回给调用它的 POU。常数和地址（如 &VB100）不能作输出量
临时参数	TEMP	局部存储变量，不能用来传递参数，它们只能在子程序中使用

子程序传递的参数放在子程序的局部变量表中，局部变量表最左边的一列是每个被传递的参数的局部存储器地址。调用子程序，输入参数被复制到子程序的局部存储器，子程序执行完后，从局部存储器区复制输出参数到指定的输出参数地址。数据单元的大小和类型用参数的代码表示。

（5）子程序的嵌套调用

程序中最多可创建 64 个子程序。子程序可以嵌套调用（在子程序中调用别的子程序），最大嵌套深度为 8。

（6）子程序的有条件返回

在子程序中，用触点电路控制 RET（从子程序有条件返回）指令，触点电路接通时条件满足，子程序被终止。编程软件自动地为主程序和子程序添加无条件返回指令。

2. 确定输入信号、输出信号

根据控制系统的控制要求分配 I/O 地址，因此分配后的输入、输出地址如表 3-57 所示。

3. 绘制电气控制原理图

电气控制原理图如图 3-102 所示。

表 3-57 输入、输出信号地址分配

编程地址	电气元件	功能	备注
I0.0		调试手动挡	
I0.1		回原点挡	
I0.2	SA	单步挡	
I0.3		单周期挡	
I0.4		全自动挡	
I0.5	SB1	回原点按钮	
I0.6	SB2	启动按钮	
I0.7	SB3	停止按钮	
I1.0	SB4	下降按钮	
I1.1	SB5	上升按钮	输入信号
I1.2	SB6	右移按钮	
I1.3	SB7	左移按钮	
I1.4	SB8	加紧按钮	
I1.5	SB9	松开按钮	
I2.0	SQ1	下到位	
I2.1	SQ2	上到位	
I2.2	SQ3	左限位	
I2.3	SQ4	右限位	
Q0.0	YC1	下降电磁阀	
Q0.1	YC2	松、紧电磁阀	
Q0.2	YC3	上升电磁阀	输出信号
Q0.3	YC4	右移电磁阀	
Q0.4	YC5	左移电磁阀	

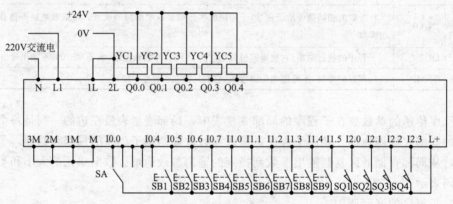

图 3-102 电气控制原理图

4. 编写程序

程序说明：

程序中的中间继电器的含义见表 3-58。

表 3-58 中间继电器含义

中间继电器符号	含　义	中间继电器符号	含义	中间继电器符号	含　义
M0.1	单步标志	M0.5	原点标志	M1.2	回原点停止
M0.2	单周期标志	M0.6	回原点标志	M1.3	启动回原点
M0.3	连续标志	M0.7	定义原点	M1.4	转移信号
M0.4	手动标志	M1.0	停止标志	M1.5	启动信号

程序符号含义见表 3-59。

表 3-59 程序符号含义

符 号	标 号	含 义	符 号	标 号	含 义
SHOU_D	SBR0	手动程序子程序	ZI_D	SBR2	自动子程序
HUI_L	SBR1	回原点子程序	DANG_G	SBR3	挡位子程序

① 手动子程序，如图 3-103 所示。

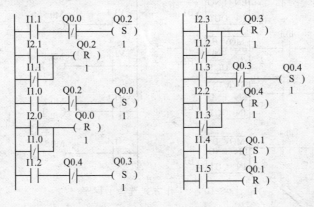

图 3-103 手动子程序

② 回原点子程序，如图 3-104 所示。

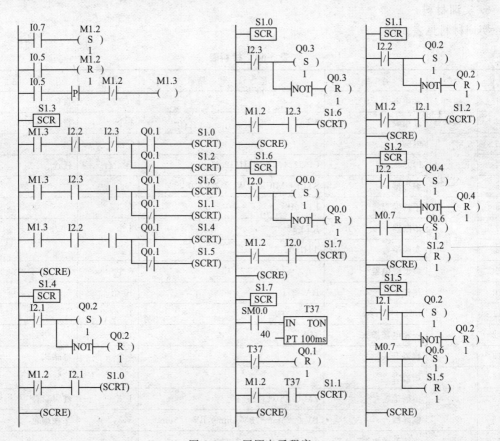

图 3-104 回原点子程序

③ 工作方式选择子程序，如图 3-105 所示。

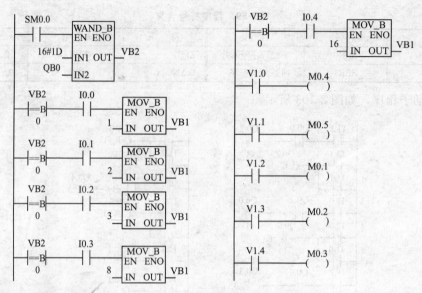

图 3-105　工作方式选择子程序

④ 自动子程序，如图 3-106 所示。

⑤ 主程序，如图 3-107 所示。

5. 实训材料

实训材料见表 3-60。

表 3-60　材料表

序号	分类	名　称	型　号　规　格	数量	备　注
1	配线工具	常用电工工具		1 套	自备
2		万用表	MF47	1 个	自备
3	低压电器	电脑		1 台	
4		PLC	CPU224、F1-40、JH120H	各 1 台	任选
5		编程器	STEP7 MICRO/WIN32 V4.0		
6		手持编程器	F1-20P		
7		熔断器	RT1-15	5 个	5A/2A
8		实验平台	THPFC-A	1 套	
9		微型继电器		6 个	
10		按钮	LA4-3H	10 个	
11		LED 灯		10 个	
12		三相电源插头	16A	1 个	
13		接近开关		4 个	电感式
14	配线材料	编码管			1,1.5
15		编码笔	ZM-0.75 双芯编码笔	1 支	红、黑、蓝
16		铜导线	BV-0.75mm²、BV-1mm²、BV-1.5mm²	5,3,2	多种颜色
17	电源	直流开关电源	10～30V	1 个	

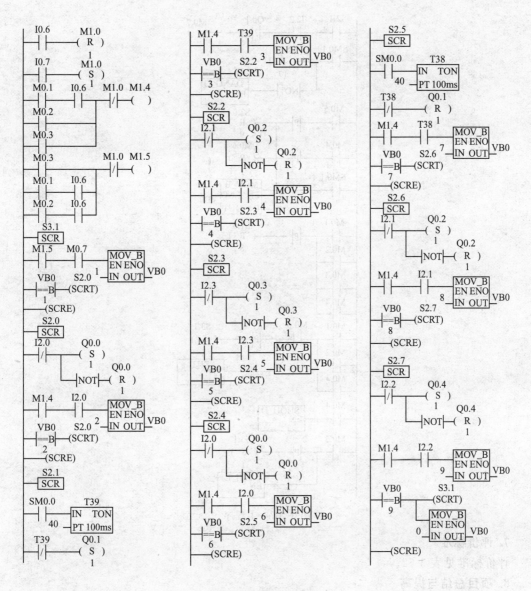

图 3-106　自动子程序

6. 现场调试

① 按照原理图选择电气元件接线。

② 将程序写入 PLC 在实验台调试，填写调试记录表 3-61。

表 3-61　调试记录表

序　号	出现的问题	问题分析	如何解决	心 得 体 会
1				
2				
3				
4				

注：可根据调试问题的多少增加或删减表格行数。

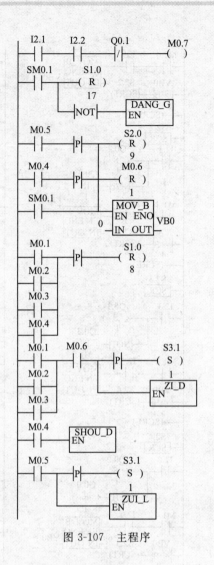

图 3-107　主程序

7. 评价标准

评价标准见表 3-62。

8. 项目总结与提高

本项目中利用了主程序和子程序的概念。通过学习这种结构化的编程可使程序具有条理性，另外在程序设计中还会使用中断。中断程序为特殊内部或外部事件提供快速反应。通过将中断程序保持为短小和简明扼要，可加快执行的速度，使其他程序不会受到长时间的延误。作为对关联的内部或外部事件的应答，执行中断例行程序。一旦中断例行程序的最后一条指令被执行，控制被返回至主程序。也可以用执行"从中断指令有条件返回"指令（CRETI）的方法退出中断程序。

（1）S7-200 支持的中断类型

① 通信端口中断：S7-200 生成允许程序控制通信端口的事件。此种操作通信端口的模式被称为自由端口模式。在自由端口模式中，程序定义波特率、每个字符的位、校验和协议。可提供"接收"和"传送"中断，进行程序控制的通信。

② I/O 中断：S7-200 生成用于各种 I/O 状态不同变化的事件。这些事件允许程序对高速计数器、脉冲输出或输入的升高或降低状态作出应答。

表 3-62 评价标准

评价项目	要求	配分	评分标准	得分			
				自评	互评	教师	专家
系统原理图设计	(1)原理图设计规符合标准 (2)方案可行 (3)系统设计合理,符合经济性原则	5分 10分 10分	不符合规范每处扣1分 方案不可行扣10分 不经济每处扣2分				
I/O 分配	I/O 分配完整	10分	缺漏错每处扣2分				
程序设计	程序设计简洁、易读、符合控制要求	15分	程序设计不符合工艺要求扣10分				
创新能力	设计新颖独特,设计灵活,具有创新性	10分					
控制系统安装	符合安装工艺要求	10分	不符合规范每一处扣2分				
控制系统调试(实验室)	程序符合控制系统要求	10分	程序调试一次不合格扣2分 程序调试二次不合格扣5分 程序调试三次不合格扣10分				
现场安装调试	符合系统要求	20分	系统调试一次不合格扣5分 系统调试二次不合格扣10分 系统调试三次不合格扣20分				
安全生产	不符安全生产操作规范扣20分						
日期		地点		总分			

I/O 中断包括上升/下降边缘中断、高速计数器中断和脉冲链输出中断。S7-200 可生成输入 (I0.0、I0.1、I0.2 或 I0.3) 上升和/或下降边缘中断。可为每个此类输入点捕获上升边缘和下降边缘事件。这些上升/下降边缘事件可用于表示在事件发生时必须立即处理的状况。高速计数器中断允许对诸如以下之类的条件作出应答:当前值达到预设值,可能与转轴旋转方向逆转对应的计数方向的改变或计数器外部复位。每种此类高速计数器事件均允许针对按照可编程逻辑控制器扫描速度控制的高速事件采取实时措施。脉冲链输出中断发出输出预定数目脉冲完成的立即通知。脉冲链输出的最常见用法是步进电动机控制。

③ 时间基准中断:S7-200 生成允许程序按照具体间隔作出应答的事件。时间基准中断包括定时中断和定时器 T32/T96 中断。可以使用定时中断基于循环指定需要采取的措施。循环时间被设为从 1ms 至 255ms 每 1ms 递增一次。必须在 SMB34 中将定时中断的循环时间设为 0,在 SMB35 中将定时中断的循环时间设为 1。每次定时器失效时,定时中断事件将控制传输给适当的中断例行程序。通常使用定时中断控制模拟输入取样或定期执行 PID 环路。当将中断例行程序附加在定时中断事件上时,则启用定时中断,且计时开始。在附加的过程中,系统捕获循环时间数值,其后对 SMB34 和 SMB35 所作的改动不会影响循环时间。欲改动循环时间,必须修改循环时间数值,然后将中断例行程序重新附加在定时中断事件上。重新附加时,定时中断功能从以前的器件中清除所有的累计时间,并开始用新数值计时。时间中断被启用后,则持续运行,每当指定的时间间隔有效时,执行中断连接例行程序。如果退出 RUN (运行) 模式或分离定时中断,定时中断被禁止。如果全局禁止中断指令被执行,定时中断停止。每次定时中断出现均排队等候 (直至中断被启用或队列已满)。定时器 T32/T96 中断允许对指定时间间隔完成及时作出应答。仅在 1ms 分辨率接通延时

（TON）和断开延时（TOF）定时器 T32 和 T96 中支持此类中断。否则 T32 和 T96 按照正常情况作业。一旦中断被启用，在 S7-200 中执行的正常 1ms 定时器更新的过程中，当现用定时器的当前值等于预设时间数值时，即执行中断连接例行程序。

中断由事件驱动。在启动中断例行程序之前，必须使中断事件与发生该事件时希望执行的程序段建立联系。使用"中断连接"指令（ATCH）建立中断事件（由中断事件号码指定）与程序段（由中断例行程序号码指定）之间的联系。将中断事件附加于中断例行程序时，该中断自动被启用。如果使用全局禁止中断指令禁止所有的中断，中断事件的每次出现均被排队等候，直至使用全局启用中断指令重新启用中断。使用"中断分离"指令（DTCH）可中断分离事件与中断例行程序之间的联系，从而禁止单个中断事件。"分离"指令使中断返回未激活或被忽略状态。

（2）建立中断程序

① 从编辑菜单，选择插入（Insert）＞中断（Interrupt）。

② 从指令树，用鼠标右键点击程序块图标并从弹出菜单选择插入（Insert）＞中断（Interrupt）。

③ 从程序编辑器窗口，在弹出菜单用鼠标右键点击插入（Insert）＞中断（Interrupt）。

（3）中断事件

中断事件和优先级见表 3-63。

表 3-63　中断事件和优先级

事件号	说　明	优先组	组内优先级别	224	224XP、226、226XP
0	I0.0 上升边缘	中	2	√	√
1	I0.0 下降边缘		6	√	√
2	I0.1 上升边缘		3	√	√
3	I0.1 下降边缘		7	√	√
4	I0.2 上升边缘		4	√	√
5	I0.2 下降边缘		8	√	√
6	I0.3 上升边缘		5	√	√
7	I0.3 下降边缘		9	√	√
8	端口 0 接收字符	高	0	√	√
9	端口 0 发送字符		0	√	√
10	定时中断 SMB34	低	0	√	√
11	定时中断 SMB35		1	√	√
12	HSC0 CV＝PV	中	10	√	√
13	HSC1 CV＝PV		13	√	√
14	HSC1 计数方向改变		14	√	√
15	HSC1 外部复位		15	√	√
16	HSC2 CV＝PV		16	√	√
17	HSC2 计数方向改变		17	√	√
18	HSC2 外部复位		18	√	√
19	PLS0 脉冲发完		0	√	√
20	PLS1 脉冲发完		1	√	√

续表

事件号	说　　明	优先组	组内优先级别	224	224XP、226、226XP
21	T32 定时中断	低	2	✓	✓
22	T96 定时中断		3	✓	✓
23	端口 0 接收信息完成		0	✓	✓
24	端口 1 接收信息完成	高	1		✓
25	端口 1 接收字符		1	✓	✓
26	端口 1 发送字符		1	✓	✓
27	HSC0 计数方向改变		11	✓	✓
28	HSC0 外部复原		12	✓	✓
29	HSC4 CV＝PV		20	✓	✓
30	HSC4 计数方向改变	中	21	✓	✓
31	HSC4 外部复位		22	✓	✓
32	HSC3 计数方向改变		19	✓	✓
33	HSC3 外部复位		23	✓	✓

中断举例：

例 1　利用中断实现 Q0.0 接通 1s，断开 1s。

利用定时中断 10，程序如图 3-108 程序所示，图（a）为主程序，图（b）为中断程序。

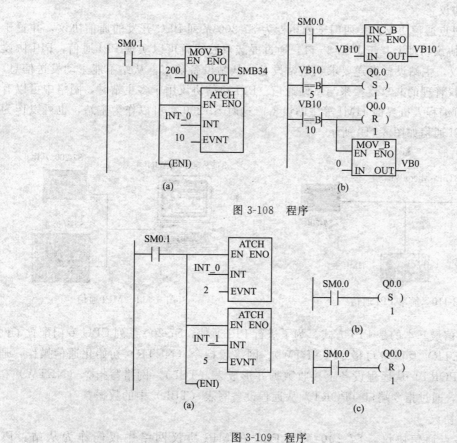

图 3-108　程序

图 3-109　程序

例 2　在 I0.1 上升沿通过中断使 Q0.0 置位，在 I0.2 下降沿通过中断使 Q0.0 复位。

程序如图 3-109 程序所示，图 (a) 为主程序，图 (b) 为中断子程序 1，图 (c) 为中断子程序 2。

思　考　题

1. 利用子程序和主程序编写点动与长动电动机单向运转控制电路。

2. 利用定时中断编写彩灯控制程序，按下按钮 8 个彩灯 7 个点亮每隔 1s 作循环移一位，再次按下按钮彩灯熄灭。

项目九　利用 PLC 控制 MM420 变频器

项目描述：

利用西门子可编程控制器与交流变频器设备联网组成调速系统，实现电动机的启动、急停、惯性停止、正反转。

1. 西门子 PLC 通信概述

根据项目描述，系统是利用 PLC 与变频器的通信方式来实现三相异步电动机的调速。因此必须首先了解 PLC 的通信方法和变频器的通信方式。

S7-200 系列 PLC 安装有串行通信口，CPU221，CPU222，CPU224 为一个 RS-485 口。CPU226 及 CPU226XM 为 2 个 RS-485 口。它支持 PPI、MPI、自由口通信、Profibus-DP 等通信协议。

(1) PPI 协议

PPI 是点对点通信协议，是西门子公司专为 S7-200 系列 PLC 开发的通信协议，并置于 CPU 中。PPI 协议物理上基于 RS-485 口，通过屏蔽双胶线就可以实现 PPI 通信，PPI 协议是一种主从协议，主站设备发送要求到从站设备，从站设备响应，从站不能主动发送信息。主站靠 PPI 协议管理的共享连接来与从站通信。PPI 通信协议用于多主站时，网络中可以有 PC 机 PLC，可编程人机界面 HMI 等主站设备。这时 S7-200 机可以作为主站，也可以作为从站。简单 PPI 通信如图 3-110 所示。

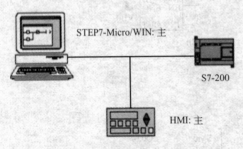

图 3-110　简单 PPI 通信

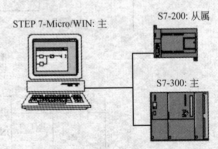

图 3-111　MPI 通信

S7-200 通信最基本的是 PPI 方式。为了进行 PPI 通信，S7-200 系列 CPU 专门配置了网络读指令（NETR）及网络写指令（NETW）。网络读指令（NETR）初始化通信操作，通过指令端口（PORT）从远程设备上接收数据并形成表（TBL）。网络写指令（NETW）初始化通信操作，通过指令端口（PORT）从远程设备写表（TBL）中的数据。

(2) MPI 协议

MPI 是多点通信协议，S7-200 系列 PLC 在 MPI 协议网络中仅能作为从站。PC

机运行 STEP-Micro/WIN 与 S7-200 机通信时必须通过 CP 卡。MPI 通信如图 3-111 所示。

（3）Profibus-DP 协议

Profibus-DP 是现场总线协议，通常用于实现与分布 I/O 的高速通信，可以使用不同的厂家的支持 Profibus-DP 总线的输入/输出模块、电动机控制器及 PLC 等设备进行通信。网络通常可以有一个主站及若干 I/O 从站。S7-200PLC 作为从站通过 EM277 接入网络。DP 网络通信如图 3-112 所示。

（4）自由口模式

自由口模式允许应用程序控制 S7-200 的 CPU 通信接口，因而 S7-200 系列 PLC 可以在自由口模式下

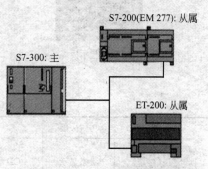

图 3-112　DP 网络通信

与任何已知的支持 RS485 串口通信智能设备通信，使用 PC/PPI 电缆还可以将 S7-200 连接到带有 RS-232 兼容标准接口的多种设备。S7-200 系列 PLC 还可以作为主站利用 USS 协议与变频器建立通信，在工业控制网络中应用灵活方便。自由口通信模式下可以使用发送指令（XMT）、接收指令（RCV）、发送中断、接收中断来控制通信口的操作。

常常利用 S7-200 的自由口通信协议与带用户端软件的 PC 机、条形码阅读器、串口打印机、并口打印机、S7-200、S7-300、非西门子 PLC、调制解调器通信。

2. 西门子 MM420 变频器简介

变频器是通过整流、斩波、逆变等基本工作过程以及对电力半导体器件的 PWM 控制等，将电压和频率固定不变的交流电变换为电压或频率可变的交流电源，最终实现对电动机的速度调节。

（1）MM420 特点

MicroMaster420 是用于控制三相交流电动机速度的变频器系列。该系列有多种型号，从单相电源电压、额定功率 120W 到三相电源电压、额定功率 11kW 可供选用。

① 磁通电流控制（FCC），改善了动态响应和电动机的控制特性。

② 快速电流限制（FCL）功能，实现正常状态下的无跳闸运行。

③ 内置的直流注入制动。

④ 加速/减速斜坡特性具有可编程的平滑功能。

⑤ 具有比例、积分（PI）控制功能的闭环控制。

⑥ 多点 V/f 特性。

⑦ 过电压/欠电压保护、变频器过热保护、接地故障保护、短路保护、$I^2 t$ 电动机过热保护、PTC 电动机保护。

（2）MM420 变频器的调试

MicroMaster420 变频器装有状态显示板（SDP），也可利用基本操作板（BOP）或高级操作板（AOP）修改参数，如图 3-113 所示，使之匹配起来。也可以用工具"Drive Monitor"或"STARTER"来调整参数的设置值。

利用基本操作面板调试 MM420：

BOP 基本操作面板上的按钮功能如表 3-64 所示。

(a) SDP 显示板　　　　　(b) 基本操作面板　　　　　(c) 高级操作面板

图 3-113　MM420 变频器的调试

表 3-64　基本操作面板按钮功能

按　钮	功　能	功　能　的　说　明
r 0000	状态显示	LCD 显示变频器当前的设定值
I	启动变频器	按此键启动变频器。缺省值运行时此键是被封锁的。为了使此键的操作有效，应设定 P0700＝1
0	停止变频器	OFF1：按此键，变频器将按选定的斜坡下降速率减速停车，缺省值运行时此键被封锁；为了允许此键操作，应设定 P0700＝1。 OFF2：按此键两次（或一次，但时间较长），电动机将在惯性作用下自由停车，此功能总是"使能"的
⌒	改变电动机的转动方向	按此键可以改变电动机的转动方向。电动机的反向用负号（一）表示或用闪烁的小数点表示。缺省值运行时此键是被封锁的，为了使此键的操作有效，应设定 P0700＝1
jog	电动机点动	在变频器无输出的情况下按此键，将使电动机启动，并按预设定的点动频率运行。释放此键时，变频器停车。如果变频器/电动机正在运行，按此键将不起作用
Fn	功能	此键用于浏览辅助信息。 变频器运行过程中，在显示任何一个参数时按下此键并保持不动 2s，将显示以下参数值（在变频器运行中，从任何一个参数开始）： (1)直流回路电压(用 d 表示，单位：V) (2)输出电流(A) (3)输出频率(Hz) (4)输出电压(用 o 表示，单位：V) (5)由 P0005 选定的数值〔如果 P0005 选择显示上述参数中的任何一个(3,4,或5),这里将不再显示〕 连续多次按下此键，将轮流显示以上参数 (6)跳转功能 (7)在显示任何一个参数(rXXXX 或 PXXXX)时短时间按下此键，将立即跳转到 r0000,如果需要的话，可以接着修改其他的参数。跳转到 r0000 后，按此键将返回原来的显示点
P	访问参数	按此键即可访问参数
▲	增加数值	按此键即可增加面板上显示的参数数值
▼	减少数值	按此键即可减少面板上显示的参数数值

（3）快速设置

变频器有许多参数，为了快速进行调试，选用其中最基本的参数进行修正即可，过程如下：

步骤 1：设置 P0010 开始快速调试

参数：0 准备运行；1 快速调试；30 工厂的缺省设置值

在电动机投入运行之前，P0010 必须回到'0'。但是，如果调试结束后选定 P3900＝1，那么，P0010 回零的操作是自动进行的。

步骤 2：设定 P0100 的值为 0

步骤 3：设定电动机的参数

P0304　电动机的额定电压

P0305　电动机的额定电流

P0307　电动机的额定功率

P0310　电动机的额定频率

P0311　电动机的额定速度

步骤 4：设置 P0700 选择命令源

0　工厂设置值

1　基本操作面板（BOP）

2　模拟端子/数字输入

步骤 5：设置 P1000 选择频率设定值

0　无频率设定值

1　用 BOP 控制频率的升降

2　模拟设定值

步骤 6：设置 P1080 电动机最小频率和 P1082 电动机最大频率

步骤 7：设置上升和下降时间

P1120 斜坡上升时间电动机从静止停车加速到最大电动机频率所需的时间 0～650s

P1121 斜坡下降时间电动机从其最大频率减速到静止停车所需的时间 0～650s

步骤 8：设置 P3900 结束快速调试

3. 确定方案

根据项目描述，系统是利用 PLC 与变频器的通信方式来实现三相异步电机的调速。西门子变频器提供 RS485 端口，这样可以利用通信端口实现 PLC 控制变频器。为了方便设计，西门子 PLC 提供了 USS 协议，方便 PLC 对变频器的控制。

4. 系统电气原理图

电气控制原理图如图 3-114 所示。

5. 输入信号的含义

输入信号的含义见表 3-65。

表 3-65　输入信号含义

编程地址	电气元件	功能	备　注	编程地址	电气元件	功能	备　注
I0.0	SB1	启动		I0.5	SB6	点动频率下降	
I0.1	SB2	惯性停止		I0.6	SB7	点动频率上升	
I0.2	SB3	迅速停止	输入信号	I0.7	SB8	频率设定 50Hz	输入信号
I0.3	SB4	反馈信号		I1.0	SB9	频率复位	
I0.4	SB5	正反转					

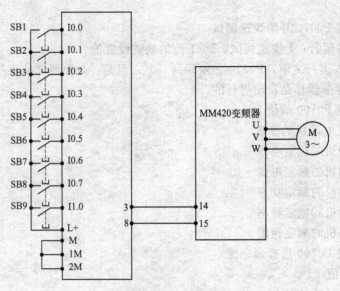

图 3-114　电气控制原理图

6. 程序设计

(1) USS 协议指令

USS 协议指令（图 3-115）共有 4 条，分别是 USS_INIT（初始化指令）、USS_CRTL（控制指令）、RPM_X（读取指令）、WPM_X（写入指令），下面分别详细介绍这四条指令。

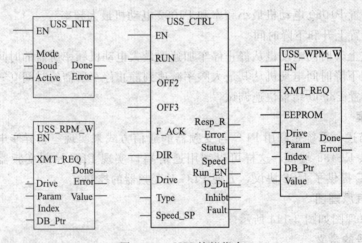

图 3-115　USS 协议指令

① USS_INIT 指令

USS_INIT 指令用于激活和启用，或禁止 MicroMaster 变频器通信。在任何其他 USS 指令可使用之前，必须没有错误地执行 USS_INIT 指令。指令完成后，将立即设置 Done 位，然后继续执行下一个指令。

当 EN 输入处于接通状态时，指令将在每次扫描时执行。

对于通信状态的每次变化，可只执行一次 USS_INIT 指令。可使用边沿检测指令脉冲将 EN 输入触发为接通状态。为改变初始化参数，可执行新的 USS_INIT 指令。

Mode 的值选择通信协议：输入值为 1 时表示将端口 0 分配给 USS 协议，并激活协议，而输入值为 0 时表示将端口 0 分配给 PPI，并禁止 USS 协议。

Baud 将波特率设置为 1200、2400、4800、9600、19200、38400、57600 或 115200。

Active 将指示有效的变频器是哪一个，见表 3-66。

表 3-66　用于 USS ＿ INIT 指令的参数 1

输入/输出	数 据 类 型	操 作 数
Mode	BYTE	VB、IB、QB、MB、SB、SMB、LB、AC、常量、＊VD、＊AC、＊LD
BaudActive	DWORD	VD、ID、QD、MD、SD、SMD、LD、常量、AC
Done	BOOL	I、Q、M、S、SM、T、C、V、L
Error	BYTE	VB、IB、QB、MB、SB、SMB、LB、AC、＊VD、＊AC、＊LD

用于 USS-INIT 指令的参数 2 见表 3-67。其中 D0～D31 代表有 32 台变频器，变频器站点号不能相同，如果激活哪台变频器就使该位为 1，现在激活 19 号变频器，即 D18 为 1。四位为一组，构成 16 进位数得出 Active，即为 0004000。

表 3-67　用于 USS ＿ INIT 指令的参数 2

D31	D30	D29	D28	…	D19	D18	D17	D16	…	D3	D2	D1	D0
0	0	0	0	…	0	1	0	0	…	0	0	0	0

若同时有 32 台变频器须激活，则 Active 为 16♯FFFFFFFF，此外还有一条指令用到站点号，USS ＿ CTRL 中的 Drive 驱动站号不同于 USS ＿ INIT 中的 Active 激活号，Active 激活号指定哪几台变频器须要激活，而 Drive 驱动站号是指先激活后的那台电机驱动，因此程序中可以有多个 USS ＿ CTRC 指令。

② USS ＿ CTRL 指令

USS ＿ CTRL 指令用于控制已激活的 MicroMaster 变频器。USS ＿ CTRL 指令将所选的命令放置在通信缓冲区中，它们随后将被发送到已编址的变频器（变频器参数）中，前提是在 USS ＿ INIT 指令的激活参数中已经选择了该变频器。USS ＿ CTRL 指令的参数见表 3-68。

表 3-68　USS ＿ CTRL 指令的参数

输入/输出	数据类型	操 作 数
RUN、OFF2、OFF3、F_ACK、DIR	BOOL	I、Q、M、S、SM、T、C、V、L、功率流
Resp_R、Run_EN、D_Dir、Inhibit、Fault	BOOL	I、Q、M、S、SM、T、C、V、L
Drive、Type	BYTE	VB、IB、QB、MB、SB、SMB、LB、AC、＊VD、＊AC、＊LD、常量
Error	BYTE	VB、IB、QB、MB、SB、SMB、LB、AC、＊VD、＊AC、＊LD
Status	WORD	VW、T、C、IW、QW、SW、MW、SMW、LW、AC、AQW、＊VD、＊AC、＊LD
Speed_SP	REAL	VD、ID、QD、MD、SD、SMD、LD、AC、＊VD、＊AC、＊LD、常量
Speed	REAL	VD、ID、QD、MD、SD、SMD、LD、AC、＊VD、＊AC、＊LD

每个变频器应只分配一个 USS ＿ CTRL 指令。EN 位必须处于接通状态，以激活 USS ＿ CTRL 指令。该指令应始终激活。RUN（RUN/STOP）将指示变频器是接通 1，还是断开 0。当 RUN 位接通时，MicroMaster 变频器将接收到一条命令，以启动特定速度和方向下的运行。当 RUN 处于断开状态时，将发送一条命令给 MicroMaster 变频器，以缓慢降低速度，直到电动机完全停止。OFF2 位用于使 MicroMaster 变频器能够慢慢滑行到停止。OFF3 位用于命令 MicroMaster 变频器迅速停止。

Resp _ R(所接收的响应) 位将确认变频器的响应。将轮询所有激活的变频器，以获得最新的变频器状态信息。每当 S7-200 接收到变频器的响应时，就将接通 Resp _ R 位以扫描一次，并更新以下数值。

F _ ACK(故障确认) 位用于确认变频器中的故障。当 F _ ACK 从 0 跳转到 1 时，变频器将对故障（Fault）清零。

DIR(方向) 位将指示变频器应移动的方向。

Drive(变频器地址) 输入是 MicroMaster 变频器的地址，USS _ CTRL 命令将发送给该驱动器。有效的地址：0 到 31。

Type(变频器类型) 输入可选择变频器的类型。对于 MicroMaster4(或更早的) 变频器，将 Type 设置为 0。对于 MicroMaster4 变频器，则将 Type 设置为 1。

Speed _ SP(速度设定值) 是全速度百分比形式的变频器速度。Speed _ SP 的值为负，将使变频器倒转其旋转方向。范围：−200.0%～200.0%。

Error 是包含有变频器最新通信请求结果的错误字节。

Speed 是全速度百分比形式的变频器速度。范围：−200.0%～200.0%。

Run _ EN(RUN 激活) 将指示变频器是运行 (1)，还是停止 (0)。

D _ Dir 将指示变频器的旋转方向。

Inhibit 将指示变频器上的禁止位的状态（0—未禁止，1—禁止）。为对 Inhibit 位清零，Fault 位必须处于断开状态，且 RUN、OFF2 和 OFF3 输入也必须断开。

Fault 将指示故障位的状态（0—没有故障，1—有故障）。变频器将显示故障的代码。（参见驱动器手册）。为使故障位清零，可纠正故障的原因，并接通 F _ ACK 位。

③ USS _ RPM _ x 指令

存在 USS 协议的三种读操作指令：USS _ RPM _ W 指令将读取无符号字参数；USS _ RPM _ D 指令将读取无符号双字参数；USS _ RPM _ R 指令将读取浮点型参数。

每次只能有一个读（USS _ RPM _ x）或写（USS _ WPM _ x）指令是激活的。

④ USS _ WPM _ x 指令

存在 USS 协议的三种写操作指令：USS _ WPM _ W 指令将写入无符号字参数；USS _ WPM _ D 指令将写入无符号双字参数；USS _ WPM _ R 指令将写入浮点型参数。

（2）程序设计

程序如图 3-116 所示。

7. 实训材料

实训材料见表 3-69。

表 3-69　材料表

序号	分 类	名 称	型号规格	数量	备 注
1	配线工具	常用电工工具		1 套	自备
2		万用表	MF47	1 个	自备
3	低压电器	电脑		1 台	
4		PLC	CPU224	1 台	任选
5		编程器	STEP7 MICRO/WIN32 V4.0		
6		变频器	MM420	1 台	
7		通信电缆		1 根	RS485 接线
8		实验平台	THPFC-A	1 套	
9		按钮		10 个	
10		LED 灯		6 个	

序号	分　类	名　称	型号规格	数　量	备　注
11	配线材料	编码管			1,1.5
12		编码笔	ZM-0.75 双芯编码笔	1 支	红、黑、蓝
13		铜导线	BV-0.75mm², BV-1mm², BV-1.5mm²	5,3,2	多种颜色
14		紧固件	M4 螺钉(20)和螺母	若干	
15	电源	直流开关电源	10～30V	1 个	

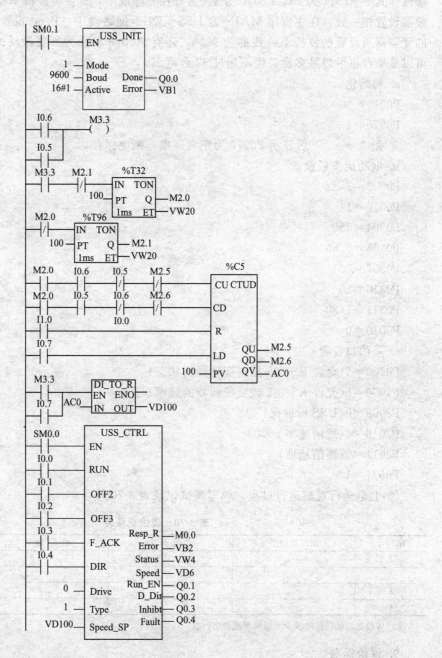

图 3-116　程序

8. 现场调试

① 正确完成接线，根据样例程序编制梯形图并下载本实验程序到 PLC 中，下载完毕后切换到"RUN"位置。

② 由于此程序是在另一种编程模式编制的（IEC1131-3），故在打开时会出现提示窗口，只有更改模式才能继续编程。在"工具"菜单中选"选项"→"一般"，在编程模式下选中 IEC 1131-3，再点确定，然后退出，再重新打开就可以使用了。

③ 参数不仅要对变频器 P0700 和 P1000 进行修改为 5，还要对其站点号和波特率进行修改，其中 P2011 为 18，P2010 为 6。另外在程序段中，也要将波特率和站点号设置的与变频器设置相一致，在主程序 MAIN 的 USS_INIT 网络段中，Baud 设置一定要和所要激活的变频器所设置的波特率一致都为 9600，还有 Active 参数为所要激活的变频器的站点号，可以是单台也可以是多台，但不超过 32 台范围。

a. 初始化

P0010＝30

P0970＝1

显示"------"后显示 P0970 为正常现象，断电保存。

b. 电动机参数设置

P0003＝3

P0010＝1

P0304＝380

P0305＝0.65

P0307＝60

P0310＝50

P0311＝1430

P0010＝0

c. 通信口设置

P0700＝5（允许 RS-485 控制变频器的状态）

P1000＝5（允许 RS-485 改变变频器的频率）

P2009＝0（USS 标准化）

P2016＝6（通信速率 9600）

P2011＝0（通信地址）

P0971＝1

④ 上电运行观察运行过程，填写调试记录表 3-70。

表 3-70　调试记录表

序　号	出现的问题	问题分析	如何解决	心得体会
1				
2				
3				
4				

注：可根据调试问题的多少增加或删减表格行数。

9. 评价标准

评价标准见表 3-71。

表 3-71 评价标准

评价项目	要求	配分	评分标准	得 分			
				自评	互评	教师	专家
系统原理图设计	(1)原理图设计规符合标准 (2)方案可行 (3)系统设计合理,符合经济性原则	5分 10分 10分	不符合规范每处扣1分 方案不可行扣10分 不经济每处扣2分				
I/O 分配	I/O 分配完整	10分	缺漏错每处扣2分				
程序设计	程序设计简洁、易读、符合控制要求	15分	程序设计不符合工艺要求扣10分				
创新能力	设计新颖独特,设计灵活,具有创新性	10分					
控制系统安装	符合安装工艺要求	10分	不符合规范每一处扣2分				
控制系统调试(实验室)	程序符合控制系统要求	10分	程序调试一次不合格扣2分 程序调试二次不合格扣5分 程序调试三次不合格扣10分				
现场安装调试	符合系统要求	20分	系统调试一次不合格扣5分 系统调试二次不合格扣10分 系统调试三次不合格扣20分				
安全生产	不符安全生产操作规范扣20分						
日期		地点		总分			

10. 项目总结与提高

西门子 PLC 的通信功能较强,本项目是利用 PLC 提供的主从通信完成的。工业网络通信现在应用越来越多,这是工业控制的发展趋势。

思 考 题

利用两台 PLC 的 PPI 通信,实现甲机 I0.0 启动乙机的电动机,甲机的 I0.1 停止乙机的电动机。

项目十 PLC 在数控机床中的应用

一、数控机床简介

1. 数控技术的基本概念

随着生产和科学技术的飞速发展,社会对机械产品多样化的要求日益强烈,产品更新越来越快,多品种、中小批量生产的比重明显增加,同时随着汽车工业和轻工业消费品的高速增长,机械产品的结构日趋复杂,其精度日趋提高,性能不断改善,激烈的市场竞争要求产品研制生产周期越来越短,传统的加工设备和制造方法已难以适应这种多样化、柔性化、高效和高质量复杂零件加工要求。因此,对制造机械产品的生产设备——机床,必然会相应地提出高效率、高精度和高自动化的要求。

数控机床就是为了解决单件、小批量,特别是高精度、复杂型面零件加工的自动化并保证质量要求而产生的。1947 年美国 PARSONS 公司为了精确制造直升机机翼、桨叶和框架,开始探讨用三坐标曲线数据控制机床运动,并进行实验加工飞机零件。1952 年麻省理工学院（MIT）伺服机构研究所用实验室制造的控制装置与辛辛那提（Cincinnati Hydrotel）公司的立式铣床成功实现了三轴联动数控运动，实现控制铣刀连续空间曲面加工，它综合应用了电子计算机、自动控制、伺服驱动、精密检测与新型机械结构等多方面的技术成果，是一种新型的机床，可用于加工复杂曲面零件。该铣床的研制成功是机械制造行业中的一次技术革命，使机械制造业的发展进入了一个崭新的阶段，揭开了数控加工技术的序幕。

数控机床的定义，国际信息处理联盟 IFIP(International Federation of Information Processing) 将其定义为：数控机床是一种装有程序控制的机床，机床的运动和动作按照这种程序系统发出的特定代码和符号编码组成的指令进行。国标 GB 8129—1987 将"数控"定义为：用数字化信息对机床运动及其加工过程进行控制的一种方法。

数控机床自 20 世纪 50 年代问世到现在的半个多世纪中，数控机床的品种得以不断发展，几乎所有机床都实现了数控化。目前，已经出现了包括生产决策、产品设计及制造和管理等全过程均由计算机集成管理和控制的计算机集成制造系统 CIMS(Computer Integrated Manufacturing System)，以实现工厂生产自动化。数控机床的应用领域已从航空工业部门逐步扩大到汽车、造船、机床、建筑等行业，出现了金属成型类数控机床、特种加工数控机床，还有数控绘图机、数控三坐标测量机等。

现代数控机床的特点：

① 高精度化　普通级数控机床加工精度已由原来的 $\pm 10\mu m$，提高到 $\pm 5\mu m$ 和 $\pm 2\mu m$，精密级从 $\pm 5\mu m$ 提高到 $\pm 1.5\mu m$。

② 高速度化　提高主轴转速是提高切削速度的最直接方法，现在主轴最高转速可达 50000r/min，进给运动快速移动速度达 30～40m/min。

③ 高柔性化　由单机化发展到单元柔性化和系统柔性化，相继出现柔性制造单元（FMC）、柔性制造系统（FMS）和介于二者之间的柔性制造线（FTL）。

④ 高自动化　数控机床除自动编程，上下料、加工等自动化外，还在自动检索、监控、诊断、自动对刀、自动传输的方面发展。

⑤ 复合化　包含工序复合化，功能复合化，在一台数控设备上完成多工序切削加工（车、铣、镗、钻）。

⑥ 高可靠性　系统平均无故障时间 MTBF 由 20 世纪 80 年代 10000h 提高到现在的 30000h，而整机的 MTBF 也从 100～200h 提高到 500～800h。

⑦ 智能化、网络化方面　也得到较大发展，现已出现了通过网络功能进行的远程诊断服务。

2. 机床数字控制的原理

数控机床在加工零件时，首先是根据零件加工图样进行工艺分析，确定加工方案、工艺参数和位移数据；其次是编制零件的数控加工程序，然后将数控程序输入到数控装置，再由数控装置控制机床主运动的变速、启停、进给运动方向、速度和位移的大小，以及其他诸如刀具选择交换、工件夹紧松开、路程和参数进行工作，从而加工出形状、尺寸与精度符合要求的零件。

在数控机床上常见的控制方法有下面三种：

① 点位控制（Point to Point Control）　控制点到点的距离。只是要求严格控制点到点之间的距离，而与所走的路径无关。

② 直线控制（Line Control）　直线控制可控制刀具或工作台以适当的进给速度，沿着平行于坐标轴的方向进行直线移动和切削加工，进给速度根据切削条件可在一定范围内

变化。

③ 轮廓加工控制（Contouring Control）　控制轮廓加工，实时控制位移和速度。它的特点是能够对两个或两个以上的运动坐标的位移和速度同时进行连续地相关控制，使合成的平面或空间运动轨迹能满足轮廓曲线和曲面加工的要求。控制过程中不仅对坐标的移动量进行控制，而且对各坐标的速度及它们之间比率都要行严格控制，以便加工出给定的轨迹。

机床的数字控制包括轨迹控制和开关量控制，是由数控系统完成的。该系统包括数控装置、伺服驱动装置、可编程控制器和检测装置等。数控装置能接收零件图纸加工要求的信息，进行插补运算，实时地向各坐标轴发出速度控制指令。伺服驱动装置能快速响应数控装置发出的指令，以两种控制方式，即关断控制和调节控制来驱动机床各坐标轴运动，同时能提供足够的功率和扭矩。开关量控制是为配合数控加工，所需要的开关动作控制，如程序停、冷却液开停、主轴正反转等等。由辅助功能指令实现，一般由可编程控制器（PLC）来完成，开关量仅有"0"和"1"两种状态。

3. 数控机床的组成

数控机床是数值控制的工作母机的总称。一般由输入输出设备、数控装置、伺服系统、辅助装置和机床本体组成，如图 3-117 所示。

① 输入输出设备　完成程序、参数等信息的输入；完成打印、CRT 显示等功能。

② 数控装置　是数控机床的控制核心。其主要功能如下：多坐标控制（多轴联动）；插补功能；程序输入、编辑和修改功能；补偿功能；信息转换功能；多种加工方式选择；辅助功能；显示功能以及通信和联网等功能。

③ 伺服系统　是数控系统的执行机构，包括驱动、执行和反馈装置。伺服系统接受数控系统的指令信息，并按照指令信息

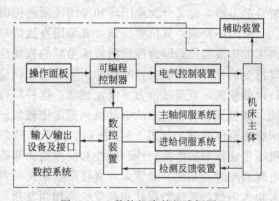

图 3-117　数控机床的组成框图

的要求与位置、速度反馈信号相比较后带动机床的移动部件或执行部件动作，加工出符合图样要求的零件。

④ 机床本体　是数控机床的实体，完成实际切削加工的机械部分，包括床身、底座、工作台、床鞍、主轴等。

⑤ 辅助装置　主要包括换刀机构、工件自动交换机构、工件夹紧机构、润滑装置、冷却装置、照明装置、排屑装置、液压气动系统、过载保护与限位保护装置等。

4. 数控机床的分类

数控设备的种类很多，各行业都有自己的数控设备和分类方法。在机床行业，数控机床通常从以下不同角度进行分类。

（1）按伺服系统的类型分类

① 开环控制的数控机床。开环控制数控机床通常不带检测反馈装置，一般它的驱动电动机为步进电动机。步进电动机的主要特征就是控制电路每变换一次指令脉冲信号，电动机就转动一个步距角，再由传动机构带动工作台移动，并且电动机本身就有自锁能力。数控系统输出的进给指令信号通过脉冲分配器来控制驱动电路，它以变换脉冲的个数来控制坐标位移量，以变换脉冲的频率来控制位移速度，以变换脉冲的分配顺序来控制位移的方向。如图

3-118 所示。这种控制方式的最大特点就是控制方便、结构简单、价格便宜。数控系统发出的指令信号流是单向的，所以不存在控制系统的稳定性问题，但由于机械传动的误差不经过反馈校正，位移精度不高。在我国，一般经济型数控系统和旧设备的数控改造多采用这种控制方式。这种控制方式还可以配置单片机或单板机作为数控装置。

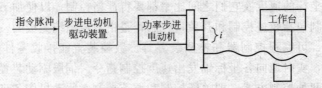

图 3-118　开环控制的数控机床

② 闭环控制的数控机床。

闭环控制数控机床的进给伺服驱动是按闭环反馈控制方式工作的，其驱动电动机可采用直流或交流两种伺服电动机，并需要配置位置反馈和速度反馈，在加工中随时检测移动部件的实际位移量，并及时反馈给数控系统中的比较器进行比较，其差值又作为伺服驱动的控制信号，进而带动位移部件以消除位移误差。按位置反馈检测元件的安装部位和所作用的反馈装置的不同，它又分为全闭环和半闭环两种控制方式。

全闭环控制：其位置反馈装置采用直线位移检测元件（目前一般采用光栅尺），安装在机床的床鞍部位，即直接检测机床坐标的直线位移量。该类机床数控装置中插补器发出的位置指令信号与工作台上检测到的实际位置反馈信号进行比较，根据其差值不断控制运动，进行误差修正，直至差值为零停止运动。这种具有反馈控制的系统，在电气上称为闭环控制系统。通过反馈可以消除从电动机到机床床鞍的整个机械传动链中的传动误差，得到很高的机床静态定位精度，如图 3-119 所示。由于在整个控制环内包含了很多机械传动环节，而许多机械传动环节的摩擦特性、刚性和间隙均为非线性，并且整个机械传动链的动态响应时间与电气响应时间相比又非常大，直接影响系统的调节参数。这为整个闭环系统的稳定性校正带来很大困难，系统的设计和调整也都相当复杂。这种全闭环控制方式主要用于精度要求很高的数控坐标镗床、数控精密磨床和大型数控机床等。

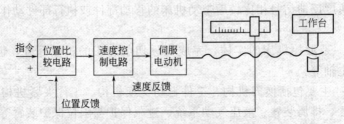

图 3-119　全闭环控制的数控机床

半闭环控制的数控机床：其位置反馈采用转角检测元件（目前主要采用编码器等），直接安装在伺服电动机或丝杠端部，间接测量执行部件的实际位置或位移量。由于大部分机械传动环节未包括在系统闭环环路内，因此可获得较稳定的控制特性。丝杠等机械传动误差不能通过反馈来随时校正，但是可采用软件定值补偿方法来适当提高其精度。目前，大部分数控机床采用半闭环控制方式，如图 3-120 所示。

（2）按工艺用途分类

按其工艺用途可以划分为以下四大类。

① 金属切削类：指采用车、铣、镗、钻、铰、磨、刨等各种切削工艺的数控机床。它

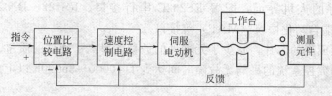

图 3-120　半闭环控制的数控机床

又可分为两类：普通数控机床和数控加工中心。

② 金属成形类：指采用挤、压、冲、拉等成形工艺的数控机床，常用的有数控弯管机、数控压力机、数控冲剪机、数控折弯机、数控旋压机等。

③ 特种加工类：主要有数控电火花线切割机、数控电火花成形机、数控激光与火焰切割机等。

④ 测量、绘图类：主要有数控绘图机、数控坐标测量机、数控对刀仪等。

（3）按运动控制的特点分类

① 点位控制数控机床：点位控制只是要求控制机床的移动部件从一点移动到另一点的准确定位，而对于点与点之间的运动轨迹的要求并不严格，在移动过程中不进行加工，各坐标轴之间的运动是不相关的。这类机床主要有数控钻床、数控镗床和数控冲床等。

② 直线控制数控机床：也叫平行控制数控机床，它的特点是除了控制点与点之间的准确定位外，还要控制这两点之间的移动速度和路线，但是它的运动路线只是与机床坐标轴平行或成 45°的斜线移动，也就是说同时控制的坐标轴只有一个，在移动的过程中刀具能以指定的进给速度进行切削，一般只能加工矩形、台阶形零件。这类机床主要有比较简单的数控车床、数控铣床和数控磨床等。

③ 轮廓控制数控机床：也叫连续控制数控机床，它的特点是能够对两个或两个以上的运动坐标的位移和速度同时进行连续地相关控制，使合成的平面或空间运动轨迹能满足轮廓曲线和曲面加工的要求。这类机床主要有数控车床、数控铣床、加工中心等，其相应的数控装置称为轮廓控制系统。根据它所控制的联动坐标轴数不同，又可以分为：二轴联动；二轴半联动；三轴联动；四轴联动；五轴联动。

（4）按所给数控装置类型分类

① 硬件式数控机床：（NC 机床）使用硬件式数控装置；它的输入、插补运算和控制功能都由专用的固定组合逻辑电路来实现，不同功能的机床，其结合逻辑电路也不相同。改变或增减控制、运算功能时，需要改变数控装置的硬件电路。

② 软件式数控机床：这类数控机床使用计算机数控装置（CNC）。此数控装置的硬件电路是由小型或微型计算机再加上通用或专用的大规模集成电路制成。数控机床的主要功能几乎全部由系统软件来实现，所以不同功能的机床其系统软件也就不同，而修改或增减系统功能时，不需改变硬件电路，只需改变系统软件。

5. 数控技术的发展趋势

（1）数控装置

向高速度、高精度方向发展；向基于个人计算机（PC）的开放式数控系统发展；配置多种遥控接口和智能接口；具有很好的操作性能；数控系统的可靠性大大提高。

速度和精度是数控机床的两个重要指标，直接关系到加工效率和产品的质量，特别是在超高速切削、超精密加工技术的实施中，提出了更高的要求。现在的主轴转速已达 15000～100000r/min，进给速度和快速进给速度已达 100～240m/min；分辨率为 0.01μm。

系统具有良好的人机界面，配置 RS232C 串行接口、RS422、DNC、工业局域网络（LAN）通信、制造自动化协议（MAP）等接口。

大量采用高集成度的芯片，减少了元器件的数量，提高了硬件的质量，降低了功耗，提高了可靠性。使得数控系统的平均无故障时间达到了 10000～36000h 以上。

（2）伺服系统

前馈控制技术；机械静止摩擦的非线性控制技术；伺服系统的位置环和速度环（包括电流环）均采用软件控制；采用高分辨率的位置检测装置；补偿技术得到了发展和应用。

所谓前馈控制，就是在原来的控制系统上加上速度指令的控制方式，这样伺服系统的跟踪滞后误差大大减小。而过去的伺服系统，是把检测信号与位置指令的差值乘以位置环增益作为速度指令，因而总是存在着跟踪滞后误差，这使得在加工拐角及圆弧时加工精度恶化。对于一些具有较大静止摩擦的数控机床，新型数字伺服系统具有补偿机床驱动系统静摩擦的非线性控制功能。

现代数控系统可以对伺服系统进行多种补偿，如丝杠螺距误差补偿、齿侧间隙补偿、轴向运动误差补偿、空间误差补偿和热变形补偿等。

（3）机械结构技术

数控机床为缩小体积，减少占地面积，更多地采用机电一体化结构；为提高自动化程度，而采用自动交换刀具和工件，主轴和工作台的立、卧自动转换等；为提高数控机床的动态特性，伺服系统和机床主机进行很好的机电匹配。

（4）数控编程技术

如今，数控编程已经由脱机编程发展到在线编程，具有机械加工技术中的特殊工艺和组合工艺方法的程序编制功能。编程系统由只能处理几何信息发展到几何信息和工艺信息同时处理的新阶段。

（5）向智能化方向发展

应用自适应控制（Adaptive Control），即引入专家系统指导加工，引入故障诊断专家系统，同时具备智能化伺服驱动装置。

传统的编程是脱机的。由在机外编程，然后再输入给数控装置。现代的数控装置都有前台操作、后台编程的功能，可以在人工操作键盘和彩色显示器的作用下，在线的以人机对话方式进行编程。除了具有圆切削、固定循环和图形循环外，还有宏程序设计、子程序设计功能，会话式自动编程、蓝图编程和实物编程功能。由于有了小型工艺数据库，使得在线程序编制过程中可以自动选择最佳切削用量和适合的刀具。

数控系统检测加工过程中的一些重要信息，并自动调整系统的有关参数，达到改进系统运行状态的目的。将熟练工人和专家的经验，加工的一般规律与特殊规律存入系统中，以工艺参数数据库为支撑，建立具有人工智能的专家系统，并且带有自学功能。可以通过自动识别负载而自动调整参数，使驱动系统获得最佳的运行状态。同样把设备维修专家的经验与客观规律存入到系统中，建立专家数据库。

6. 数控机床的技术指标

数控机床的技术指标包括规格指标、精度指标、性能指标和可靠性指标。

（1）规格指标

规格指标是指数控机床的基本能力指标，主要有以下几方面。

行程范围：坐标轴可控的运动区间，它反映该机床允许的加工空间。

工作台面尺寸：它反映该机床安装工件大小的最大范围。

承载能力：它反映该机床能加工零件的最大重量。

主轴功率和进给轴扭矩：它反映该机床的加工能力，同时也可间接反映机床刚度和强度。

控制轴数和联动轴数：数控机床控制轴数通常是指机床数控装置能够控制的进给轴数目。它反映数控机床实现曲面加工的能力。

（2）精度指标

几何精度：它是综合反映机床的关键零部件和总装后的几何形状误差的指标。这些指标可分为两类：第一类是对机床的基础件和运动大件（如床身、立柱、工作台、主轴箱等）的直线度、平面度、垂直度的要求，如工作台的平面度、各坐标轴运动方向的直线度和相互垂直度、相关坐标轴导轨与工作台面、T 形槽侧面的平行度等；第二类是对机床执行切削运动的主要部件——主轴的运动要求，如主轴的轴向窜动、主轴孔的径向跳动、主轴箱移动导轨与主轴轴线的平行度、主轴轴线与工作台面的垂直度（立式）或平行度（卧式）等。

位置精度：它是综合反映机床各运动部件在数控系统的控制下空载所能达到的精度。根据各轴能达到位置精度就能判断出加工时零件所能达到的精度。

（3）性能指标

最高主轴转速和最大加速度：最高主轴转速是指主轴所能达到的最高转速。最大加速度是反映主轴速度提速能力的性能指标，也是加工效率的重要指标。

最高快移速度和最高进给速度：最高快移速度是指进给轴在非加工状态下的最高移动速度。最高进给速度是指进给轴在加工状态下的最高移动速度。它们是影响零件加工质量、生产效率以及刀具寿命的主要因素。它受数控装置的运算速度、机床动特性及工艺系统刚度等因素的限制。

分辨率与脉冲当量：分辨率是指两个相邻的分散细节之间可以分辨的最小间隔。对测量系统而言分辨率是可以测量的最小增量；对控制系统而言，分辨率是可以控制的最小位移增量，即数控装置每发出一个脉冲信号，反映到机床移动部件上的移动量，通常称为脉冲当量。脉冲当量是设计数控机床的原始数据之一，其数值的大小决定数控机床的加工精度和表面质量。脉冲当量越小，数控机床的加工精度和表面加工质量越高。

另外，还有换刀速度和工作台交换速度，它们同样也是影响生产效率以及刀具寿命的主要因素。

二、数控机床电气控制系统的结构和组成

数控机床电气控制系统集传统的机械制造技术、液压气动技术、传感检测技术、现代控制技术、计算机技术、信息处理技术、网络通信技术于一体，是制造自动化的关键基础，是现代制造装备的灵魂核心。数控机床电气控制系统一般由输入输出装置、数控装置（或数控单元）、主轴单元、伺服单元、驱动装置（或称执行机构）、可编程控制器 PLC 及电气控制装置、辅助装置、测量装置组成，其具体结构如图 3-121 所示。

1. 输入输出装置

输入输出装置主要用于零件加工程序的编制、存储、打印和显示或是机床的加工的信息的显示等。简单的输入输出装置只包括键盘和若干个数码管，较高级的系统一般配有 CRT 显示器和液晶显示器。一般的输入输出装置除了人机对话编程键盘和 CRT 显示器外，还有纸带阅读机、磁带机或磁盘，高级的输入输出装置还包括自动编程机或 CAD/CAM 系统。

2. 数控装置

数控装置是数控系统的核心，这一部分主要包括微处理器、存储器、外围逻辑电路及与

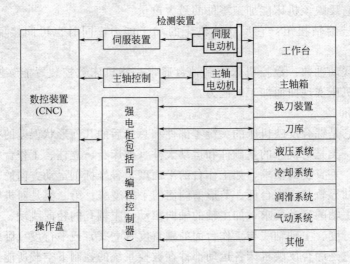

图 3-121　数控机床电气控制系统结构

数控系统其他组成部分联系的接口等。其原理是根据输入的数据段插补出理想的运动轨迹，然后输出到执行部件（伺服单元、驱动装置和机床），加工出所需要的零件。因此，输入、轨迹插补、位置控制是数控装置的三个基本部分（即一般计算机的输入—决策—输出三个方面）。而所有这些工作是由数控装置内的系统程序（亦称控制程序）进行合理的组织，使整个系统有条不紊地进行工作。

3. 伺服单元和驱动装置

伺服单元接受来自数控装置的进给指令，经变换和放大后通过驱动装置转变成机床工作台的位移和速度。因此伺服单元是数控装置和机床本体的联系环节，它把来自数控装置的微弱指令信号放大成控制驱动装置的大功率信号。根据接受指令的不同伺服单元有脉冲式和模拟式之分，而模拟式伺服单元按电源种类又分为直流伺服单元和交流伺服单元。

驱动装置把放大的指令信号变成机械运动，通过机械连接部件驱动机床工作台，使工作台精确定位或按规定的轨迹作严格的相对运动，最后加工出符合图纸要求的零件。和伺服单元相对应，驱动装置有步进电动机、直流伺服电动机和交流伺服电动机。

伺服单元和驱动装置可合称为伺服驱动系统，它是机床工作的动力装置。从某种意义上说，数控机床功能强弱主要取决于数控装置，性能的好坏主要取决于伺服驱动系统。

4. 可编程控制器

可编程控制器是一种以微处理器为基础的通用型自动控制装置，专为在工业环境下应用而设计的。主要完成与逻辑运算有关的一些动作，没有轨迹上的具体要求，它接受数控装置的控制代码 M（辅助功能）、S（主轴转速）、T（选刀、换刀）等顺序动作信息，对其进行译码，转换成对应的控制信号，控制辅助装置完成机床相应的开关动作，如工件的装夹、刀具的更换、冷却液的开关等一些辅助动作；它还接受机床操作面板的指令，一方面直接控制机床动作，另一方面将指令送往数控装置用于加工过程的控制。

5. 主轴驱动系统

主轴驱动系统和进给伺服驱动系统有很大的差别，主轴驱动系统主要是旋转运动。现代数控机床对主轴驱动系统提出了更高的要求，这包括有很高的主轴转速和很宽的无级调速范围等，为满足上述要求，现在绝大多数数控机床均采用笼型式感应交流异步电动机配矢量变换变频调速的主轴驱动系统。

6. 测量装置

测量装置也称反馈元件，通常安装在机床的工作台或丝杠上，它把机床工作台的实际位移转变成电信号反馈给数控装置，供数控装置与指令值比较产生误差信号以控制机床向消除该误差的方向移动。此外，由测量装置和数显环节构成数显装置，可以在线显示机床坐标值，可以大大提高工作效率和工件的加工精度。常见测量装置有光电编码器、光栅尺、旋转变压器等。

三、数控系统中的 PLC 类型及其功能

CNC 和 PLC 协调配合共同完成数控机床的控制，其中 CNC 主要完成与数字运算和管理等有关的功能，如零件程序的编辑、插补运算、译码、位置伺服控制等。PLC 主要完成与逻辑运算有关的一些动作，没有轨迹上的具体要求；控制辅助装置完成机床相应的开关动作，如工件的装夹、刀具的更换、冷却液的开关等一些辅助动作；它还接受机床操作面板的指令，一方面直接控制机床的动作，另一方面将一部分指令送往 CNC 用于加工过程的控制。

1. 数控机床中可编程控制器的类型

用于数控机床的 PLC 一般分为两类：一类是 CNC 的生产厂家为实现数控机床的顺序控制，而将 CNC 和 PLC 综合起来设计，称为内装型（或集成型）PLC，内装型 PLC 是 CNC 装置的一部分；另一类是以独立专业化的 PLC 生产厂家的产品来实现顺序控制系统，称为独立型（或外装型）PLC。

（1）内装型

内装型 PLC 与 CNC 间的信息传送在 CNC 内部实现，PLC 与机床（MT，Machine-Tool）间信息传送则通过 CNC 的输入/输出接口电路来实现。一般这种类型的 PLC 不能独立工作，它只是 CNC 向 PLC 功能的扩展，两者是不能分离的。

内装型 PLC 具体如下特点：

① 内装型 PLC（或称集成式、内含式）。它是为数控设备顺序控制而设计制造的专用 PLC。内装型 PLC 的 CPU 有两种用法：一种是 PLC 装置与数控装置共用一个 CPU，相对价格低，但其功能受到一定限制；另一种是专用的 CPU，控制处理速度快，并能增加控制功能。为了进一步提高 PLC 的功能，近年来采用多 CPU 控制，如一个 CPU 分管逻辑运算与专用的功能指令，另一个 CPU 管理 I/O 模块，甚至还采用单独的 CPU 作为故障处理和诊断，以增加 PLC 的工作速度及功能。

② 内装型 PLC 系统的硬件和软件整体结构十分紧凑，且 PLC 所具有的功能针对性强，技术指标合理、实用，尤其适用于单机数控设备的应用场合。

③ 内装型 PLC 的硬件控制电路可与 CNC 装置的其他电路制作在同一块印刷电路板上，也可以单独制成一块附加印制电路板；内装型 PLC 一般不单独配置 I/O 接口电路，而是使用 CNC 系统本身的 I/O 电路；PLC 所用电源由 CNC 装置提供，不需另备电源。

④ 内装型 PLC 实际上是 CNC 装置带有的 PLC 功能。一般作为 CNC 装置的基本功能提供给用户。采用内装型 PLC 结构，CNC 系统可以具有某些高级控制功能。如梯形图编辑和传送功能，在 CNC 内部直接处理大量信息等。

世界著名的 CNC 系统厂家在其生产的 CNC 产品中，大多开发了内装型 PLC 功能。

（2）独立型

独立型 PLC 又称外装型或通用型 PLC，一般采用模块化结构，它的 CPU、系统程序、用户程序、I/O 电路、通信等均设计成独立的模块。它是适应范围较广、功能齐全、通用化程度较高的 PLC。对数控机床而言，独立型 PLC 独立于 CNC 装置，具有完备的硬件结构和软件功能，能够独立完成规定的控制任务。

独立型 PLC 具有如下特点：

① 独立型 PLC 具有 CPU 及其控制电路、系统程序存储器、用户程序存储器、I/O 接口电路、与编辑器等外部设备通信的接口和电源等基本功能结构。

② 独立型 PLC 一般采用积木式模块结构或整体式结构，各功能电路多做成独立的模块或印刷电路插板，具有安装方便，功能易于扩展和变更的优点。

③ 性能价格比不如内装型 PLC。

与 CNC 装置相对独立的独立型 PLC，可采用不同厂家的产品，这使用户有选择的余地，选择自己熟悉的产品。而且功能易于扩展和变更，当用户在向 FMS、CIMS 发展时，不至于使原系统做很大的变动。独立型 PLC 和 CNC 之间是通过输入输出接口连接的。

2. 数控机床中 PLC 的功能

① 机床操作面板控制：将机床操作面板上的控制信号直接送入 PLC，以控制数控系统的运行。

② 机床外部开关输入信号控制：将机床侧的开关信号送入 PLC，经逻辑运算后，输出给控制对象，这些控制开关包括各类控制开关、行程开关、接近开关、压力开关和温控开关等。

③ 输出信号控制：PLC 输出的信号经强电柜的继电器、接触器，通过机床侧的液压或气动电磁阀，对倒库、机械手和回转工作台等装置进行控制，另外还对冷却泵电动机、润滑泵电动机及电磁制动器等进行控制。

④ 伺服控制：控制主轴和伺服进给驱动装置的使能信号，以满足伺服驱动的条件，通过驱动装置，驱动主轴电动机、伺服进给电动机和刀库电动机等。

⑤ 报警处理控制：PLC 收集强电柜、机床侧和伺服驱动装置的故障信号，将报警标志区中的相应报警标志位置位，数控系统便显示报警号及报警文本以便故障诊断。

⑥ 软盘驱动装置控制：数控机床用计算机软盘取代了传统的光电阅读机。通过控制软盘驱动装置，实现与数控系统进行零件程序、机床参数、零点偏置和刀具补偿等数据的传输。

⑦ 转换控制：有些加工中心的主轴可以进行立/卧转换。当进行立/卧转换时，PLC 完成下述工作：切换主轴控制接触器；通过 PLC 的内部功能，在线自动修改有关机床数据位；切换伺服系统进给模块，并切换用于坐标轴控制的各种开关、按钮等。

四、数控系统中 CNC、PLC、机床间的信息处理

在数控机床上用于 PLC 代替传统的机床强电顺序控制的继电器逻辑控制，利用逻辑运算实现各种开关量控制。PLC 在数控装置和机床之间进行信号的传送和处理，既可以把数控装置对机床的控制信号，通过 PLC 去控制机床动作，也可以把机床的状态信号送还给数控装置，便于数控装置进行机床自动控制。

1. CNC 侧与 MT 侧的概念

在讨论数控机床的 PLC 时，常以 PLC 为界把数控机床分为 CNC 侧和 MT 侧两大部分。如图 3-122 所示。

CNC 侧包括 CNC 系统的硬件、软件以及 CNC 系统的外围设备。完成主轴运动控制、伺服轴进给控制、第一操作面板的管理、手轮信号的处理、CRT 显示控制、加工程序传输与网络控制等数控系统通用功能。

MT 侧则包括机床的机械部分、液压、气压、冷却、润滑、排屑等辅助装置，以及机床操作面板、继电器线路、机床强电线路等。MT 侧数据控制的最终对象的数量随数控机床的类型、结构辅助装置等的不同而有很大的差别。机床结

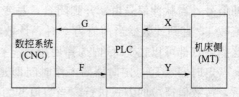

图 3-122　CNC 侧与 MT 侧

构越复杂，辅助装置越多，受控对象数量就越多。相比而言柔性制造单元（FMC）、柔性制造系统（FMS）的受控对象数量多，而数控车床、数控铣床的受控对象数量较少。

2. CNC、PLC、机床之间的信号处理过程

CNC 装置和机床之间的信号传送和处理的过程如下。

（1）CNC 装置→机床

CNC 装置的信息到机床侧信息的处理过程是：CNC 装置→CNC 装置的 RAM→PLC 的 RAM 中。PLC 软件对其 RAM 中的数据进行逻辑运算处理。处理后的数据仍在 PLC 的 RAM 中，对内装型 PLC，PLC 将已处理好的数据通过 CNC 的输出接口送至机床；对独立型 PLC，其 RAM 中以处理好的数据通过 PLC 的输出接口送至机床。

（2）机床→CNC 装置

对于内装型 PLC，信号传送和处理如下：从机床输入开关量数据→CNC 装置的 RAM→PLC 的 RAM。PLC 的软件进行逻辑运算处理，处理后的数据仍在 PLC 的 RAM 中，同时传送到 CNC 装置的 RAM 中，CNC 装置软件读取 RAM 数据。

对于独立型 PLC，输入的第一步，数据通过 PLC 的输入接口送到 PLC 的 RAM 中，然后进行上述的第二步，以下均相同。

3. 数控系统中 PLC 的接口信息

对于不同数控系统，所交换的信息内容、数量各有区别，但基本思路和作用是一样的。CNC 与 PLC 之间可以直接进行开关量交换信息，也可以通过内部寄存器、内部标位等交换信息。

PLC 的接口信息主要包括两类接口信息，即硬件电气接口信息和软件寄存器接口信息。

① 电气接口。

从信号的流向来看包括输入信号与输出信号。

输入信号：机床或 CNC 等外部设备向 PLC 传送信号。

输出信号：PLC 向机床或 CNC 等外部设备传送的信号。

从信号的幅值特性来看，PLC 常用的电气接口一般有开关量输入接口、开关量输出接口和模拟量输出接口 3 种接口。

② 寄存器接口。

PLC 要实现对各接口的通断和电平状态信息进行识别和处理，必须把它们转换成内部计算机可以识别的变量称为寄存器。

根据不同机型的 PLC，常用的寄存器包括：

输入寄存器（X 或 I）：保存各输入接口的状态。

输出寄存器（Y 或 Q）：保存各输出接口的状态。

辅助寄存器（R 或 M）：又称为中间寄存器，用于保存运算中所需要的中间变量的状态。在 PLC 内起传递信号的作用。

计数器（C）：计数器有一个时钟脉冲端（CP），它接收 PLC 内各种软继电器送入的脉

冲信号，当脉冲信号由断开到闭合，每变换一次输入一个脉冲信号，那么，计数器就从当前值减 1，直到计数器当前值为 0 时，计数器线圈通电，它的常开触点闭合、常闭触点断开，这些触点都可以在 PLC 内选择使用。

定时器（T）：定时器的工作时间即延时时间由程序设定。定时器线圈接收到输入信号后，按数值递减的方式进行。当数值变为 0 时进行一次输出，即定时器常开触点闭合。

断电保存寄存器（B/N）：断电保存寄存器除具有辅助寄存器功能外，还具有断电保护的功能，即 PLC 通电时保持上次通电的状态。

用户指令寄存器（P）：一般在内装型 PLC 中提供，各寄存器的含义由 PLC 定义。

CNC 状态寄存器（F）：一般在内装型 PLC 中提供，各寄存器的含义由数控系统软件定义。

CNC 控制寄存器（G）：一般在内装型 PLC 中提供，各寄存器的含义由数控系统软件定义。

五、PLC 在数控系统中使用

以华中数控车床标准 PLC 系统为例，讲解如何进入华中数控系统的内置式标准 PLC 系统，并在华中数控系统的内置式标准 PLC 系统中编程和调试。为了简化 PLC 源程序的编写，华中数控公司开发了标准 PLC 系统。车床标准 PLC 系统主要包括 PLC 配置系统和标准 PLC 源程序两部分。其中，PLC 配置系统可供工程人员进行修改。它采用的是友好的对话框填写模式，运行于 DOS 平台下，与其他高级操作系统兼容，可以方便、快捷地对 PLC 选项进行配置。配置完以后生成的头文件加上标准 PLC 源程序就可以编译成可执行的 PLC 执行文件了。

1. 操作方法

① 在华中数控车床的操作主菜单界面下，按 F10 键进入扩展功能子菜单，菜单栏如图 3-123 所示。

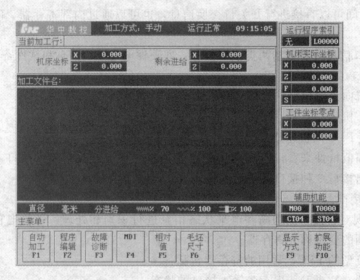

图 3-123　主菜单操作界面

② 在扩展功能子菜单下，按 F1 键，系统将弹出 PLC 子菜单，如图 3-124 所示。在 PLC 子菜单下，按 F2 键，系统弹出输入口令对话框，在口令对话框中输入初始口令 "HOG"，则弹出输入口令确认对话框，按 Enter 键确认，便进入标准 PLC 配置系统，如图

3-125 所示。

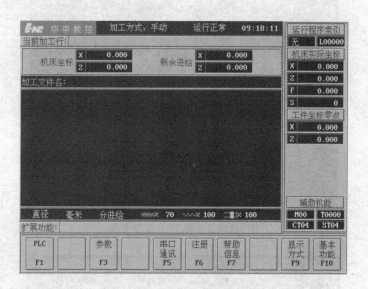

图 3-124　扩展功能子菜单界面

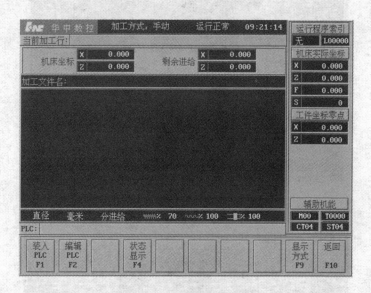

图 3-125　PLC 子菜单界面

③ 按 F2 键，便进入车床标准 PLC 配置系统，如图 3-126 所示。

④ PgUp、PgDn 键为 5 大功能项相邻界面间的切换键。同一功能界面中，用 Tab 键切换输入点；用←、→、↑、↓键移动蓝色亮条选择要编辑的选项；按 Enter 键编辑当前选定的项。编辑过程中，按 Enter 键表示输入确认，按 Esc 键表示取消输入。无论是输入点还是输出点，字母"H"表示为高电平有效，即为"1"，字母"L"表示低电平有效，即为"0"；在任何功能项界面下，都可按 Esc 键退出系统。

⑤ 在查看或设置完车床标准 PLC 系统后，按 Esc 键，系统将弹出如图 3-127 所示的系统提示，按 Enter 键确认后，系统将自动重新编译 PLC 程序，并返回系统主菜单。同时，新编译的 PLC 程序生效。

图 3-126 标准 PLC 配置系统

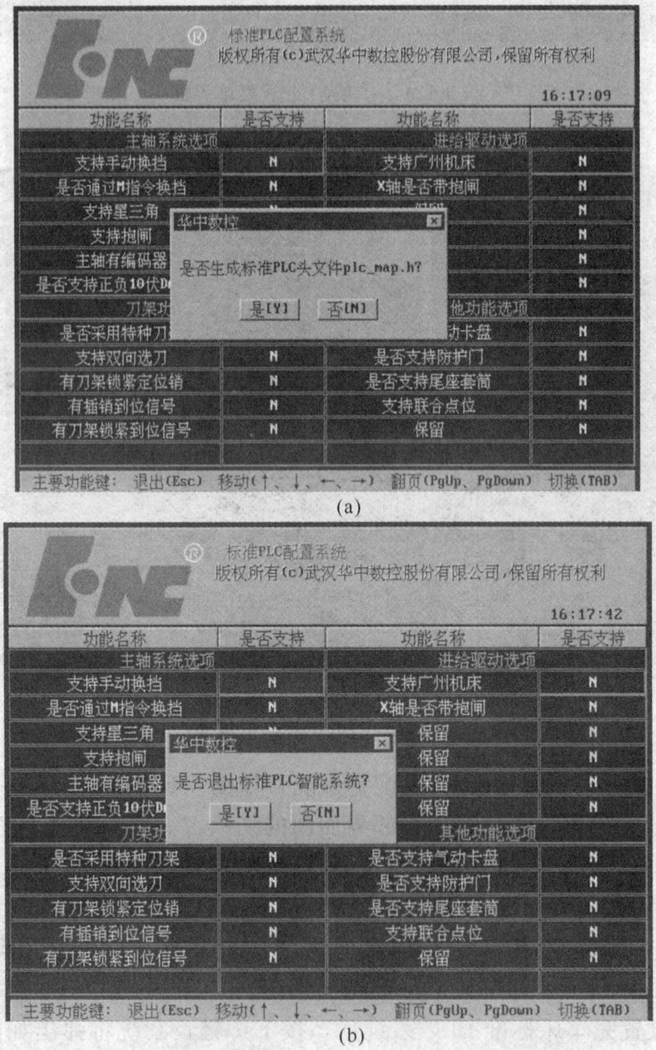

(a)

(b)

图 3-127 系统的两种提示

2. 应用实例

X1.3、X1.4 作为输入信号采用两个乒乓开关输入低电平（在系统称为"100"）来实现逻辑操作。而 KA5、KA6 在 HC5301-R 输出继电器板上，即用华中数控公司开发的内置式标准 PLC 系统实现如图 3-128 所示线路的逻辑操作。在华中数控系统内置 PLC 中的编程如下。

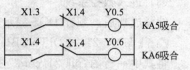

图 3-128　PLC 逻辑操作实例

(1) 创建一个文本文件

在 DOS 提示符下输入如下命令：

C：\ HNC-21 \ PLC \ EDITPLCTEST. CLD<回车>

将文本文件命名为 PLCTEST. CLD，其内容如下：

```
＃pragmainline
＃include "PLC. h"
voidinit ()
{
}
voidplc1(void)
{plc1 _ time＝16;
if((((X[1]&0X08)＝＝0X08)&&((X[1]&0X10)＝＝0))
{Y[1]&＝～0X40;
Y[1]＝0X20;
}
else
if((((X[1]&0X08)＝＝0)&&((X[1]&0X10)＝＝0X10))
{Y[1]&＝～0X20;
Y[1]＝0X40;
}
elseY[1]&＝0X60;
}
voidplc2(void)
{plc _ time＝32;
}
```

(2) 建立批处理文件

在 DOS 提示符下输入如下命令：

C：\ HNC-21 \ PLC>EDITMAKEPLC. BAT<回车>

建立一个批处理文件 TEST. BAT，其内容如下：

```
copyPLCTEST. CLDplc. cld<回车>
mack-fplc(回车)
copyplc. comPLCTEST. COM
del＊. obj
delplc. com
delplc. cld
```

然后运行 TEST（＜回车＞即可）。如编译过程不报错误，则编译成功；否则，查编译错误。

（3）进入数控系统

编译成功后，须在 DOS 提示符下输入：

C：＼HNC-21＞EDITNCBIOS.CFG＜回车＞

将其中一行的"plc-21.com"换成"PLCTEST.COM"，完成后在 DOS 提示符下输入：

C：＼HNC-21＞N（回车）//进入数控系统

C：＼HNC-21＼PLC＞makeplcplctest.cld＜回车＞

（如编译过程不报错误，则编译成功；否则，查编译错误。）

继续在 DOS 提示符下输入：

C：＼HNC-21＞EDITNCBIOS.CFG＜回车＞

将其中一行的"plc-21.com"换成"PLCTEST.COM"，完成后在 DOS 提示符下输入：

C：＼HNC-21＞N＜回车＞//进入数控系统

此时即可按上述逻辑进行操作。观察最终结果是否实现上述逻辑关系。

注意：任务完成后，应将 ncbios.cfg 中的内容还原。

（4）PLC 程序的调试

① 检查操作面板上的各个按钮，检验开关量输入信号、系统动作、外部逻辑电路的动作是否正确。例如，按下换刀按钮，该按钮灯应该点亮，并且刀架电动机的交流接触器应该动作。

② 逐个在开关量输入信号中人为接入限位信号（一般为 X0.0～X0.3，即 I0～I3），检验该信号能否使系统产生急停动作，并正确显示报警信息。

③ 让各坐标轴返回参考点，人为接入回参考点信号，检验各坐标轴能否完成回参考点动作，以及回参考点动作是否正确。

④ 正确连接各个坐标轴的限位开关与回参考点信号，人为控制限位开关与参考点开关，重复上述两部分内容，检验开关的有效性。

⑤ 检验当输入各报警开关量输入信号时，系统能否正确产生系统报警信息或用户在 PLC 程序中定义的外部报警信息，并执行相应的动作。例如，主轴报警信号有效时，主轴和自动加工程序应该停止。

⑥ 检查由继电器控制的接触器等开关是否动作，若没有动作，则检查连线。

⑦ 检查执行单元，包括步进电动机、伺服电动机、主轴电动机等。

六、FUNUC 数控系统的 PLC

FANUC 系统的 PLC 专用于机床，所以称为可编程序机床控制器。与传统的继电器控制电路相比较，它的优点有：时间响应快，控制精度高，可靠性好，控制程序可随应用场合的不同而改变，与计算机的接口及维修方便。另外，由于 PLC 使用软件来实现控制，可以进行在线修改，所以有很大的灵活性，具备广泛的工业通用性。

1. FANUC PLC 程序结构

PLC 顺序程序按优先级别分为两部分：第一级和第二级顺序程序。划分优先级别是为了处理一些宽窄的脉冲信号，这些信号包括紧急停止信号以及进给保持信号。第一级顺序程序每 8ms 执行一次，这 8ms 中的其他时间用来执行第二级顺序程序。如果第二级顺序程序很长的话，就必须对它进行划分，划分得到的每一部分与第一级顺序程度共同构成 8ms 的时间段。梯形图的循环周期是指将 PLC 程序完整执行一次所需要的时间。循环周期等于

8ms 乘以第二级程序划分所得的数目，如果第一级程序很长的话，相应的循环同期也要扩展。

在 PLC 顺序程序中，为提高安全性，应该注意使用互锁处理。对于顺序程序的互锁处理是必不可少的，然而在机床电气柜中的电气电路终端的互锁也不能忽略。因为，即使在顺序程序上使用了逻辑互锁（软件），但当用于执行顺序程序的硬件出现问题时，互锁将失去作用。所以，在电气柜中也应提供互锁以确保机床的安全。

2. FANUC PLC 寄存器定义

PLC 顺序程序的地址表明了信号的位置。这些地址包括对机床的输入/输出信号和对 CNC 的输入/输出信号、内部继电器、计数器、保持型继电器、数据表等。每一地址由地址号（每 8 个信号）和位号（0 到 7）组成。可在符号表中输入数据表明信号名称与地址之间的关系。类别不同地址符号也不相同。PLC 程序中的地址，也就是代号，用于代表不同的信号，不同的地址分别有机床侧的输入（X）、输出线圈（Y）信号、NC 系统部分的输入（F）、输出线圈（G）信号，内部继电器（R），信息显示请求信号（A），计数器（C），保持型继电器（K），数据表（D），定时器（T），标号（L），子程序号（P），格式如图 3-129 所示。

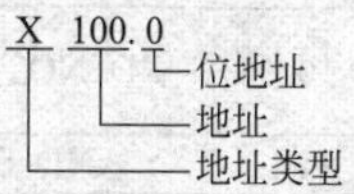

图 3-129　FANUC PLC　地址格式

FANUC 0 系统提供专用操作面板，使用时面板的按键和 LED 通过地址 G、F 与 PLC 进行通信，此时不能使用输入地址 X20、X22 和输出地址 Y51，因为它们被面板用于对按键和 LED 进行扫描。另外，此时应在编辑顺序程序时的参数设定中选择使用操作面板。

PLC 的地址中有 R 与 D，它们都是系统内部存储器，但是它们之间有所区别。R 地址中的数据在断电后会丢失，在上电时其中的内容为 0。而 D 地址中的数据断电后可以保存，因而常用作 PLC 的参数或用作数据表。通常情况下，R 地址区域 R300～R699 共 400 个字节。应注意，D 区域与 R 区域的地址范围总和也是 400 个字节。此时在 R 地址内为 D 地址划分一定范围。比如，给 S 地址定义出 200 个字节，那么它们的地址范围为 D300～D499，而此时 R 地址的区域为 R500～R699。必须在编辑顺序程序时在参数设定中为地址的数目做出设定。

在 PLC 顺序程序的编制过程中，应注意到输入触点 X 不能用作线圈输出，系统状态输出 F 也不能作为线圈输出。对于输出线圈而言，输出地址不能重复，否则该地址的状态不能确定。到这里，还要提到 PLC 的定时器指令和计数器指令，每条指令都要用到 5 个字节的存储器地址，通常使用 D 地址，这些地址也只能使用一次而不能重复。另外，定时器号不能重复，计数器号也不能重复。

3. FANUC PLC 程序指令

PLC 的指令有两类：基本指令和功能指令。基本指令只是对二进制位进行与、或、非的逻辑操作；而功能指令能完成一些特定功能的操作，而且是对二进制字节或字进行操作，也可以进行数学运算。基本指令见表 3-72。

在编制数控机床的顺序程序时，对一些复杂的问题仅靠基本指令实现起来是很困难的，例如，译码，算术运算，比较，回转等，所以，系统设计了功能指令，只需知道了其功能、参数设置，而不用考虑其内部复杂的运行过程。功能指令的种类和处理内容见表 3-73。

FANUC 0 系统使用的 PLC 有 PMC-L 和 PMC-M 两种型号，它们所需硬件不同，性能也有所不区别。PMC-M 需要一块专门的电路板，地址范围也有所扩大。

表 3-72 基本指令表

序号	编 码	键输入	处 理 内 容
1	RD	R	读入指定的信号状态并设置在 ST0
2	RD. NOT	RN	将指定的信号状态读入取非并设置到 ST0
3	WRT	W	将逻辑运算结果(ST0)输出到指定地址
4	WRT. NOT	WN	将逻辑运算结果(ST0)取非后输出到指定地址
5	AND	A	逻辑与
6	AND. NOT	AN	将指定的信号状态取非后进行逻辑与
7	OR	O	逻辑和
8	OR. NOT	ON	将指定信号状态取非后进行逻辑和
9	RD. STK	RS	将寄存器内容向左移 1 位,并将指定地址的信号状态设到 ST0
10	RD. NOT. STK	RNS	将寄存器内容向左移 1 位,并将指定地址的信号状态取非读出来设到 ST0
11	AND. STK	AS	把 ST0 和 ST1 的逻辑积设到 ST1,把寄存器内容向右移 1 位
12	OR. STK	OS	把 ST0 和 ST1 的逻辑和设到 ST1,把寄存器内容向右移 1 位

表 3-73 功能指令表

序号	格式 1 梯形图	格式 2 纸带穿孔程序显示	格式 3 程序输入	执行时间常数	处 理 内 容
1	END1	SUB1	S1	97	第一级程序结束
2	END2	SUB2	S2	0	第二级程序结束
3	END3	SUB48	S48	0	第三级程序结束
4	TMR	TMR	T	18	定时器
5	TMRB	SUB24	S24	18	固定定时器
6	DEC	DEC	D	24	译码
7	CTR	SUB5	S5	25	计数器
8	ROT	SUB6	S6	85	回转控制
9	CON	SUB7	S7	51	代码转换
10	MOVE	SUB8	S8	37	逻辑积后数据传送
11	COM	SUB9	S9	5	线圈断开
12	COME	SUB29	S29	2	线圈断开区域结束
13	JMP	SUB10	S10	7	跳转
14	JUMPE	SUB30	S30	2	跳转结束
15	PARI	SUB11	S11	18	奇偶校验
16	DCNV	SUB14	S14	52	数据转换
17	COMP	SUB15	S15	28	比较
18	COIN	SUB16	S16	28	判断一致性
19	DSCH	SUB17	S17	239	数据检索
20	XMOV	SUB18	S18	63	数据变址传送
21	ADD	SUB19	S19	39	加法
22	SUB	SUB20	S20	39	减法
23	MUL	SUB21	S21	95	乘法
24	DIV	SUB22	S22	103	除法
25	NUME	SUB23	S23	39	常数定义
26	CODB	SUB27	S27	28	二进制代码转换
27	DCNVB	SUB31	S31	135	扩展数据传送
28	COMPB	SUB32	S32	19	二进制数据比较
29	ADDB	SUB36	S36	51	二进制加法
30	SUBB	SUB37	S37	51	二进制减法
31	MULB	SUB38	S38	86	二进制乘法
32	DIVB	SUB39	S39	87	二进制除法
33	NUMEB	SUB40	S40	13	二进制常数定义
34	DISP	SUB49	S49	88	信息显示

这里主要以 PMC-L 为例进行说明。

PLC 的程序称为顺序控制程序，用于机床或其他系统顺序控制，使 CPU 执行算术处理。顺序程序的编制步骤如下：

① 根据机床的功能确定 I/O 点的分配情况；

② 根据机床的动作和系统的要求编制梯形图；

③ 利用系统调试梯形图；

④ 将梯形图程序固化在 ROM 芯片内。

4. FANUC PLC 工作原理

PLC 程序的工作原理可简述为由上至下，由左至右，循环往复，顺序执行。因为它是对程序指令的顺序执行，应注意到微观上与传统继电器控制电路的区别，后者可认为是并行控制的。

以图 3-130 电路为例，在 X10.1 触点接通以后，Y5.0、Y5.2 线圈会有什么动作？如果是继电器电路，可以认为是并行控制，动作与电路的分布位置无关，为 Y5.0、Y5.2 先接通，而后由于 Y5.0 的接通断开 Y5.2。按顺序执行的话，却只有 Y5.0 接通，因为 Y5.0 的接通使 B 线圈不能接通。

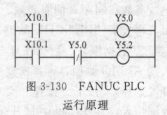

图 3-130 FANUC PLC 运行原理

5. FANUC 系统数据备份与恢复

FANUC 数控系统中加工程序、参数、螺距误差补偿、宏程序、PLC 程序、PLC 数据等在机床不使用时是依靠控制单元上的电池进行保存的。如果发生电池失效或其他意外，会导致这些数据的丢失。因此，有必要做好重要数据的备份工作，一旦发生数据丢失，可以通过恢复这些数据的办法，保证机床的正常运行。

下面介绍 FANUC 数控系统数据备份的方法，有两种常见的方法。

(1) 使用存储卡进行数据备份和恢复

数控系统的启动和计算机的启动一样，会有一个引导过程。在通常情况下，使用者是不会看到这个引导系统。但是使用存储卡进行备份时，必须要在引导系统画面进行操作。在使用这个方法进行数据备份时，首先必须要准备一张符合 FANUC 系统要求的存储卡（工作电压为 5V）。具体操作步骤如下。

① 数据备份：将存储卡插入存储卡接口上（NC 单元上，或者是显示器旁边），进入引导系统画面；（按下显示器下端最右面两个软键，给系统上电），调出系统引导画面，如图 3-131 所示。

图 3-131 系统引导画面

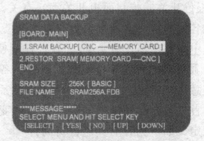

图 3-132 系统数据备份画面

在系统引导画面选择所要的操作项第 4 项，进入系统数据备份画面，如图 3-132 所示。（用 UP 或 DOWN 键）在系统数据备份画面有很多项，选择所要备份的数据项，按下 YES

键，数据就会备份到存储卡中，按下 SELECT 键，退出备份过程。

② 数据恢复：如果要进行数据的恢复，按照相同的步骤进入到系统引导画面，在系统引导画面选择第一项 SYSTEM DATA LOADING，选择存储卡上所要恢复的文件，按下 YES 键，所选择的数据回到系统中，按下 SELECT 键退出恢复过程。

（2）使用外接 PC 进行数据的备份与恢复

使用外接 PC 进行数据备份与恢复，是一种非常普遍的做法。这种方法比前面一种方法用得更多，在操作上也更为方便。操作步骤如下。

① 数据备份：准备外接 PC 和 RS232 传输电缆；连接 PC 与数控系统；在数控系统中，按下 SYSTEM 功能键，进入 ALLIO 菜单，设定传输参数（和外部 PC 匹配）；在外部 PC 设置传输参数（和系统传输参数相匹配）；在 PC 机上打开传输软件，选定存储路径和文件名，进入接收数据状态；在数控系统中，进入到 ALLIO 画面，选择所要备份的文件（有程序、参数、间距、伺服参数、主轴参数等等可供选择）。按下"操作"菜单，进入到操作画面，再按下"PUNCH"软键，数据传输到计算机中。

② 数据恢复：数据恢复与数据备份的操作前面四个步骤是一样的；在数控系统中，进入到 ALLIO 画面，选择所要备份的文件（有程序、参数、间距、伺服参数、主轴参数等等可供选择）。按下"操作"菜单，进入到操作画面，再按下"read"软键，等待 PC 将相应数据传入；在 PC 机中打开传输软件，进入数据输出菜单，打开所要输出的数据，然后发送。

以上的操作，都必须使机床处在 EDIT 状态。

七、华中世纪星系统的 PLC

华中数控 PLC 采用 C 语言编程，具有灵活、高效、使用方便等特点。

1. 华中数控内置式 PLC 的结构及相关寄存器的访问

华中数控铣削数控系统的 PLC 为内置式 PLC，其中：X 寄存器为机床输出到 PLC 的开关信号，最大可有 128 组（或称字节，下同）；Y 寄存器为 PLC 输出到机床的开关信号，最大可有 128 组；R 寄存器为 PLC 内部中间寄存器，共有 768 组；G 寄存器为 PLC 输出到计算机数控系统的开关信号，最大可有 256 组；F 寄存器为计算机数控系统输出到 PLC 的开关信号，最大可有 256 组；P 寄存器为 PLC 外部参数，可由机床用户设置（运行参数子菜单中的 PMC 用户参数命令即可设置），共有 100 组；B 寄存器为断电保护信息，共有 100 组。

X、Y 寄存器会随不同的数控机床而有所不同，主要和实际的机床输入/输出开关信号（如限位开关、控制面板开关等）有关。但 X、Y 寄存器一旦定义好，软件就不能更改其寄存器各位的定义；如果要更改，必须更改相应的硬件接口或接线端子。R 寄存器是 PLC 内部的中间寄存器，可由 PLC 软件任意使用。G、F 寄存器由数控系统与 PLC 事先约定好的，PLC 硬件和软件都不能更改其寄存器各位（bit）的定义。P 寄存器可由 PLC 程序与机床用户任意自行定义。对于各寄存器，系统提供了相关变量供用户灵活使用。

首先，介绍访问中间继电器 R 的变量定义。对于 PLC 来说，R 寄存器是一块内存区域，系统定义如下指针对其进行访问：

externunsignedchar R[];   //以无符号字符型存取 R 寄存器

注：对于 C 语言，数组即相当于指向相应存储区的地址指针。

同时，为了方便对 R 寄存器内存区域进行操作，系统定义了如下类型指针（无符号字符型、字符型、无符号整型、整型、无符号长整型、长整型）对该内存区进行访问。即这些地址指针在系统初始化时被初始化为指向同一地址。

```
externunsignedchar   R _ uc[];   //以无符号字符型存取 R 寄存器
externchar           R _ c[];    //以字符型存取 R 寄存器
externunsigned       R _ ui[];   //以无符号整型存取 R 寄存器
externint            R _ i[];    //以整型存取 R 寄存器
externunsignedlong   R _ ul[];   //以无符号长整型存取 R 寄存器
externlong           R _ l[];    //以长整型存取 R 寄存器
```

同理，和 R 寄存器一样，系统提供如下类似数组指针变量供用户灵活操作各类寄存器：

```
externunsignedchar   X _ uc[], Y _ uc[], * F _ uc[], * G _ uc[], P _ uc[], B _ uc[];
externchar           X _ c[], Y _ c[], * F _ c[], * G _ c[], P _ c[], B _ c[];
externunsigned       X _ ui[], Y _ ui[], * F _ ui[], * G _ ui[], P _ ui[], B _ ui[];
externint            X _ i[], Y _ i[], * F _ i[], * G _ i[], P _ i[], B _ i[];
externunsignedlong   X _ ul[], Y _ ul[], * F _ ul[], * G _ ul[], P _ ul[], B _ ul[];
externlong           X _ l[], Y _ l[], * F _ l[], * G _ l[], P _ l[], B _ l[];
externunsignedchar   X[], Y[];
externunsigned       * F[], * G[], P[], B[];
```

2. 华中数控内置式 PLC 的软件结构及其运行原理

和一般 C 语言程序都必须提供 main() 函数一样，用户编写内置式 PLC 的 C 语言程序必须提供如下系统函数定义及系统变量值：

```
externvoidinit(void);        //初始化 PLC
externunsignedplc1 _ time;   //函数 plc1() 的运行周期，单位：毫秒
externvoidplc1(void);        //PLC 程序入口 1
externunsignedplc2 _ time;   //函数 plc2() 的运行周期，单位：毫秒
externvoidplc2(void);        //PLC 程序入口 2
```

其中：

函数 init() 是用户 PLC 程序的初始化函数，系统将只在初始化时调用该函数一次。该函数一般设置系统 M、S、B、T 等辅助功能的响应函数及系统复位的初始化工作；变量 plc1 _ time 及 plc2 _ time 的值分别表示 plc1()、plc2() 函数被系统周期调用的周期时间，单位：ms。系统推荐值分别为 16ms 及 32ms，即 plc1 _ time＝16，plc2 _ time＝32；

函数 plc1() 及 plc2() 分别表示数控系统调用 PLC 程序的入口，其调用周期分别由变量 plc1 _ time 及 plc2 _ time 指定。

系统初始化 PLC 时，将调用 PLC 提供的 init() 函数。在系统初始化完成后，数控系统将周期性地运行如下过程：从硬件端口及数控系统成批读入所有 X、F、P 寄存器的内容；如果 plc1 _ time 所指定的周期时间已到，调用函数 plc1()；如果 plc2 _ time 所指定的周期时间已到，调用函数 plc2()；系统成批输出 G、Y、B 寄存器。

一般地，plc1 _ time 总是小于 plc2 _ time，即函数 plc1() 较 plc2() 调用的频率要高。因此，华中数控称函数 plc1() 为 PLC 高速扫描进程，plc2() 为低速扫描进程，因而，用户提供的 plc1() 函数及 plc2() 函数必须根据 X 及 F 寄存器的内容正确计算出 G 及 Y 寄存器的值。

3. 华中数控 PLC 程序的编写及其编译

华中数控 PLC 程序的编译环境为：BorlandC＋＋3.1＋MSDOS6.22。数控系统约定

PLC 源程序后缀为".CLD"，即"*.CLD"文件为 PLC 源程序。

最简单的 PLC 程序只要包含系统必需的几个函数和变量定义即可编译运行，当然它什么事也不能做。

在 DOS 环境下，进入数控软件 PLC 所安装的目录，如 C：\ HNC-21 \ PLC，在 DOS 提示符下敲入如下命令：

C：\ HNC-21 \ plc＞editplc _ null. cld〈回车〉

建立一个文本文件并命名为 plc _ null. cld，其文件内容为：

```
//
// plc _ null. cld：
//          PLC 程序空框架，保证可以编译运行，但什么功能也不提供
//
//          版权所有©2000，武汉华中数控系统有限公司，保留所有权利
//http：// huazhongcnc. com        email：market@huazhongcnc. com
#include"plc. h" //PLC 系统头文件
voidinit()  //PLC 初始化函数
{
}
voidplc1(void)//PLC 程序入口 1
{
    plc1 _ time＝16;      //系统将在 16ms 后再次调用 plc1() 函数
}
voidplc2(void);          //PLC 程序入口 2
{
    plc2 _ time＝32;      //系统将在 32ms 后再次调用 plc1() 函数
}
```

在数控系统的 PLC 目录下，输入如下命令（在车床标准 PLC 系统中，需自行编写 makeplc. bat 文件）：

C：\ HNC-21 \ plc＞makeplcplc _ null. cld〈回车〉

系统会响应：

```
1file(s)copied
MAKEVersion3. 6Copyright(c)1992BorlandInternational
Availablememory64299008bytes
bcc＋plc. CFG-Splc. cld
BorlandC＋＋Version3. 1Copyright(c)1992BorlandInternational
plc. cld：
Availablememory4199568
TASM/MX/Oplc. ASM，plc. OBJ
TurboAssemblerVersion3. 1Copyright(c)1988，1992BorlandInternational
Assemblingfile：plc. ASM
Errormessages：None
Warningmessages：None
```

Passes：1

Remainingmemory：421k

tlink/t/v/m/c/Lc：\ BC31 \ LIB@MAKE0000. $ $ $

TurboLinkVersion5. 1Copyright(c)1992BorlandInternational

Warning：DebuginfoswitchignoredforCOMfiles

1file(s)copied

并且又回到 DOS 提示符下：

C：\ HNC-21 \ plc>

这时表示 PLC 程序编译成功。编译结果为文件 plc _ null. com。然后，更改数控软件系统配置文件 NCBIOS. CFG，并加上如下一行文本让系统启动时加载新近编写的 PLC 程序：

device＝C：\ HNC-21 \ plc \ plc _ null. com

例如，当按下操作面板的"循环启动"键时，点亮"＋X 点动"灯。假定"循环启动"键的输入点为 X0.1，"＋X 点动"灯的输出点位置为 Y2.7。

更改 plc _ null. cld 文件的 plc1() 函数如下：

```
voidplc1(void)//PLC 程序入口 1
{
        plc1 _ time＝16;          //系统将在 16ms 后再次调用 plc1() 函数
        if(X[0]&0x02)            //"循环启动键"被按下
        Y[2]|＝0x80;             //点亮"＋X 点动"灯
        else                     //循环启动键没有被按下
        Y[2]&＝0x80;             //灭掉"＋X 点动"灯
}
```

重新输入命令 makeplcplc _ null，并将编译所得的文件 plc _ null. com 放入 NCBIOS. CFG 所指定的位置，重新启动数控系统后，当按下"循环启动"键时，"＋X 点动"灯应该被点亮。

更复杂的 PLC 程序，可参考数控系统 PLC 目录下的 ＊. CLD 文件。

4. 华中数控 PLC 程序的安装

PLC 源程序编译后，将产生一个 DOS 可执行. COM 文件。要安装写好的 PLC 程序，必须更改华中数控系统的配置文件 NCBIOS. CFG。

在 DOS 环境下，进入数控软件所安装的目录，如 C：\ HNC-21，在 DOS 提示符下敲入如下命令：

C：\ HNC-21>editncbios. cfg〈回车〉

可编辑数控系统配置文件。一般情况下，配置文件的内容如下（具体内容因机床的不同而异，分号后面是为说明方便添加的注释）：

DEVICE＝. \ DRV \ HNC-21. DRV；世纪星数控装置驱动程序

DEVICE＝. \ DRV \ SV _ CPG. DRV；伺服驱动程序

DEVICE＝C：\ HNC-21 \ plc \ plc _ null. com；PLC 程序

PARMPATH＝. \ PARM；系统参数所在目录

DATAPATH＝. \ DATA；系统数据所在目录

PROGPATH＝. \ PROG；数控 G 代码程序所在目录

BINPATH＝. \ BIN；系统 BIN 文件所在目录

TMPPATH=.＼TMP；系统临时文件所在目录

HLPPATH=.＼HLP；系统帮助文件所在目录

NETPATH=X：；网络路径

DISKPATH=A：；软盘

用粗体突出的第三行即设置好了上文编写的 PLC 程序 plc_null.com。

八、数控车床的电气控制系统

1. 电气控制系统简介

本知识点所介绍的数控车床的电气控制系统为两坐标卧式车床，带四刀位自动刀架；控制柜采用强电控制柜＋操作站形式；主轴采用普通异步电动机，机械手动换挡变速，主要器件见表 3-74，整体框图如图 3-133 所示。

表 3-74　典型车床数控系统设计主要器件

序号	名　称	规　格	主 要 用 途	备　注
1	数控装置	HNC-21TC	控制系统	华中数控
2	软驱单元	HFD-2001	数据交换	华中数控
3	控制变压器	AC380/220V300W /110V250W /24V100W /24V100W	伺服控制电源、开关电源供电	华中数控
			交流接触器电源	
			照明灯电源	
			HNC-21TC 电源	
4	伺服变压器	3PAC380/200V2.5KW	为伺服电源模块供电	华中数控
5	开关电源	AC220/DC24V100W	开关量及中间继电器	明玮
6	伺服电源模块	HSV-11P075	为伺服驱动器供强电	华中数控
7	伺服驱动器	HSV-11D030	X、Z 轴电动机伺服驱动器	华中数控
8	伺服电动机	110STZ4-1-LM(4NM)	X 轴进给电动机	华中数控
9	伺服电动机	130STZ7.5-1-LM(7.5NM)	Z 轴进给电动机	华中数控

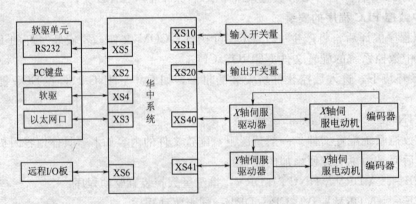

图 3-133　数控车床整体框图

数控车床的电气控制系统连接构成了各个子系统适配关系的信号、处理、传输及执行过程，各子系统在数控系统中的地位及其相互之间的关系如图 3-134 所示。

2. 数控系统中的电控系统（华中数控系统）

（1）交流主电路系统

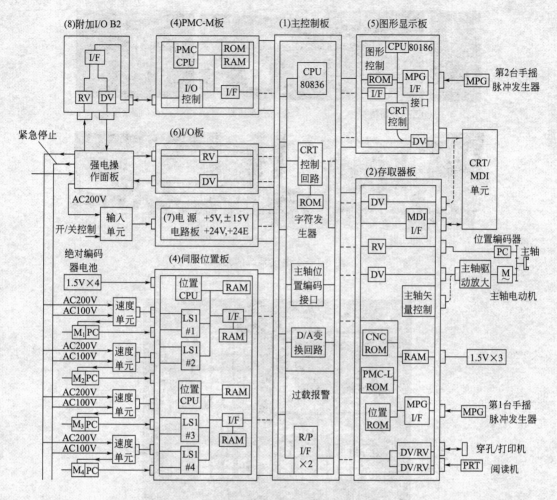

图 3-134　数控系统的框图

国家标准工业供电电源是三相交流 380V，频率 50Hz，也是数控机床普遍要使用的电源。三相交流电引入数控机床电气柜内，经总开关后的母线，其分支有的经保护开关和接触器控制交流异步电动机，给液压系统、冷却系统、润滑系统等提供动力；有的经过三相变压器降压供给主轴或进给伺服系统；也有许多单相使用，经降压、整流、稳压或经开关电源供给某些电子电器装置使用。

交流主电路系统通常使用的电气元件有隔离开关、保护开关、空气断路器、交流接触器、熔断器、热继电器、伺服变压器、控制变压器、接线端子排等，起到分合、控制、切换、隔离、短路保护、过载保护及失压保护等作用。

（2）机床辅助功能控制系统

数控系统发出辅助功能控制命令，经 PLC 进行逻辑控制，由辅助控制系统对主电路电器进行控制；数控系统接受辅助功能控制命令，是经过操作盘进行操作。在这个系统中使用的电器元件主要有各种按键、按钮、波段开关、带操作手柄的开关、电源开关、保护开关、微动开关、行程开关、继电器、指示器、指示灯等。也有一些无触头的开关，如接近开关、光电开关、霍尔开关、固态继电器等，这些元件的额定电流不超过 10A。电气系统的部分元件如图 3-135 所示。操作面板外形如图 3-136 所示。

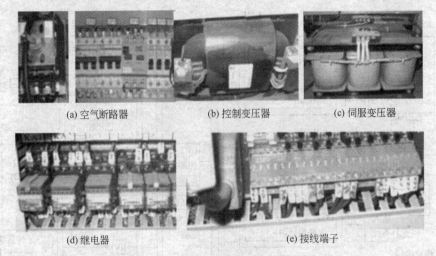

(a) 空气断路器　　　　　(b) 控制变压器　　　　　(c) 伺服变压器

(d) 继电器　　　　　　　　　(e) 接线端子

图 3-135　电气系统的元件

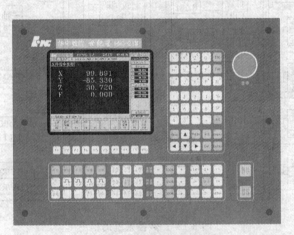

图 3-136　机床操作面板外形

3. 数控装置接口及其连接

（1）数控装置上的接口关系

数控装置、控制设备和机床之间的接口的连接是符合 JB、GQ1137～89《数控装置和机床电气设备间的接口规范》及 ISO 4336—1981（E）和 IEC 出版物 550（数字控制和工业机械之间的接口）标准的。这些标准规定了接口连接的通用技术要求，并且将接口按连接功能分为四组，即：

第 I 组，驱动命令，主要是实现控制轴的运动，具体内容见表 3-75：

表 3-75　I 组信号

序号	名称	信号源→目的地	功能说明	信号形式及相互关系	作用及操作
1	指令信号	数控装置→进给驱动	传输转速和方向控制信号	0～±10V 模拟量电压或脉冲数字信号	由数控装置控制进给驱动器
2	指令信号	数控装置→主轴驱动	传输转速和方向控制信号	0～±10V 模拟量电压或脉冲数字信号	由数控装置控制主轴驱动器

第 II 组，测量系统和测量传感器的互联，具体内容见表 3-76；

表 3-76　Ⅱ组信号

序号	名称	信号源→目的地	功能说明	信号形式及相互关系	作用及操作
1	位置检测	机床→数控装置	机床进给轴位置的检测	脉冲或者正弦波信号	用编码器等元件以构成系统位置环
2	位置指示	机床→数控装置	用于主轴位置的指示	脉冲或者正弦波信号	用编码器等元件实现切削螺纹、C轴加工等
3	速度反馈	机床→进给驱动	进给轴电动机速度检测	电压或脉冲信号	用测速电机或编码器等实现伺服系统速度环
4	角速度反馈	机床→主轴驱动	主轴电动机角速度检测	电压或脉冲信号	用测速机或编码器等实现伺服系统速度环
5	传感器电源	数控装置→机床	供给传感器工作能量	电压信号	用于坐标轴检测

第Ⅲ组，电源及保护电路，具体内容见表 3-77；

表 3-77　Ⅲ组信号

名称	信号源→目的地	功能说明	信号形式及相互关系	作用及操作
电源	机床控制→数控装置	数控装置电源	单相交流电压或直流电压	由机床电气柜提供出有关工作电压

第Ⅳ组，通/断信号和代码信号，见表 3-78。

表 3-78　Ⅳ组第一类信号

序号	名称	信号源→目的地	功能说明	表示法及相互关系	作用及操作
1	紧急停止	机床→数控装置	中断全部受控的运动和指令	低电平连续信号	控制机床运动的全部输出转换成低电平，尽可能立即起作用并保持到重新启动为止
2	进给保持	机床→数控装置	在控制状态下停止坐标轴的运动。最低限度要求是数控中断机床数控坐标轴的运动指令	低电平连续信号	在控制状态下尽快停止坐标轴的运动，同时在保留不丢失数据的情况下，恢复操作的能力
3	新的数据保持	机床→数控装置	在现行指令执行结束的时候，此信号将使数控停止发出任何更多的指令	低电平连续信号	禁止传送任何新的数据到工作寄存器
4	循环启动	机床→数控装置	在数控制的自动方式下开始工作	脉冲高电平信号。逻辑上取决于机床的状态	数控将执行新的数据并向机床发出指令
5	按钮紧急停止	数控装置→机床	手动操作装在数控箱上的红色蘑菇头按钮产生此信号	实际上断开电路	按压此按钮断开机床急停装置的电路
6	数控装置准备好	数控装置→机床	表示数控已准备好所有工作方式	高电平连续信号	当此信号变低时紧急停止过程开始
7	在循环中	数控装置→机床	在数控的某一工作方式下，数控执行指令时产生此信号	高电平连续信号。自动工作方式中，当程序停止或程序结束时，此信号变低。在单程序段或手动数据输入方式中，当指令执行完后，此信号变低	指示机床（或操作者）数控正在执行指令。此信号可以用作机床运动的逻辑状态
8	数控方式	数控装置→机床	指示机床已选定了数控工作方式之一（自动、单程序段、手动数据输入方式等）	高电平连续信号	使手动和数控工作方式之间实现互锁
9	手动方式	数控装置→机床	指示机床已选定了手动工作方式	高电平连续信号	使手动和数控工作方式之间实现互锁

表 3-79　Ⅳ组第二类信号

序号	名称	信号源→目的地	功能说明	表示法及相互关系	作用及操作
1	准备移动	机床→数控装置	表示许可移动	高电平连续信号	使数控可直接移动坐标轴,与本表中的(13)连用
2	行程极限	机床→数控装置	表示机床某一坐标轴已运动到正常行程的极限	低电平连续信号,建议每个坐标轴都是带方向的信号	最低限度要使进给保持起作用
3	快速移动行程极限	机床→数控装置	表示机床某一坐标轴已运动到规定的行程极限位置	低电平连续信号,每个坐标轴一个信号	由快速减至较低速,该低速允许在行程极限处停止,而无超程
4	参考位置	机床→数控装置	表示某一坐标轴距参考点位置在规定的距离内	高电平连续信号,每个标轴一个信号	允许定位精度的参考位置,尤其是使用增量制或半绝对测量制时
5	手动连续运动命令	机床→数控装置	命令一个坐标轴运动,通常是由操作者从机床面板上给出命令	高电平连续信号,每个坐标轴都有这种信号,而且正向运动一个,负向运动一个,或者每个坐标方向一个,或许有必要用更多的信号确定速度,至少有一个信号用于快速	使操作者有可能直接移动坐标轴
6	报警	数控装置→机床	表示检测到不正常现象	低电平连续信号	准确的作用取决于机床,建议机床执行新的数据
7	程序停止	数控装置→机床	与 M 功能程序停止一致	高电平连续信号,当包括 M 功能的程序段命令完成时此信号开始,当"循环启动"起作用时,此信号变为低电平	在程序段中其他命令完成后,结束进一步处理
8	复位	数控装置→机床	当数控复位时,传送此信号。数控由手动操作复位或由执行程序功能结束复位	脉冲高电平信号,在手动操作或包括程序结束在内的程序执行完成后,立刻出现此信号	复位机床电气设备
9	M 信号	数控装置→机床	ISO 6983/2 中定义的表示辅助功能的一组 M 代码信号	两位二-十进制数和一个选通信号,这些信号由高电平表示。BCD 数据信号可以是脉冲的,也可以是持续的信号	使所有需要的 M 功能译码
10	S 信号	数控装置→机床	表示主轴速度功能的一组 S 代码信号	两位二-十进制数和一个选通信号,这些信号由高电平表示。BCD 数据信号可以是脉冲的,也可以是持续的信号	使需要控制主轴速度的所有 S 功能实现译码
11	T 信号	数控装置→机床	表示刀具功能的一组 T 代码信号	两位二-十进制数和一个选通信号,这些信号由高电平表示。BCD 数据信号可以是脉冲的,也可以是持续的信号	使选择刀具需要的所有 T 功能实现译码
12	其他功能信号	数控装置→机床	机床需要的,表示一些特殊功能的一组代码信号	两位二-十进制数和一个选通信号,这些信号由高电平表示。BCD 数据信号可以是脉冲的,也可以是持续的信号	使需要的所有特殊功能实现译码
13	坐标轴运动	数控装置→机床	表示数控已准备好,坐标轴可在两个方向的任一方向运动	对于各自坐标轴或方向为高电平连续信号	确保运动是可能的(如检查无限位故障,释放了夹紧等),应与本表中的(1)连用
14	螺纹切削	数控装置→机床	与切螺纹和攻螺纹方式的 G 代码相对应的功能	高电平连续信号	切螺纹或攻螺纹需要的识别条件,如刀具预选,或将进给保持信号译作主轴停止信号

必需信号为第一类信号，必需信号是为了保证人和设备的安全、便于操作，如"急停"、"进给保持"、"数控准备好"等。任选信号为第二类信号，任选信号并非任何数控机床都必须使用，而是在特定的数控装置和机床配置条件下才需要的信号，如"M 信号"、"S 信号"、"T 信号"等。机床是指限位开关、电磁阀、继电器、信号灯、编码器、测速电机及操作盘的按钮、开关、指示灯等。数控装置、控制设备和机床之间的接口关系如图 3-137 数控装置、控制设备和机床之间的接口关系所示。

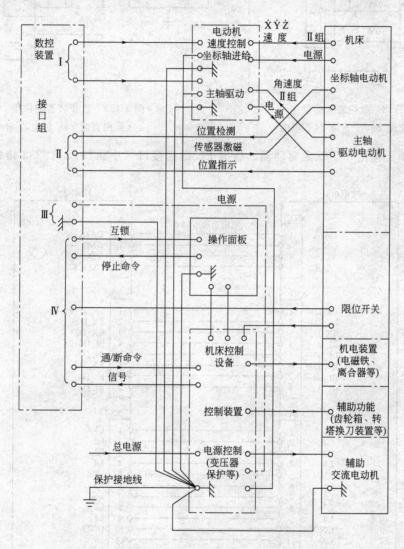

图 3-137 数控装置、控制设备和机床之间的接口关系

（2）数控装置的连接

① 数控装置的电源。

数控装置的外部电源采用 AC24V 或 DC24V100W，PLC 电路的电源用 DC24V 不低于 50W，其电源线采用屏蔽电缆或双绞线。目前数控装置有两种供电方式，一种是数控装置用交流电源加 PLC 用直流电源供电；另一种是数控装置和 PLC 都用直流电源供电，如图 3-138、图 3-139 所示。

② 数控装置与软驱动的连接。

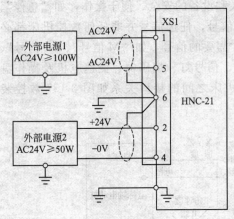

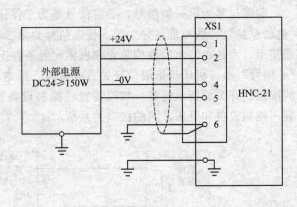

图 3-138　数控装置的供电
（采用交流 24V＋直流 24V 供电）

图 3-139　数控装置的供电
（采用直流 24V 供电）

软驱动单元包括 3.5″软盘驱动器、标准 PC 键盘接口（小圆口）、RS232 接口、以太网

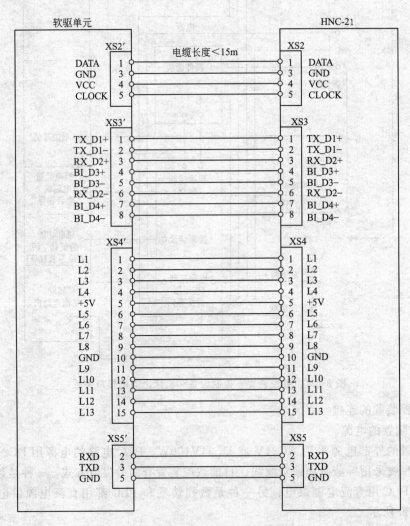

图 3-140　软驱单元的接线图

接口。各接口的功能和端子的定义与 HNC-21 数控装置完全相同。数控装置与软驱动的连接框图如图 3-140 所示。图中连接软驱单元的四根扩展线接线方式均以相应端子一一对应焊接。

③ 数控装置与外部计算机的连接。

华中 HNC-21 数控装置可以通过 RS232 接口及以太网口与外部计算机连接，并进行数据交换、共享，在硬件连接上可直接由 HNC-21 数控装置背面的 XS3、XS5 接口连接，也可以通过软驱单元上的串口接口进行转接。数控装置通过 RS232 口与 PC 计算机连接如图 3-141 所示。

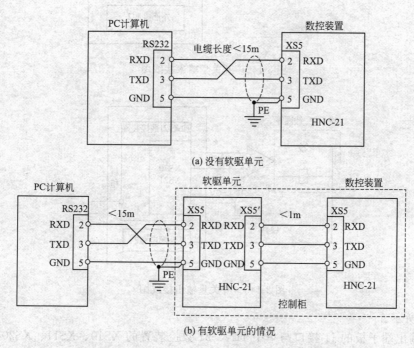

(a) 没有软驱单元

(b) 有软驱单元的情况

图 3-141 数控装置通过 RS232 口与 PC 计算机连接

④ 开关量输入/输出直接连到数控装置。

华中 HNC-21 数控装置的数控开关量输入/输出接口，有本机输入/输出（可通过输入/输出端子板转接）和远程输入/输出两种，其中本机输入有 40 位，本机输出 32 位；远程输入/输出各 128 位。

将外部的输入/输出信号直接连接到华中世纪星 HNC-21 装置上的 XS10、XS11 插座。这种连接方式一般用于所需 I/O 点较少，数控装置与电气柜一体的情况。它具有成本低、连接简单的特点，缺点是不方便电缆拆装，没有 PNP 输入、输出端子。外部的输入/输出信号直接连接到华中世纪星 HNC-21 装置上的 XS10、XS11 接线框图如图 3-142、图 3-143 所示。

⑤ 开关量输入/输出通过 I/O 端子连到数控装置。

用分线电缆将华中 HNC-21 数控装置的 XS10、XS11 与输入端子板的 J1；XS20、XS21 与输出端子板的 J1 相连。NPN 或 PNP 型开关量输入/输出元器件连接在端子板的 J2 上。

该连接适用于所需用的 I/O 点不多且数控装置与强电控制电路分装在不同机柜内的情况；具有电路调试维护方便的优点。开关量输入/输出通过 I/O 端子连到数控装置的连接图

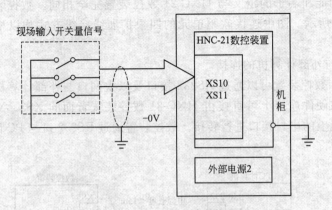

图 3-142 开关量输入接线图

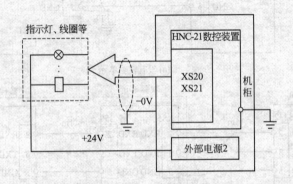

图 3-143 开关量输出接线图

如图 3-144 所示。

输入/输出端子板的 J1 接口与华中 HNC-21 数控装置的 XS10、XS11、XS20、XS21 接口之间互连电缆的连接方式如图 3-145 所示。

九、数控铣床的电气控制系统

本知识点所介绍的铣床为四坐标铣床，X、Y、Z 直线坐标轴＋A 旋转坐标轴（数控转台）；数控铣床采用变频主轴调速，X、Y、Z 三向进给均由伺服电动机驱动滚珠丝杠，机床采用 HNC-21M 数控系统，实现三坐标联动；根据用户要求，可提供数控转台，实现四坐标联动；系统具有汉字显示、三维图形动态仿真、双向式螺距补偿、小线段高速插补功能。具有软、硬盘、RS232、网络等多种程序输入功能；并具有独有的大容量程序加工功能，在不需要 DNC 的情况下，可直接加工大型复杂型面零件。该机床适合于工具、模具、电子、汽车和机械制造等行业对复杂形状的表面和型腔零件进行大、中、小批量加工。

数控铣床机床主要由底座、立柱、工作台、主轴箱、电气控制柜、CNC 系统、冷却、润滑等部分组成。

机床的立柱、工作台部分安装在底座上，主轴箱通过连接座在立柱上移动。其他各部件自成一体与底座组成整机。

整个控制系统主要部件如表 3-80 所示，总体框图如图 3-146 数控铣床设计总体框图所示。

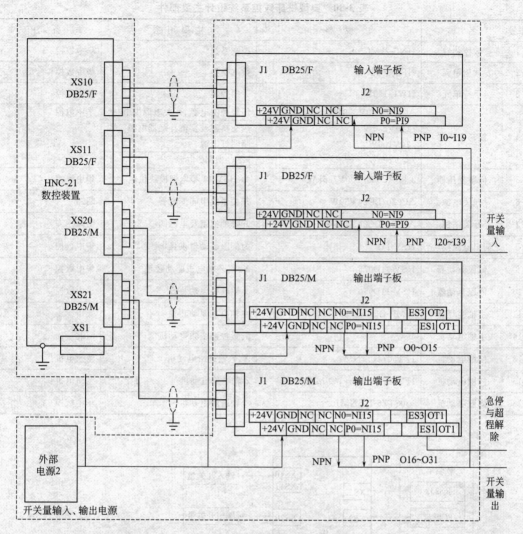

图 3-144 通过 I/O 端子板连接输入/输出开关量与数控装置

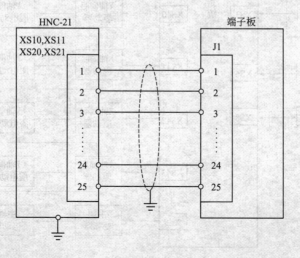

图 3-145 输入/输出端子板与数控单元互连线缆图

表 3-80　典型铣床数控系统设计主要部件

序号	名　称	规　格	主要用途	备　注
1	数控装置	HNC-21MC	控制系统	华中数控
2	软驱单元	HFD-2001	数据交换	华中数控
3	手持单元	HWL-1001	手摇控制	华中数控
4	控制变压器	AC380/220V300W /110V250W /24V100W /24V100W	伺服控制电源、开关电源供电 热交换器及交流接触器电源 照明灯电源 HNC-21MC 电源	华中数控
5	伺服变压器	3 相 AC380/200V7.5kW	为 HSV-11 型电源模块供电	华中数控
6	开关电源	AC220/DC24V50W	开关量及中间继电器	明玮
7	开关电源	AC220/DC24V100W	升降轴抱闸及电磁阀	明玮
8	伺服电源模块	HSV-11P	为伺服驱动器供强电	华中数控
9	伺服驱动器	HSV-11D075	X、Y、Z 轴电机驱动装置	华中数控
10	伺服驱动器	HSV-11D050	A 轴电机驱动装置	华中数控
11	主轴变频器	CIMR-G5A45P51A5.5kW	主轴电机驱动装置	安川
14	主轴电动机	4kW	矢量控制变频电动机	河北
13	伺服电动机	1FT6074(14NM)	X、Y 轴进给电动机	兰州电机厂
15	伺服电动机	1FT6074+G45(14NM 抱闸)	Z 轴进给电动机	兰州电机厂
16	伺服电动机	130STZ6-1(6NM)	A 轴进给电动机	华中数控

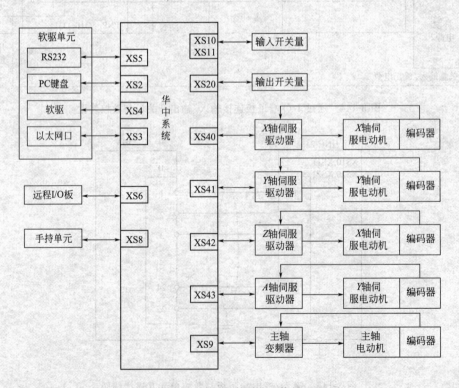

图 3-146　数控铣床设计总体框图

1. 输入输出开关量的定义

以下为典型铣床数控系统对输入输出开关量的定义,但有些开关量虽然给出了定义但并未使用。XS8 插座中的 I30～I39、O28～O31 信号与 XS11 和 XS21 插座中各同名信号均为并联关系,留给手持单元使用,直接由 XS8 引出。

对输入 I 和输出 O 重新标号为 X 和 Y,是为了与 PLC 状态显示相一致,在 PLC 编程中也更方便。X0.0、X0.1…X1.2 与 I00、I01…I10 相对应。即 X0 代表 PLC 输入第 0 个字节,X1 代表 PLC 输入第 1 个字节;X1.3 代表 PLC 输入第 1 个字节的第三位,即输入开关量的 I11。XS21(DB25/F) 未用,具体接口说明如表 3-81～表 3-84 所示。

表 3-81　XS8(DB25/F 头针座孔) 手持单元接口

端子号	信号名	标　号	定　义
13	5V 地		手摇脉冲发生器+5V 电源地
25	+5V		手摇脉冲发生器+5V 电源
12	HB		手摇脉冲发生器 B 相
24	HA		手摇脉冲发生器 A 相
11	O28	Y3.4	未定义
23	O29	Y3.5	未定义
10	O30	Y3.6	手持单元工作指示灯,低电平有效
22	O31	Y3.7	未定义
9	I32	X4.0	手持单元坐标选择输入 X 轴,常开点,闭合有效
21	I33	X4.1	手持单元坐标选择输入 Y 轴,常开点,闭合有效
8	I34	X4.2	手持单元坐标选择输入 Z 轴,常开点,闭合有效
20	I35	X4.3	手持单元坐标选择输入 A 轴,常开点,闭合有效
7	I36	X4.4	手持单元增量倍率输入×1,常开点,闭合有效
19	I37	X4.5	手持单元增量倍率输入×10,常开点,闭合有效
6	I38	X4.6	手持单元增量倍率输入×100,常开点,闭合有效
18	I39	X4.7	手持单元使能输入,常开点,闭合有效
5	空		
17	ESTOP3	ES3	手持单元急停按钮串接到急停回路的端子
4	ESTOP2	ES2	手持单元急停按钮串接到急停回路的端子
3,16	+24V	24V	为手持单元的输入输出开关量供电的 DC24V 电源
1,2,14,15	24V 地	24G	为手持单元的输入输出开关量供电的 DC24V 电源地

表 3-82　XS10(DB25/F 头针座孔) 输入接口 (I0～I19)

端子号	信号名	标　号	定　义
13	I0	X0.0	X 轴正向超程限位开关,常开点,闭合有效
25	I1	X0.1	X 轴负向超程限位开关,常开点,闭合有效
12	I2	X0.2	Y 轴正向超程限位开关,常开点,闭合有效
24	I3	X0.3	Y 轴负向超程限位开关,常开点,闭合有效
11	I4	X0.4	Z 轴正向超程限位开关,常开点,闭合有效
23	I5	X0.5	Z 轴负向超程限位开关,常开点,闭合有效

端子号	信号名	标　号	定　义
10	I6	X0.6	A轴正向超程限位开关,常开点,闭合有效
22	I7	X0.7	A轴负向超程限位开关,常开点,闭合有效
9	I8	X1.0	X轴回参考点开关,常开点,闭合有效
21	I9	X1.1	Y轴回参考点开关,常开点,闭合有效
8	I10	X1.2	Z轴回参考点开关,常开点,闭合有效
20	I11	X1.3	A轴回参考点开关,常开点,闭合有效
7	I12	X1.4	冷却系统报警,常闭点,断开有效(未用)
19	I13	X1.5	润滑系统报警,常闭点,断开有效
6	I14	X1.6	压力系统报警,常闭点,断开有效
18	I15	X1.7	未定义
5	I16	X2.0	主轴一挡(低速)到位,常闭点,断开有效
17	I17	X2.1	主轴二挡(高速)到位,常开点,闭合有效
4	I18	X2.2	未定义
16	I19	X2.3	未定义
3	空		
1,2,14,15	24V 地		外部直流24V电源地

表 3-83　XS11(DB25/F 头针座孔) 输入接口 (I20~I39)

端子号	信号名	标　号	定　义
13	I20	X2.4	外部运行允许,常开点,闭合有效
25	I21	X2.5	伺服电源准备好,常开点,闭合有效
12	I22	X2.6	伺服驱动模块OK,常开点,闭合有效
24	I23	X2.7	电柜空气开关OK,常开点,闭合有效
11	I24	X3.0	主轴报警,常闭点,断开有效
23	I25	X3.1	主轴速度到达,常开点,闭合有效
10	I26	X3.2	主轴零速,常开点,闭合有效
22	I27	X3.3	主轴定向完成,常开点,闭合有效(未用)
9	I28	X3.4	未定义
21	I29	X3.5	未定义
8	I30	X3.6	未定义
20	I31	X3.7	未定义
4~7,16~19	I32~I39	X4.0~X4.7	与XS8并联,用于手持单元的坐标选择输入、增量倍率输入、使能按钮输入
3	空		
1,2,14,15	24V 地		外部直流24V电源地

2. 电气原理图简介

　　下面以示意图的形式,给出电气原理图的主要部分。对于线号,仅给出了在不同的页面均出现的线缆的线号。

表 3-84　XS20(DB25/F 头孔座针)　O00~O15

端子号	信号名	标　号	定　义
13	O00	Y0.0	运行允许,低电平有效
25	O01	Y0.1	系统复位,低电平有效
12	O02	Y0.2	伺服允许,低电平有效
24	O03	Y0.3	SV_CWL(伺服减电流),低电平有效
11	O04	Y0.4	升降轴抱闸,低电平有效
23	O05	Y0.5	冷却开,低电平有效
10	O06	Y0.6	刀具松,低电平有效
22	O07	Y0.7	未定义
9	O08	Y1.0	主轴正转(主轴使能),低电平有效
21	O09	Y1.1	主轴反转(主轴使能),低电平有效
8	O10	Y1.2	主轴制动,低电平有效(未用)
20	O11	Y1.3	主轴定向,低电平有效(未用)
7	O12	Y1.4	主轴一挡(低速),低电平有效
19	O13	Y1.5	主轴二挡(高速),低电平有效(未用)
6	O14	Y1.6	未定义(主轴三挡备用),低电平有效)
18	O15	Y1.7	未定义(主轴四挡备用),低电平有效)
5	空		
17	ESTOP3		急停回路驱动 KA 继电器控制动力电源的输出端子
4	ESTOP1		急停回路与超程回路的串联的接入端子
16	OTBS2		超程限位开关的接入端子
3	OTPS1		超程限位开关的接入端子
1,2,1415	24V 地		外部直流 24V 电源地

(1) 电源部分

在本设计中,照明灯的 AC24V 电源和 HNC-21 的 AC24V 电源是各自独立的;工作电流较大的电磁阀用 DC24V 电源与输出开关量(如继电器、伺服控制信号等)用的 DC24V 电源也是各自独立的,且中间用一个低通滤波器隔离开来。

图 3-147 中 QF0~QF4 为三相空气开关;QF5~QF11 为单相空气开关;KM1~KM4 为三相交流接触器;RC1~RC3 为三相阻容吸收器(灭弧器);RC4~RC7 为单相阻容吸收器(灭弧器);KA1~KA10 为直流 24V 继电器;V1、V2、V3、VZ 为续流二极管;YV1、YV2、YV3、YVZ 为电磁阀和 Z 轴电机抱闸。

(2) 继电器与输入输出开关量

继电器主要是由输出开关量控制的,输入开关量主要是指进给装置、主轴装置、机床电气等部分的状态信息与报警信息,如图 3-148、图 3-149 所示。

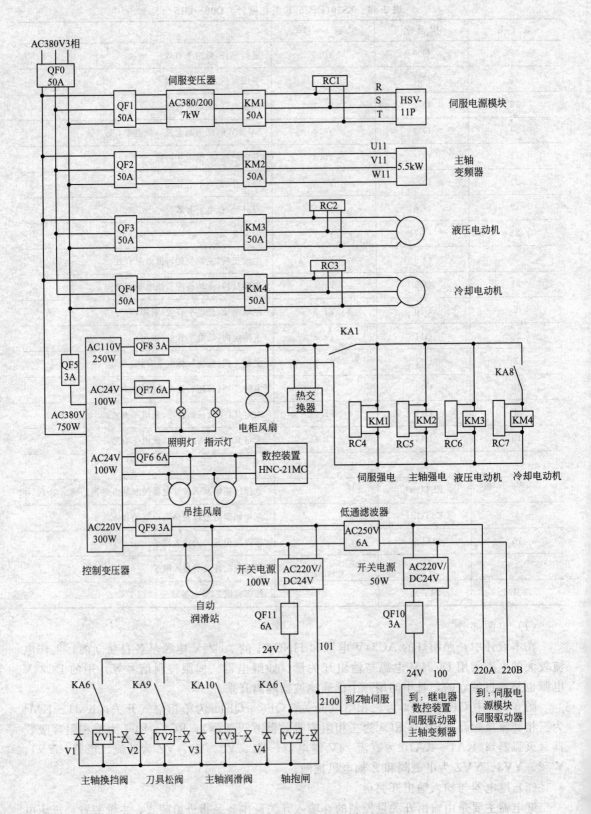

图 3-147 数控铣床电气原理图（一）

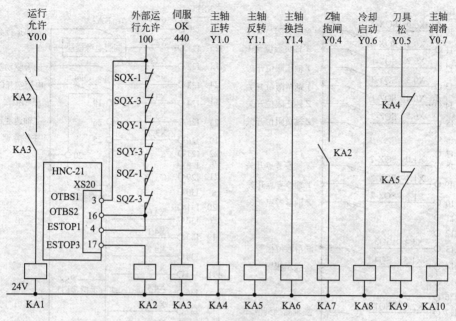

图 3-148　铣床继电器与输入输出开关量

图中 KA1～KA10 为中间继电器；SQX-1、SQX-3 分别为 X 轴的正、负超程限位开关的常闭触点；SQY-1、SQY-3 分别为 Y 轴的正、负超程限位开关的常闭触点；SQZ-1、SQZ-3 分别为 Z 轴的正、负超程限位开关的常闭触点；440 为来自伺服电源模块与伺服驱动模块的故障联锁。

机床的主轴旋转运动由主轴电动机经同步带及带轮传至主轴。主轴电动机为变频调速三相异步电动机，由数控系统控制变频器的输出频率，实现主轴无级调速。控制系统采用强电控制柜＋吊挂箱形式；主轴采用变频器控制，液压换挡，分高速、低速两挡，其接线图如图3-150 所示。

机床工作台左、右运动方向为 X 坐标，工作台前、后运动方向为 Y 坐标，其运动均由交流永磁伺服电动机通过同步齿形带及带轮、滚珠丝杠和螺母实现；主轴箱上、下运动方向为 Z 坐标，其运动由带抱闸的交流永磁伺服电动机通过同步齿形带及带轮、滚珠丝杠和螺母实现，其进给伺服系统如图 3-151 所示。

十、项目总结与提高

1. 项目总结

在本项目中，主要介绍了数控机床电气控制系统的结构和组成，并重点结合 FANUC和华中数控系统讲述了 PLC 在数控机床电气控制中的原理与应用。由于数控机床是典型的机电一体化产品，所以数控机床 PLC 主要是针对机床主轴停止、转向和进给运动的启动和停止、刀库及换刀机械手控制、切削液开关、夹具定位等动作，进行特性次序控制。特定次序的控制信息，由输入/输出控制，如控制开关、行程开关、压力开关、温度开关等输入元件，继电器、接触器和电磁阀等输出元件控制，同时还包括主轴驱动和进给伺服驱动的使能控制和机床报警处理等。不同数控系统可以根据不同需要使用不同类型的 PLC 控制系统。有些厂家为了简化数控机床 PLC 控制系统的开发使用，专门开发了相应的 PLC 调整软件，这样就减少了数控系统 PLC 开发的成本及时间。在本项目的最后以数控车床和数控铣床为例说明了数控机床电气控制系统开发的过程及典型电气控制原理。

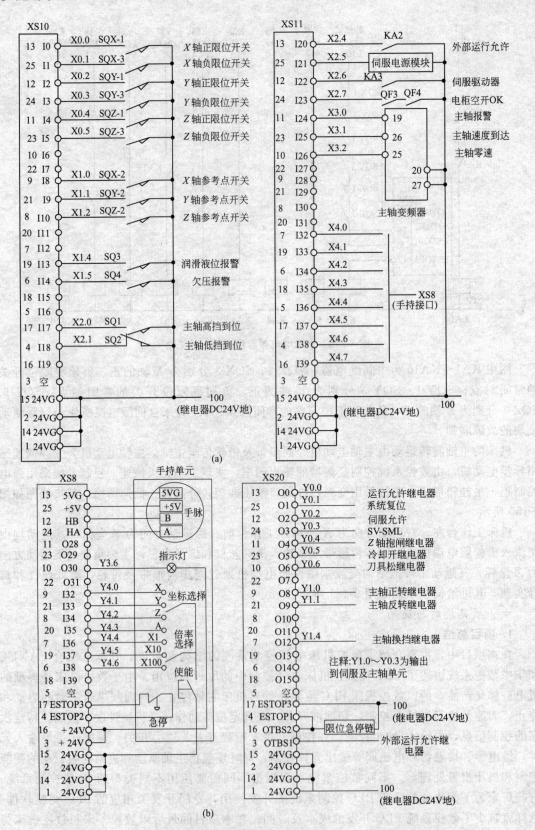

图 3-149 数控铣床电气原理图（二）

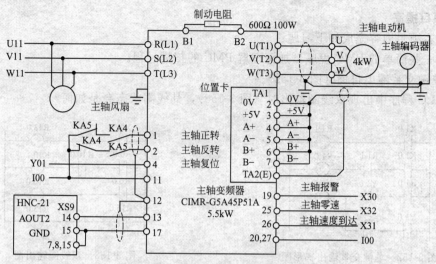

图 3-150　数控铣床电气原理图（三）

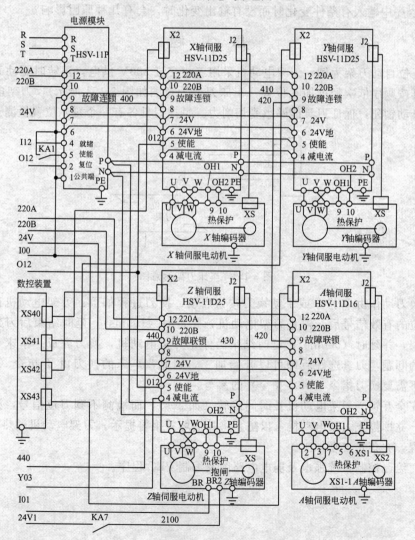

图 3-151　数控铣床电气原理图（四）

2. 项目提高

根据本项目内容完成如下习题：

编制一些简单的 PMC 程序，加深理解 PMC 的扫描过程。

① 单键交替输出自锁（图 3-152）。

② PLC 程序中出现双线圈输出时（图 3-153），其线圈状态会是如何？

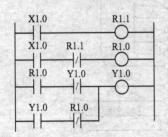
图 3-152　单键交替输出梯形图

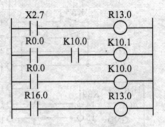
图 3-153　双线圈输出图

③ 当程序中输入有条件变化时而没有输出变化时，会有几种原因影响？

思　考　题

以四工位自动刀架为例，刀架电动机采用三相交流 380V 供电，正转时驱动刀架正向旋转，各刀具按顺序依次经过加工位置（车床刀架示意图如图 3-154 所示），刀架电动机反转时，刀架自动锁死，保证刀具能够承受切削力。每把刀具各有一个霍尔位置检测开关。

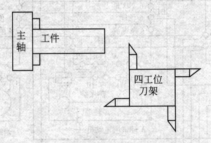
图 3-154　车床刀架示意图

（1）换刀动作由 T 指令或手动换刀按钮启动，换刀过程如下：刀架电动机正转；检测到所选刀位的有效信号后，停止刀架电动机，并延时（100ms）；延时结束后刀架电动机反转锁死刀架，并延时（500ms）；延时结束后停止刀架电动机，换刀完成。车床刀架不存在刀具交换的问题，刀具选好后即可以开始加工，因此，车床的换刀由 T 指令（选刀指令）完成，而不需要换刀指令（M06 指令）的参与。

（2）安全互锁。刀架电动机长时间旋转（如 20s），而检测不到刀位信号，则认为刀架出现故障，立即停止刀架电动机，以防止将其损坏并报警提示。刀架电动机过热报警时，停止换刀过程，并禁止自动加工。

要求：绘制控制系统强电及弱电电路图及编制 PLC 程序。

附　录

附录 A　电气制图常用图形符号

常用电气图形与文字符号

（摘自 GB/T 5465.1—2007～2009 和 GB/T4728）

类别	名　称	图形符号	文字符号	类别	名　称	图形符号	文字符号
开关	三极负荷开关		QB	行程开关	常开触头		BG
	三极隔离开关		QB		常闭触头		BG
	单极空气开关		QA	接近开关	常开触头		BG
	三极空气开关		QA	按钮	启动按钮（常开按钮）	E	SF
	单极熔断器		FA		停止按钮（常闭按钮）	E	SF
	三极熔断器		FA		复合按钮	E	SF
	带保险的三极开关		QA		急停按钮		SF
	三极组合开关		QB		钥匙操作式按钮		SF

续表

类别	名　称	图形符号	文字符号	类别	名　称	图形符号	文字符号
接触器	线圈		QA	时间继电器	瞬时断开的常闭触头		KF
	常开主触头		QA		延时闭合的常开触头		KF
	辅助常开触头		QA		延时断开的常闭触头		KF
	辅助常闭触头		QA		延时闭合的常闭触头		KF
热继电器	热元件		BB		延时断开的常开触头		KF
	常闭触头		BB		线圈		KF
时间继电器	通电延时		KF	中间继电器	常开触头		KF
	断电延时		KF		常闭触头		KF
	瞬时闭合的常开触头		KF	电流继电器	过电流线圈		KF

类别	名　称	图形符号	文字符号	类别	名　称	图形符号	文字符号
电流继电器	欠电流线圈	I<	KF	灯	照明灯	⊗	EA
	常开触头		KF	电磁操作器	电磁铁的一般符号		MB
	常闭触头		KF		电磁吸盘		MB
电压继电器	过电压线圈	U>	KF		电磁离合器		MB
	欠电压线圈	U<	KF		电磁制动器		MB
	常开触头		KF		电磁阀		MB
	常闭触头		KF	电动机	三相笼型异步电动机	3 M ~	MA
非电量控制继电器	速度继电器常开触头	n	BS		三相绕线转子异步电动机	3 M ~	MA
	压力继电器常开触头	P	BP	变压器	单相变压器		TA

附录 B　国家电气标准的若干规定

1. 电控设备导线颜色

电控设备导线颜色，必须遵循 GB 2681《电工成套装置中的导线颜色》所规定的原则。电工设备依导线颜色的规定见附表 B-1。具体标色时，在一根导线上遇有两种或两种以上的标色，需视该电路的特定情况，按电路的含义定色（见附表 B-2）。如无法区分极性或相序的导线，建议用白色标志导线。对于某种产品（如船舶电器）的母线，若国际上已有指定的国际标准，且与规定的交流三相电路、直流电路的颜色有差异时，允许按国际标准所规定的色标进行标色。

附表 B-1　依导线颜色标志电路的规定

序　号	导线颜色	所 标 志 的 电 路
1	黑色	装置和设备的内部布线
2	棕色	直流电路的正极
3	红色	交流三相电路的 3 相、半导体三极管的集电极、半导体二极管，整流二极管或晶闸管的阴极
4	黄色	交流三相电路的 1 相、半导体三极管的基极、晶闸管和双向晶闸管的门极
5	绿色	交流三相电路的 2 相
6	蓝色	直流电路的负极、半导体三极管的发射极、半导体二极管，整流二极管或晶闸管的阳极
7	淡蓝色	交流三相电路
8	白色	双向晶闸管的主电路、无指定用色的半导体
9	黄绿双色	安全用的接地线
10	红,黑色并行	用双芯导线或双根绞线连接的交流电路

附表 B-2　依电路选择导线颜色的规定

序　号	电　　　路	导　线　颜　色
1	交流三相电路的 1 相	黄色
	交流三相电路的 2 相	绿色
	交流三相电路的 3 相	红色
	零线或中性线	淡蓝色
	安全用的接地线	黄或绿双色
2	直流电路的正极	棕色
	支流电路的负极	蓝色
	支流电路的接地中间线	淡蓝色
3	半导体三极管的集电极	红色
	半导体三极管的基极	黄色
	半导体三极管的发射极	蓝色
	半导体二极管和整流二极管的阳极	蓝色
	半导体二极管和整流二极管的阴极	红色
	晶闸管的阳极	蓝色
	晶闸管的门极	黄色
	晶闸管的阴极	红色
	双向晶闸管的门极	黄色
	双向晶闸管的主电极	白色

续表

序 号	电 路	导 线 颜 色
4	用双芯导线或双根绞线连接的交流电路	红色黑色并行
5	整个装置及设备的内部布线一般推荐 半导体电路 有混淆时	黑色 白色 容许选指定用色外的其他颜色(如:橙、紫、灰、绿、蓝、玫瑰红等)

2. 电工成套装置中指示灯和按钮的颜色

(1) 指示灯和按钮用色的统一规定

指示灯颜色:红、黄、绿、蓝和白色。

按钮颜色:红、黄、绿、蓝、黑、白和灰色。

(2) 选色原则

① 依按钮被操作(按压)后所引起的功能或指示灯被接通(发光)后所反映的信息来选色。

② 闪光信息的作用:进一步引起注意;须立即采取行动;反映出的信息不符合指令的要求;表示变化过程(在过程中发闪光)。亮与灭的时间比,一般是在 1:1 至 4:1 之间选取。较优先的信息,使用较亮的闪烁的频率。

(3) 指示灯的作用及颜色

① 指示。借以引起操作作者的注意,或指示操作者的某种操作。

② 执行。借以反映某个指令、某种状态、某些条件或某类演变,正在执行或已被执行。

指示灯的颜色及其含义,见附表 B-3。

附表 B-3 指示灯的颜色及其含义

颜色	含 义	说 明	应 用 举 例
红	危险或告急	有危险或须立即采取行动	润滑系统失压 温度已超过(安全)极限 因保护期间动作而停机 有触及带电或运动部件的危险
黄	注意	情况有变化,或即将发变化	温度(或压力)异常 当仅能承受允许的短时负载
绿	安全	正常或允许进行	冷却通风正常 自动控制系统运行正常 机器准备启动
蓝	按需要指示用意	除红、黄、绿三色之外的任何制定用意	遥控指示 选择开关在"设定"位置
白	无特定用意	任何用意。例如:不能确切地用红、绿时,以及用作"执行"时	

(4) 按钮的颜色

停止/断开操作件应使用黑、灰或白色,优先用黑色;不允许用绿色,也允许选用红色,但靠近紧急操作的位置,建议不使用红色。作为启动/接通与停止/断开交替操作的按钮操作件的优选颜色为白、灰或黑色,不允许使用红、黄或绿色。对于按动它们即引起运转而松开它们则停止运转(即保持—运转)的按钮操作件,其优选颜色为白、灰或黑色,不允许用红、黄或绿色。复位按钮应为蓝、白、灰或黑色。如果它们还用做停止/断开按钮,最好使用白、灰或黑色,但不允许用绿色。按钮的颜色代码及其含义见附表 B-4。

附表 B-4　按钮的颜色代码及其含义

颜色	含　义	说　明	应 用 举 例
红	紧急	危险或紧急情况时的操作	急停
黄	异常	异常情况时操作	干预制止异常情况 干预重新启动中断了的自动循环
绿	正常	正常情况是启动操作	
蓝	强制性的	要求强制动动作的情况下操作	复位功能
白			启动/接通(优先)停止/断开
灰	为赋予特定含义	除急停以外的一般功能的启动	启动/接通停止/断开
黑			启动/接通停止/断开(优先)

（5）灯光按钮

灯光按钮的信息作用：

① 指示。通过钮上的灯亮，告知操作者需按压该灯亮的按钮，以完成某种操作。按压后，灯灭，以反映某个指令已被执行。当需要引起操作者注意时（如报警），可采用闪光的灯光按钮，该钮被按压后，可变闪光灯定光。在引起警报的原因未被排除前，固定不灭。

② 执行。按压灭灯的按钮后，该钮上的灯亮，以反映某个指令已被执行（直至接触执行后，方准将灯熄灭）。当按压后，钮上若发出闪光的灯亮，则反映某个指令或某类演变正在执行。完成执行后，须自动地闪光变为定光。

灯光按钮不得用作事故按钮。

电工成套装置中指示灯的选色示例见附表 B-5。

附表 B-5　指示灯的选色示例

应用类型	开　关		指　示　灯			
	功能	位置	安装位置	给操作者的光亮信号	光亮信息的用意	选用颜色
有易触及带电部件的高低压室或试验区	主电源断路器	闭合	室(区)外的入口处	入口有危险	有触电危险	红
		断开		无电	安全	绿
配电开关板	支路开关	闭合	开关板上	支路供电	供电	白
		断开		支路无电	无电	绿
机器的控制及供电装置	电源断路器	断开	操作者的控制台上	指示灯不亮;未供电		
		闭合				
	各个启动器	闭合		供电 准备就绪	正常状态 机器或操作者循环系统可以启动,等于准备完毕	白 绿
		闭合		机器运转	启动的确认	白
抽出危险气体的通风机	电动机的启动器	闭合	风道口	注意;风机正在运转	注意	黄
		断开	操作者的控制台上和可能聚集有害气体的区域	正在进行抽气	安全	绿
				停止抽气	危险	红

续表

应用类型	开　关		指　示　灯			
	功能	位置	安装位置	给操作者的光亮信号	光亮信息的用意	选用颜色
当输出停止时,所输送的物料将凝固的输送装置	电动机的启动器	闭合	运输机的近旁	运输机在工作,勿触及,离开	注意	黄
		断开	操作者的控制台上	正常运行	正常状态	白
				运输机已超载,降低负荷	注意	黄
				超载停机,重新启动	需立即采取行动	红

3. 导线和电缆

电控设备中有 3 种类型的导线:动力线、控制线、信号线,相对应亦有 3 种类型的电缆。

导线和电缆的选择用适用于工作条件(如电压、电流、电击的防护,电缆的分组)和考虑可能存在的外界影响(如环境温度、存在水或腐蚀物质、燃烧危险和机械应力,包括安装期间的应力)。因而导线的横截面积、材质(铜或铝等)、绝缘材料都是设计时需要考虑的,可以参照相关的技术选型手册。

(1)导线的分类

导线一般分为 4 种类型,如附表 B-6 所示。1 类导线主要用于固定的、不移动的部件之间,但它们也可用于出现极小弯曲的场合,条件是截面积应小于 $0.5mm^2$。频繁运动(如机械工作每小时运动一次)的所有导线,均应采用 5 类或 6 类绞合软线。

附表 B-6　导线的分类

类　别	说　明	用法/用途
1	铜或铝圆截面硬线,一般至少 $16mm^2$	只用于无振动的固定安装
2	铜或铝最少股的绞芯线,一般大于 $25mm^2$	
5	多股细铜绞合线	用于有机械振动的安装,连接移动部件
6	多股极细铜软线	用于频繁移动

(2)正常工作时的载流容量

一般情况,导线为铜质的。任何其他材质的导线都应具有承载相同电流的标称截面积,导线最高温度不应超过附表 B-7 中规定的值。如果用铝导线,截面积应至少为 $16mm^2$。

附表 B-7　正常和短路条件下导线允许的重要温度

绝缘种类	正常条件下导线最高温度/℃	短路条件下导线短时极限温度/℃	绝缘种类	正常条件下导线最高温度/℃	短路条件下导线短时极限温度/℃
聚氯乙烯(PVC)	70	160	丙烯混合物(ERR)	90	250
橡胶	60	200	硅橡胶(SiR)	100	350
交联聚乙烯(XLPE)	90	250			

导线和电缆的载流容量由下面两个因素来确定:正常条件下,通过最大的稳态电流或间歇负载的热等效均方根值电流时导线的最高允许温度;短路条件下,允许的短时极限温度。导线截面积应使得在这种情况下,导线温度不超过规定的值,除非电缆制造厂另有规定。在稳态情况下,设备电柜与单独部件之间用 PVC 绝缘线布线的载流容量规定

在表 B-8 中。

（3）导线和电缆的电压降

在正常工作状态下，从电源端到负载端的导线电压降不应超过额定电压的 5%，为了遵守这个要求，可能有必要采用截面积较大于附表 B-8 中规定值的导线。

附表 B-8   稳态条件下环境温度 40℃时，采用不同敷设方法的 PVC 绝缘铜导线或电缆的流容量 I_z

种　类	用导线管和电缆管道装置和保护导线（单芯电缆）	用导线管和电缆管道装置和保护导线（多芯电缆）	没有导线管和电缆管道,电缆悬挂壁侧	电缆水平或垂直装在开式电缆托架上
截面积/mm²	载流容量 I_z/A			
0.75	7.6	—	—	—
1.0	10.4	9.6	11.7	11.5
1.5	13.5	12.2	15.2	16.1
2.5	18.5	16.5	21	22
4	25	23	28	30
6	35	29	36	37
10	44	40	50	52
16	60	53	66	70
25	77	67	84	88
35	97	83	104	114
50	—	—	123	123
70	—	—	155	155
95	—	—	192	192
120	—	—	221	221

（4）最小截面积

为确保适当的机械强度，导线面积应不小于附表 B-9 中示出值。然而，如果用别的措施来获得适当的机械强度且不削弱正常功能，必要时可以使用比附表 B-9 中出示值小的导线。电柜内部具有较大电流为 2A 的电流的电路的配线不必遵守表中的要求。

附表 B-9   铜导线的最小截面积

位置	用　途	电缆种类				
		单芯绞线	单芯硬线	双芯屏蔽线	双芯无屏蔽线	三芯或三芯以上屏蔽线或无屏蔽线
		铜导线的最小截面积/mm²				
外壳外部	非软电源配线	1	1.5	0.75	0.75	0.75
	频繁运动机械部件的连线	1	—	1	1	1
	控制电路中的连线	1	1.5	0.3	0.5	0.3
	数据通信配线	—	—	—	—	
外壳内部	非软电源配线	0.75	0.75	0.75	0.75	0.75
	控制电路通信配线中的连线	0.2	0.2	0.2	0.2	0.2
	配线中的连线					0.08

附录 C 部分低压电器技术参数

附表 C-1 DZ5 系列塑壳式断路器技术数据

型号	额定电压/V	额定电流/A	级数	脱扣器		热脱扣器	
				类别	额定电流/A	额定电流/A	电流调节范围/A
DZ5-20	交流 220	10	1	复式	0.5		
					1,1.5,2,3,4,6		
					10		
DZ5-20	交流 380 直流 220	20	2、3	复式,热双金属片式,电磁式或无脱扣器	0.15	0.15	0.10～0.15
					0.2	0.2	0.15～0.20
					0.3	0.3	0.20～0.30
					0.45	0.45	0.30～0.45
					0.65	0.65	0.45～0.65
					1.0	1.0	0.65～1.0
					1.5	1.5	1.0～1.5
					2.0	2.0	1.5～2.0
					3.0	3.0	2.0～3.0
					4.5	4.5	3.0～4.5
					6.5	6.5	4.5～6.2
					10	10	6.2～10
					15	15	10～15
					20	20	15～20
DZ5-25	交流 380	25	1	复式	0.5,1.0,1.6 2.5,4.0,6.0 10,15,20 25		

附表 C-2 RT18 系列熔断器技术数据

额定电压/V	额定电流/A		额定功率/W		额定分断能力/kA	耐压试验
	支持体	熔断体	支持件额定接受功率	熔断体额定耗散功率		
380	32	2 4 6 10 16 20 25 32	≥5	≤5	10(50)	50Hz, 2kV,1min
	63	10 16 25 20 32 40 50 63	≥9.5	≤9.5		

附表 C-3 LA25 系列按钮主要技术参数

按钮形式	额定工作电压	额定工作电流/A		操作频率/(次/h)	机械寿命/万次	电寿命/万次
		AC380V	DC220V			
平钮、灯钮、蘑菇钮	AC:380	2.6	0.3	120	100	AC50 DC25
旋钮、钥匙钮	DC:220			12	10	AC10 DC10

附表 C-4 LX29 系列行程开关的通用技术数据

型号	额定电压/V		额定电流/A	触头对数		转换时间/s
	交流	直流		常开	常闭	
LX29 系列	380	220	5	1	1	≤0.4

附表 C-5 JS7-N 空气式时间继电器型号规格及技术数据

型号规格	延时动作触点数				延时动作触点数		线圈工作电压/V	延时范围/s	触点额定电压/V	触点控制容量/V·A
	通电延时		断电延时							
	NO	NC	NO	NC	NO	NC				
JS7-1N	1	1					交 流 36、110、127、220、380	0.4~0.6	380	100
JS7-2N	1	1			1	1		0.4~180		
JS7-3N			1	1						
JS7-4N			1	1	1	1				

附表 C-6 3TB40～3TB47 型接触器

序号	产品型号	额定工作电流	主触点数量	辅助触点数量/对		线圈电压种类	
				NO	NC	交流	直流
1	3TB4010	9	3	1	—	有	有
2	3TB4011			—	1		
3	3TB4012			1	1		
4	3TB4017			2	2		
5	3TB4110	12	3	1	—	有	有
6	3TB4111			—	1		
7	3TB4112	12	3	1	1	有	有
8	3TB4117			2	2		
9	3TB4210	16	3	1	—	有	有
10	3TB4212			1	1		
11	3TB4213			2	—		
12	3TB4217			2	2		
13	3TB4310	22	3	1	—	有	有
14	3TB4312			1	1		
15	3TB4313			1	—		
16	3TB4317			2	2		
17	3TB4417	32	3	2	2	有	有
18	3TB4417	45	3	2	2	有	有
19	3TB4417	63	3	2	2	有	—

附表 C-7 3TH 中间继电器技术数据

型号	触点数量	常开数量	常闭数量	型号	触点数量	常开数量	常闭数量
				3TH8096	4	1	1
				3TH8092		—	
3TH8040	4	4	0	3TH8280	8	8	0
3TH8031		3	1	3TH8271		7	1
3TH8022		2	2	3TH8262		6	2
3TH8013		1	3	3TH8253		5	3
3TH8004		0	4	3TH8244		4	4
3TH8095		2	—	3TH8293		3	3

附表 C-8　JY1 型速度继电器的主要技术数据

型号	触点额定电压	触点额定电流	触点数量		额定工作转速 /(r/min)	允许操作频率/(次/h)
			正转时动作	反转时动作		
JY1	380V	2A	1 常开 1 常闭	1 常开 1 常闭	100～3600	＜30

附表 C-9　LZ31 系列微动开关技术数据

额定控制容量	额定电压等级/V	额定工作电流/A		约定发热电流/A	机械寿命/万次
		交流 380V	直流 220V		
交流：380VA 直流：10W	交流：380、220 直流：220、110、24	0.79	0.046	6	1000

附表 C-10　JRS2 热继电器额定电流及整定电流调节范围

型号	JRS2-12.5/Z （3UA50）	JRS2-25/Z （3UA52）	JRS2-32/Z （3UA54）	JRS2-63/Z （3UA59）
额定电流/A	12.5	25	32	63
热元件整定电流调节范围/A	0.1～0.16 0.16～0.25 0.25～0.4 0.32～0.5 0.4～0.63 0.63～1 0.8～1.25 1～1.6 1.25～2.1 1.6～2.5 2～3.2 2.5～4 3.2～5 4～6.3 5～8 6.3～10 8～12.5 10～14.5	0.1～0.16 0.16～0.25 0.25～0.4 0.4～0.63 0.63～1 0.8～1.25 1～1.6 1.25～2 1.6～2.5 2～3.2 2.5～4 3.2～5 4～6.3 5～8 6.3～10 8～12.5 10～16 12.5～20 16～25	4～6.3 6.3～10 10～16 12.5～20 16～25 20～32 25～36	0.1～0.16 0.16～0.25 0.25～0.4 0.4～0.63 0.63～1 0.8～1.25 1～1.6 1.25～2 1.6～2.5 2～3.2 2.5～4 3.2～5 4～6.3 5～8 6.3～10 8～12.5 10～16 12.5～20 16～25 20～32 25～40 32～45 40～57 50～63
相配的交流接触器	3TB40,41 CJX1-9,12 CJX3-9,12	3TB42,43 CJX1-16,22 CJX3-16,22	3TB44 CJX1-32 CJX3-32	3TB40,47 CJX1-9～63 CJX3-9～63

附录 D　S7-200 特殊继电器标志位

特殊存储器标志位提供大量的状态和控制功能，并能起到在 CPU 和用户程序之间交换信息的作用。特殊存储器标志位能以位、字节、字或双字使用。

1. SMB0：状态位

SMB0 有 8 个状态位，见附表 D-1。在每个扫描周期的末尾，由 S7-200 更新这些位。

附表 D-1　特殊存储器字节 SMB0（SM0.0～SM0.7）

SM 位	描　述
SM0.0	该位始终为 1
SM0.1	该位在首次扫描时为 1，用途之一是调用初始化程序
SM0.2	若保持数据丢失，则该位在一个扫描周期中为 1，该位可用作错误存储器位，或用来调用特殊启动顺序功能
SM0.3	开机后进入 RUN 方式，该位将 ON 一个扫描周期，该位可用作在启动操作之前给设备提供一个预热时间
SM0.4	该位提供一个时间脉冲，30s 为 1，30s 为 0，周期为 1min。它提供了一个简单易用的延时或 1min 的时钟脉冲
SM0.5	该位提供一个时钟脉冲，0.5s 为 1，0.5s 为 0，周期为 1s。它提供了一个简单易用的延时或 1s 的时钟脉冲
SM0.6	该位为扫描时钟，本次扫描时置 1，下次扫描时置 0。可用作扫描计数器的输入
SM0.7	该位指示 CPU 工作方式开关的位置（0 为 TERM 位置，1 为 RUN 位置）。当开关在 RUN 位置时，用该位可使自由端口通信方式有效，当切换至 TERM 位置时，同编程设备的正常通信也会有效

2. SMB1：状态位

SMB1 包括了各种潜在的错误提示，见附表 D-2。这些位可由指令在执行时进行置位或复位。

附表 D-2　特殊存储器字节 SMB1（SM1.0～SM1.7）

SM 位	描　述
SM1.0	当执行某些指令，其结果为 0 时，将该位置 1
SM1.1	当执行某些指令，其结果溢出或查出非法数值时，将该位置 1
SM1.2	当执行数学运算，其结果为负数时，将该位置 1
SM1.3	试图除以零时，将该位置 1
SM1.4	当执行 ATT（Add to Table）指令时，试图超出表范围时，将该位置 1
SM1.5	当执行 LIFO 或 FIFO 指令，试图从空表中读数时，将该位置 1
SM1.6	当试图把一个非 BCD 数转换为二进制数时，将该位置 1
SM1.7	当 ASCII 码不能转换为有效的十六进制数时，将该位置 1

3. SMB2：自由口接收字符

SMB2 为自由端口接收字符缓冲区，见附表 D-3。在自由端口通信方式下，接收到的每个字符都放在这里，便于梯形图程序存取。

附表 D-3　特殊存储器字节 SMB2

SM 位	描　述
SMB2	在自由口通信方式下，该字符存储从口 0 或口 1 接收到的每一个字符

4. SMB3：自由口奇偶校验错误

SMB3 用于自由口方式当接收到的字符发现有奇偶校验错误时将 SM3.0 置 1，见附表 D-4。

附表 D-4 特殊存储器字节 SMB3（SM3.0～SM3.7）

SM 位	描　　述
SM3.0	口 0 或口 1 的奇偶校验错误（0＝无错；1＝有错）
其余	保留

5. SMB4：队列溢出

SMB4 包含中断队列溢出位中断是否允许标志位及发送空闲位，见附表 D-5。队列溢出表明要么是中断发生的频率高于 CPU，要么是中断已经被全局中断禁止指令所禁止。

附表 D-5 特殊存储器字节 SMB4（SM4.0～SM4.7）

SM 位	描　　述	SM 位	描　　述
SN4.0	当通信中断队列溢出时，将该位置 1	SM4.4	该位指示全局中断允许位，当允许中断时，将该位置 1
SM4.1	当输入中断队列溢出时，将该位置 1	SM4.5	当（口 0）发送空闲时，将该位置 1
SM4.2	当定时中断队列溢出时，将该位置 1	SM4.6	当（口 1）发送空闲时，将该位置 1
SM4.3	在运行时刻，发现编程问题时，将该位置 1	SM4.7	当发生强置时，将该位置 1

6. SMB5：I/O 状态表示

SMB5 包含 I/O 系统里发现错误状态位，见附表 D-6。这些位提供了所发现的 I/O 错误的概况。

附表 D-6 特殊存储器字节 SMB5（SM5.0～SM5.7）

SM 位	描　　述
SM5.0	当有 I/O 错误时，将该位置 1
SM5.1	当 I/O 总线上连接了过多的数字量 I/O 点时，将该位置 1
SM5.2	当 I/O 总线上连接了过多的模拟量 I/O 点时，将该位置 1
SM5.3	当 I/O 总线上连接了过多的智能 I/O 模块时，将该位置 1
其他	保留

7. SMB28 和 SMB29：模拟电位器

SMB28 包含代表模拟电位器 0 位置的数字值，SMB29 包含代表模拟电位器 1 位置的数字值，见附表 D-7。

附表 D-7 特殊存储器字节 SMB28 和 SMB29

SM 位	描　　述
SMB28	存储模拟电位器 0 输入值，在 STOP/RUN 的方式下，每次扫描时更新该值
SMB29	存储模拟电位器 1 输入值，在 STOP/RUN 的方式下，每次扫描时更新该值

8. SMB30 和 SMB130：自由端口控制寄存器

SMB30 控制自由端口 0 的通信方式，SMB130 控制自由端口 1 的通信方式。可以对 SMB30 和 SMB130 进行写和读。这些字节设置自由端口通信的操作方式，并提供自由端口或者系统所支持的协议之间的选择，见附表 D-8。

附表 D-8　特殊存储器字节 SMB30

口 0	口 1	描　述							
SMB30 的格式	SMB130 的格式	自由口的模式控制字节 MSB　　　　　　　　　　　　　　　　　　　　　LSB 7　　　　　　　　　　　　　　　　　　　　　　0							
		p	p	d	b	b	b	m	m
SM30.0 和 SM30.1	SM130.0 和 SM130.1	mm:协议选择　　　00＝点到点接口协议(PPI/从站模式) 　　　　　　　　　　01＝自由口协议 　　　　　　　　　　10＝PPI/主站模式 　　　　　　　　　　11＝保留(默认 PPI/从站模式) 注意:当选择 mm＝10(PPI 主站),PLC 将成为网络的一个主站,可以执行 NETR 和 NETW 指令。PPI 模式下忽略 2～7 位							
SM30.2～SM30.4	SM130.2～SM130.4	bbb:自由口传输速率000＝38400b/s　100＝2400b/s 　　　　　　　　　001＝19200b/s　101＝1,200b/s 　　　　　　　　　010＝9600b/s　110＝115200b/s 　　　　　　　　　011＝4800b/s　111＝57600b/s							
SM30.5	SM130.5	d:每个字符的数据位　0＝8 位/字符 　　　　　　　　　　1＝7 位/字符							
SM30.6 和 SM30.7	SM130.6 和 SM130.7	pp:校验选择　　00＝不校验　　10＝不校验 　　　　　　　　01＝偶校验　　11＝奇校验							

9. SMB34 和 SMB35:定时中断的时间间隔寄存器

SMB34 和 SMB35 分别定义了定时中断 0 和 1 的时间间隔,可以在 1～255ms 之间以 1ms 为增量进行设定。若定时中断事件被中断程序所采用,当 CPU 响应中断时,就会获取该时间间隔值。若要改变该时间间隔,就必须把定时中断事件再分配给同一或另一中断程序,也可以通过撤销该事件来终止定时中断时间。特殊存储器字节 SMB34 和 SMB35 见附表 D-9。

附表 D-9　特殊存储器字节 SMB34 和 SMB35

SM 位	描　述
SMB34	定义定时中断 0 的时间间隔(从 1～255ms,以 1ms 为增量)
SMB35	定义定时中断 1 的时间间隔(从 1～255ms,以 1ms 为增量)

10. SMB36～SM65

用于监视和控制高数计数 HSC0、HSC1 和 HSC2 的操作,见附表 D-10。

附表 D-10　特殊存储器字节 SMB36～SMB65

SM 位	描　述
SM36.5	HSC0 当前记住方位:1＝增计数
SM36.6	HSC0 当前值等于预置值位:1＝等于
SM36.7	HSC0 当前大于预置值位:1＝大于
其他	保留
SM37.0	复位的有效控制位:0＝高电平复位有效,1＝低电平复位有效
SM37.1	启动的有效控制位:0＝高电平启动有效,1＝低电平启动有效
SM37.2	正交计数器的计数速率选择:0＝4＊计数速率 1＝1＊计数速率
SM37.3	HSC 方向控制位:0＝减计数　1＝增计数
SM37.4	HSC 更新方向:0＝不更新　1＝更新方向
SM37.5	HSC 更新预置值:0＝不更新　1＝向 HSC 写新的预置位
SM37.6	HSC 更新当前值:0＝不更新　1＝向 HSC 写新的初始值
SM37.7	HSC 有效位:0＝禁止 HSC 1＝允许 HSC

续表

SM 位	描 述
SMD42	HSC0 新的预置值
SM46.0～SM46.4	保留
SM46.5	HSC1 当前计数方向:1=增计数
SM46.6	HSC1 当前值等于预置值:1=等于
SM46.7	HSC1 当前值大于预置值:1=大于
SM47.0	HSC1 复位有效电平控制位:0=高电平,1=低电平
SM47.1	HSC1 启动有效电平控制位:0=高电平,1=低电平
SM47.2	HSC1 正交计数器速率选择:0=4*速率,1=1*速率
SM47.3	HSC1 方向控制位:1=增计数
SM47.4	HSC1 更新方向:1=更新方向
SM47.5	HSC1 更新预置值:1=向 HSC1 写新的预置值
SM47.6	HSC1 更新当前值:1=向 HSC1 写新的初始值
SM47.7	HSC1 有效位:1=有效
SMD48	HSC1 新的初始值
SMD52	HSC1 新的预置值
SM56.0～SM56.4	保留
SM56.5	HSC2 当前计数方向:1=增计数
SM56.6	HSC2 当前值等于预置值:1=等于
SM56.7	HSC2 当前值大于预置值:1=大于
SM57.0	HSC2 复位有效电平控制位:0=高电平,1=低电平
SM57.1	HSC2 启动有效电平控制位:0=高电平,1=低电平
SM57.2	HSC2 正交计数器速率选择:0=4*速率,1=1*速率
SM57.3	HSC2 方向控制位:1=增计数
SM57.4	HSC2 更新方向:1=更新方向
SM57.5	HSC2 更新预置值:1=向 HSC2 写新的预置值
SM57.6	HSC2 更新当前值:1=向 HSC2 写新的初始值
SM57.7	HSC2 有效位:1=有效
SMD58	HSC2 新的初始值
SMD62	HSC2 新的预置值

11. SMB66～SMB85：PTO/PWM 寄存器

SMB66～SMB85 用于监视和控制脉冲串输出（PTO）和脉冲调制（PWM）功能，见附表 D-11。

附表 D-11　特殊存储器字节 SMB66～SMB85

SM 位	描 述
SM66.0～SM66.3	保留
SM66.4	PTO 0 包络终止:0=无错,1=由于增量计算错误而终止
SM66.5	PTO 0 包络终止:0=不由用户明令终止,1=由用户命令终止
SM66.6	PTO 0 管道益处(当使用外部包络时由系统清除,否则用用户程序清除):0=无溢出,1=有溢出
SM66.7	PTO 0 空闲位:0=PTO 忙点,1=PTO 空闲
SM67.0	PTO 0/PWM 0 更新周期:1=写新的周期值
SM67.1	PWM 0 更新脉冲宽度值:1=写新的脉冲宽度
SM67.2	PTO 0 更新脉冲量:1=写新的脉冲量
SM67.3	PTO 0/PWM 0 基准时间单元:0=1μs,1=1ms
SM67.4	同步更新 PWM 0:0=异步更新,1=同步更新
SM67.5	PTO 0 操作:0=单段操作(周期和脉冲数存在 SM 存储器中),1=多段操作(包络表存在 V 存储器区)
SM67.6	PTO 0/PWM 0 模式选择:0=PTO,1=PWM
SM67.7	PTO 0/PWM 0 有效位:1=有效

SM 位	描　　述
SMM68	PTO 0/PWM 0 周期（2～65535 个时间基准）
SMW70	PWM0 脉冲宽度值（0～65535 个时间基准）
SMD72	PTO0 脉冲计数值（1～$2^{32}-1$）
SM76.0～SM76.3	保留
SM76.4	PTO1 包络终止：0＝无错，1＝由于增量计算错误终止
SM76.5	PTO1 包络终止：0＝不由用户命令终止，1＝由用户命令终止
SM76.6	PTO1 管道溢出（当使用外部包络由系统清除，否则由用户程序清除）：0＝无溢出，1＝有溢出
SM76.7	PTO1 空闲位：0＝PTO 忙点，1＝PTO 空闲
SM77.0	PTO1/PWM1 更新周期值：1＝写新的周期值
SM77.1	PWM1 更新脉冲宽度值：1＝写新的脉冲宽度
SM77.2	PTO1 更新脉冲计数值：1＝写新的脉冲量
SM77.3	PTO1/PWM1 时间基准：0＝1μs，1＝1ms
SM77.4	同步更新 PWM1：0＝异步更新，1＝同步更新
SM77.5	PTO1 操作：0＝单段操作（周期和脉冲数存在 SM 存储器中），1＝多段操作（包络表存在 V 存储器区）
SM77.6	PTO1/PWM1 模式选择：0＝PTO，1＝PWM
SM77.7	PTO1/PWM1 有效位：1＝有效
SMW78	PTO1/PWM1 周期值（2～65535 个时间基准）
SMW80	PWM1 脉冲宽度值（0～65535 个时间基准）
SMD82	PTO1 脉冲计数值（1～$2^{32}-1$）

12. SMB86～SMB94 和 SMB18～6SMB194：接收信息控制

SMB86～SMB94 和 SMB186～SMB194 用于控制和读出接收信息指令的状态，见附表 D-12。

附表 D-12　特殊存储器字节 SMB86～SMB94 和 SMB186～SMB194

口 0	口 1	接收信息状态字节
SMB86	SMB186	MSB　　　　　　　　　　　　　　　　　　LSB 7　　　　　　　　　　　　　　　　　　　0 | n | r | e | o | o | t | c | p | n:1＝接收用户的禁止命令终止接收信息 r:1＝接收信息终止:输入参数错误或无起始或结束条件 e:1＝收到结束字符 t:1＝接收信息终止:超时 c:1＝接收信息终止:超出最大字符数 p:1＝接收信息终止:奇偶校验错误
SMB87	SMB187	MSB　　　　　　　　　　　　　　　　　　LSB 7　　　　　　　　　　　　　　　　　　　0 | en | sc | ec | il | c/m | tmr | bk | O | en:0＝禁止接收信息功能,1＝允许接收信息功能 　每次执行 RCV 指令时检查允许/禁止接收信息位 sc:0＝忽略 SMB88 或 SMB188 1＝使用 SMB88 或 SMB188 的值检测起始信息 ec:0＝忽略 SMB89 或 SMB189 　1＝使用 SMB89 或 SMB189 的值检测起始信息 il:0＝忽略 SMW90 或 SMW190 　1＝使用 SMW90 或 SMW190 的值检测空闲状态 c/m:0＝定时器是内部字符定时器,1＝定时器时信息定时器 tmr:0＝忽略 SMW92 或 SMW192 　1＝当 SMW92 或 SMW192 中的定时时间超出时终止接收 bk:0＝忽略中断条件,1＝用中断条件作为信息检测的开始

口 0	口 1	接收信息状态字节
SMB88	SMB188	信息字符的开始
SMB89	SMB189	信息字符的结束
SMW90	SMW190	空闲行时间间隔用毫秒给出。在空闲行时间结束后接收的第一个字符是新信息的开始
SMW92	SMW192	字符间/信息间定时器超时值(用毫秒表示)。如果超过时间,就停止接收信息
SMB94	SMB194	接收字符的最大数(1 到 255 字节)。 注意:这个区一定要设为希望的最大缓冲区,即使不使用字符计数信息终止

13. 高速计数器

SMB131～SMB165:HSC3、HSC4 和 HSC5 的操作,SMB131～SMB135 用于监视和控制高速计数器 HSC3、HSC4 和 HSC5 的操作,见附表 D-13。

附表 D-13　特殊存储器字节 SMB131～SMB165

SM 位	描　　述
SMB131～SMB135	保留
SM136.0～SM136.4	保留
SM136.5	HSC3 当前计数方向状态位:1=增计数
SM136.6	HSC3 当前值等于预置值状态位:1=等于
SM136.7	HSC3 当前值大于预置值状态位:1=大于
SM137.0～SM137.2	保留
SM137.3	HSC3 方向控制位:1=增计数
SM137.4	HSC3 更新方向:1=更新方向
SM137.5	HSC3 更新设定值:1=向 HSC3 写入新预置值
SM137.6	HSC3 更新当前值:1=向 HSC3 写新的初始值
SM137.7	HSC3 有效位:1=有效
SMD138	HSC3 新初始值
SMD142	HSC3 新预置值
SM146.0～SM146.4	保留
SM146.5	HSC4 当前计数方向状态位:1=增计数
SM146.6	HSC4 当前值等于预置值状态位:1=等于
SM146.7	HSC4 当前位大于预置值状态位:1=大于
SM147.0	复位的有效控制位:0=高电平有效,1=低电平有效
SM147.1	保留
SM147.2	正交计数器的计数速率选择:0=4×计数速率,1=1×计数速率
SM147.3	HSC4 方向控制位:1=增计数
SM147.4	HSC4 更新方向:1=更新方向
SM147.5	HSC4 更新预置值:1=向 HSC4 写新的预置值
SM147.6	HSC4 更新当前值:1:向 HSC4 写新的初始值
SM147.7	HSC4 有效值:1=有效
SMD148	HSC4 新初始值
SMD152	HSC4 预置值
SM156.0～SM156.4	保留
SM156.5	HSC5 当前计数方向状态位:1=增计数

续表

SM 位	描　　　述
SM156.6	HSC5 当前值等于预置值状态位 1＝等于
SM156.7	HSC5 当前值大于预置值状态位 1＝大于
SM157.0～SM157.2	保留
SM157.3	HSC5 方向控制位：1＝增计数
SM157.4	HSC5 更新方向：1＝更新方向
SM157.5	HSC5 更新预置值：1＝向 HSC5 写新的预置值
SM157.6	HSC5 更新当前值：1＝向 HSC5 写新的初始值
SM157.7	HSC5 有效位：1＝有效
SMD158	HSC5 新初始值
SMD162	HSC5 预置值

14. SMB166～SMB185：PTO0、PTO1 包络定义表

SMB166～SMB185 用来显示包络步的数量和包络表的地址和 V 存储器区中表的地址，见附表 D-14。

附表 D-14　特殊存储字节 SMB166～SMB185

SM 位	描　　　述
SMB166	PTO0 的包络步当前计数值
SMB167	保留
SMW168	PTO0 的包络表 V 存储器地址（从 V0 开始的偏移量）
SMB170	线性 PTO0 状态字节
SMB171	线性 PTO0 结果字节
SMD172	指定线性 PTO0 发生器工作在手动模式时产生的频率。频率是一个以 Hz 为单位的双整形值。SMB172 是 MSB，而 SMB175 是 LSB
SMB176	PTO1 的包络步当前计数值
SMB177	保留
SMW178	PTO1 的包络表 V 存储器地址（从 V0 开始的偏移值）
SMB180	线性 PTO1 状态字节
SMB181	线性 PTO1 结果字节
SMD182	指定线性 PTO1 发生器工作在手动模式时产生的频率，频率是一个以 Hz 为单位的双整型值。SMB182 是 MSB，而 SMB178 是 LSB。

附录 E　S7-200 的 SIMATIC 指令集简表

1. 触点指令

指　令　名　称	指令格式（语句表形式）	
初始装载	LD	bit
初始装载非	LDN	bit
与	A	bit
与非	AN	bit
或	O	bit
或非	ON	bit
上升沿检测	EU	
下降沿检测	ED	

2. 输出指令

指 令 名 称	指令格式(语句表形式)	
线圈驱动	=	bit
置位	S	bit,n
复位	R	bit,n

3. 定时器指令

指 令 名 称	指令格式(语句表形式)	
通电延时定时器	TON	Txxx,PT
断点延时定时器	TOF	Txxx,PT
保持型通电延时定时器	TONR	Txxx,PT

4. 计数器指令

指 令 名 称	指令格式(语句表形式)	
增计数器	CTU	Cxxx. PV
减计数器	CTD	Cxxx. PV
增/减计数器	CTUD	Cxxx. PV

5. 程序控制指令

指 令 名 称	指令格式(语句表形式)	
程序的条件结束	END	
切换到 STOP 模式	STOP	
看门狗复位	WDR	
跳到定义的标号	JMP	n
定义一个跳转的标号	LBL	n
调用子程序	CALL	n(N1,…)
从子程序条件返回	CRET	
循环	FOR	INDX,INIT,FINAL
循环结束	NEXT	
诊断 LED	DLED	

6. 数据传送指令

指 令 名 称	指令格式(语句表形式)	
传送字节	MOVB	IN,OUT
传送字	MOVW	IN,OUT
传送双字	MOVD	IN,OUT
传送实数	MOVR	IN,OUT
字节立即读	BIR	IN,OUT
字节立即写	BIW	IN,OUT
传送字节块	BMB	IN,OUT,N
传送字块	BMW	IN,OUT,N
传送双字块	BMD	IN,OUT,N
字节交换	SWAP	IN

7. 移位与循环移位指令

指 令 名 称	指令格式(语句表形式)	
字节右移位	SRB	OUT,N
字节左移位	SLB	OUT,N
字右移位	SRW	OUT,N
字左移位	SLW	OUT,N
双字右移位	SRD	OUT,N
双字左移位	SLD	OUT,N
字节循环右移	RRB	OUT,N
字节循环左移	RLB	OUT,N
字循环右移	RRW	OUT,N
字循环左移	RLW	OUT,N
双字循环右移	RRD	OUT,N
双字循环左移	RLD	OUT,N
移位寄存器	SHRB	DATA,S_BIT,N

8. 数据转换指令

指 令 名 称	指令格式（语句表形式）	
整数转换成 BCD 码	IBCD	OUT
BCD 码转换成整数	BCDI	OUT
字节转换成整数	BTI	IN,OUT
整数转换成字节	ITB	IN,OUT
整数转换成双整数	ITD	IN,OUT
双整数转换成整数	DTI	IN,OUT
双整数转换成实数	DTR	IN,OUT
实数四舍五入为双整数	ROUND	IN,OUT
实数截位取整数为双整数	TRUNC	IN,OUT
7 段译码	SEG	IN,OUT
ASCII 码转换成十六进制数	ATH	IN,OUT,LEN
十六进制数转换成 ASCII 码	HTA	IN,OUT,LEN
整数转换成 ASCII 码	ITA	IN,OUT,FMT
双整数转换成 ASCII 码	DTA	IN,OUT,FMT
实数转换成 ASCII 码	RTA	IN,OUT,FMT

9. 表功能指令

指 令 名 称	指令格式（语句表形式）	
填表	ATT	DATA,TBL
查表（满足等于条件时）	FND=	TBL,PTN,INDX
查表（满足不等于条件时）	FND〈〉	TBL,PTN,INDX
查表（满足"小于"条件时）	FND〈	TBL,PTN,INDX
查表（满足"大于"条件时）	FND〉	TBL,PTN,INDX
先入先出	FIFO	TBL,DATA
后入后出	LIFO	TBL,DATA
填充	FILL	IN,OUT,N

10. 读写实时时钟指令

指 令 名 称	指令格式（语句表形式）
读实时时钟	TODR　　　T
写实时时钟	TODW　　　T

11. 字符串指令

指 令 名 称	指令格式（语句表形式）
求字符串长度	SLEN　　IN,OUT
复制字符串	SCPY　　IN,OUT
字符串连接	SCAT　　IN,OUT
复制子字符串	SSCPY　　IN,INDX,N,OUT
字符串搜索	SFND　　IN1,IN2,OUT
字符搜索	CFND　　IN1,IN2,OUT

12. 数学运算指令

指 令 名 称	指令格式（语句表形式）	
整数加法	+I	IN1,OUT
整数减法	−I	IN2,OUT
整数乘法	*I	IN1,OUT
整数除法	/I	IN2,OUT
双整数加法	+D	IN1,OUT
双整数减法	−D	IN2,OUT
双整数乘法	*D	IN1,OUT
双整数除法	/D	IN2,OUT
实数加法	+R	IN1,OUT
实数减法	−R	IN2,OUT
实数乘法	*R	IN1,OUT
实数除法	/R	IN2,OUT
整数乘法产生双整数	MUL	IN1,OUT
带余数的整数除法	DIV	IN2,OUT
字节加1	INCB	IN
字节减1	DECB	IN
字加1	INCW	IN
字减1	DECW	IN
双字加1	INCD	IN
双字减1	DECD	IN
正弦	SIN	IN,OUT
余弦	COS	IN,OUT
正切	TAN	IN,OUT
平方根	SQRT	IN,OUT
自然对数	LN	IN,OUT
指数	EXP	IN,OUT

13. 逻辑运算指令

指 令 名 称	指令格式（语句表形式）	
字节取反	INVB	OUT
字取反	INVW	OUT
双字取反	INVD	OUT
字节与	ANDB	IN1,OUT
字节或	ORB	IN1,OUT
字节异或	XORB	IN1,OUT
字与	ANDW	IN1,OUT
字或	ORW	IN1,OUT
字异或	XORW	IN1,OUT
双字与	ANDD	IN1,OUT
双字或	ORD	IN1,OUT
双字异或	XORD	IN1,OUT

14. 中断指令

指　令　名　称	指令格式（语句表形式）
从中断程序中有条件返回	CRETI
允许中断	ENI
禁止中断	DISI
连接中断事件和中断程序	ATCH　　　INT　EVNT
断开中断事件和中断程序的连接	DTCH　　　EVNT
消除中断事件	CEVNT　　　EVNT

15. 高速计数器指令

指　令　名　称	指令格式（语句表形式）
定义高速计数器模式	HDEF　　　HSC　　　MODE
激活高速计数器	HSC　　　N
脉冲输出	PLS　　　X

16. 通信指令

指　令　名　称	指令格式（语句表形式）
网络读	NETR　　　TBL,PORT
网络写	NETW　　　TBL,PORT
发送	XMT　　　TBL,PORT
接收	RCV　　　TBL,PORT
读取端口地址	GPA　　　ADDR,PORT
设置端口地址	SPA　　　ADDR,PORT

17. 比较指令

指　令　名　称	指令格式（语句表形式）
装载字节的比较结果,IN1(x:$<,<=,=,>=,>,<>$)IN2	LDBx　　　IN1,IN2
与字节比较的结果,IN1(x:$<,<=,=,>=,>,<>$)IN2	ABx　　　IN1,IN2
或字节比较的结果 IN1(x:$<,<=,=,>=,>,<>$)IN2	OBx　　　IN1,IN2
装载字比较的结果 IN1(x:$<,<=,=,>=,>,<>$)IN2	LDWx　　　IN1,IN2
与字比较的结果 IN1(x:$<,<=,=,>=,>,<>$)IN2	AWx　　　IN1,IN2
或字比较的结果 IN1(x:$<,<=,=,>=,>,<>$)IN2	OWx　　　IN1,IN2
装载双字节的比较结果 IN1(x:$<,<=,=,>=,>,<>$)IN2	LDDx　　　IN1,IN2
与双字节的比较结果 IN1(x:$<,<=,=,>=,>,<>$)IN2	ADx　　　IN1,IN2
过双字节的比较结果 IN1(x:$<,<=,=,>=,>,<>$)IN2	ODx　　　IN1,IN2
装载实数的比较结果 IN1(x:$<,<=,=,>=,>,<>$)IN2	LDRx　　　IN1,IN2
与实数的比较结果 IN1(x:$<,<=,=,>=,>,<>$)IN2	ARx　　　IN1,IN2
或实数的比较结果 IN1(x:$<,<=,=,>=,>,<>$)IN2	ORx　　　IN1,IN2

参 考 文 献

［1］ 张凤珊. 电气控制及可编程序控制器. 北京：中国轻工业出版社，2003.

［2］ 杨克冲. 数控机床电气控制. 武汉：华中科技大学，2005.

［3］ 马志溪. 电气工程设计. 北京：机械工业出版社，2002.

［4］ 刘增良，刘国亭. 电气工程CAD. 北京：中国水利水电出版社，2002.

［5］ 齐占庆，王振臣. 电气控制技术. 北京：机械工业出版社，2002.

［6］ 史国生. 电气控制与可编程控制器技术. 北京：化学工业出版社，2003.

［7］ 郁汉琪. 电气控制与可编程序控制器应用技术. 南京：东南大学出版社，2003.

［8］ 廖常初. PLC编程及应用. 北京：机械工业出版社，2002.

［9］ 施利春. PLC操作实训. 北京：机械工业出版社，2007.

［10］ 李道霖. 电气控制与PLC原理及应用. 北京：电子工业出版社，2004.

［11］ 祝红芳. PLC及其在数控机床中的应用. 北京：人民邮电出版社，2007.

［12］ 张伟林. 电气控制与PLC应用. 北京：人民邮电出版社，2007.

［13］ 王永华. 现代电气及可编程技术. 北京：航空航天大学出版社，2008.

［14］ 张云刚. 《从入门到精通—西门子S7-200技术与应用》. 北京：人民邮电出版社，2007.

［15］ 万东梅. 电路·电子·电气应用实训. 成都：西南交通大学出版社，2004.

［16］ 张运波. 工厂电气控制技术. 北京：高等教育出版社，2003.

［17］ 李道霖. 电气控制与PLC原理及应用. 北京：电子工业出版社，2004年.

［18］ 余雷声. 电气控制与PLC应用. 北京：机械工业出版社，1998.

［19］ 常斗南. 可编程控制器原理·应用·实验. 北京：机械工业出版社，1998.

［20］ 胡学林. 电气控制与PLC. 北京：冶金工业出版社，1997.

［21］ 邱公伟. 可编程控制器网络通信及应用. 北京：清华大学出版社，2000.

［22］ 陈在平. 可编程序控制器技术与应用系统设计. 北京：机械工业出版社，2002.